ELEKTRONISCHE HILFSMITTEL DES PHYSIKERS

VON

WOLFGANG GRUHLE

MIT 167 ABBILDUNGEN

SPRINGER-VERLAG
BERLIN · GÖTTINGEN · HEIDELBERG
1960

ISBN 978-3-642-52749-4   ISBN 978-3-642-52748-7 (eBook)
DOI 10.1007/978-3-642-52748-7

Dieses Buch ist auf die praktischen Fragen des Experimentalphysikers abgestimmt. Es ist weder ein umfangreiches Lehrbuch noch eine fertige Schaltungssammlung. Es soll vielmehr für die auftretenden elektronischen Probleme die Lösungsmöglichkeiten und die schnelle Berechnung angeben, ohne langwieriges Suchen und ohne die Notwendigkeit, vorausgehende Kapitel erarbeiten zu müssen. Der Inhalt soll daher weniger fertige Lösungen anbieten, als vielmehr die Unterlagen zum Verständnis und zur eigenen Entwicklung elektronischer Einrichtungen liefern und wird auch dem weniger Geübten die Einarbeitung in das Gebiet der Elektronik erlauben, das zwischen Technik und reiner Physik ein Eigenleben begonnen hat.

Um den ohnehin umfangreichen und konzentrierten Stoff vernünftig zu begrenzen, werden elementare Kenntnisse vorausgesetzt und spezielle Teilgebiete fortgelassen, wie Hochfrequenz- und Mikrowellentechnik, Kernresonanzverfahren, Rechenmaschinen, Regeltechnik u. a. m., über die umfangreiche Literatur existiert. Auf eingehende mathematische Behandlung (Ableitung vieler Gleichungen, Laplace-Transformation) mußte ebenso verzichtet werden wie auf die Physik und Anwendung von Transistoren. Jedoch wurde eine umfangreiche Bibliographie neuerer Arbeiten zusammengestellt, in der Einzelfragen und fertige Schaltungen zu suchen sind. Daß der Umgang mit Impulsen im Vordergrund steht, trägt der intensiven Anwendung der Elektronik in der Kernphysik Rechnung. Der Verzicht auf Vollständigkeit und viele technische Einzelangaben soll dem raschen Zurückbleiben des Buches hinter dem Stand der Technik vorbeugen.

Heidelberg, Dezember 1959   Dr. Wolfgang Gruhle

Inhaltsverzeichnis

Inhaltsverzeichnis   V

Häufig verwendete Abkürzungen

I_a, I_{g1}, I_{g2}	Anoden-, Steuer- und Schirmgitterstrom
I_e, I_o	Eingangs- und Ausgangsstrom(signal)
R_a, R_i, R_k, R_L	Anoden-, Innen- und Kathodenwiderstand, Lastwiderstand
S	Röhrensteilheit
t_r, t_f	Anstiegs- und Abfallzeit eines Impulssignales
U_a, U_{g1}, U_{g2}	Anoden-, Steuer- und Schirmgitterspannung
U_b	Betriebsspannung der Spannungsquelle
U_e, U_o	Eingangs- und Ausgangsspannung (Signal)
V	Verstärkungsfaktor
Z_a, Z_k	Quellwiderstand (-Impedanz) an Anode und Kathode
Z_{oa}, Z_{ok}	Ausgangsimpedanz vom Verbraucher aus gesehen
μ	$= S\,R_i$, Leerlauf-Verstärkungsfaktor einer Röhre
ω_1, ω_2	untere und obere Grenzfrequenz

1. Einleitung

Der Begriff „Elektronik" (electronics) ist recht jung und seine Definition nicht einheitlich. Sie reicht von „der Wissenschaft des Verhaltens freier Elektronen" allgemein bis zu der „Steuerung freier Elektronen im Raum", im Gegensatz zur klassischen Elektrodynamik, die es vorwiegend mit Leitern und Feldern zu tun hat. Im allgemeinen Sprachgebrauch versteht man unter elektronischen Einrichtungen Meß- und Steuergeräte, deren wesentliche Bestandteile Röhren (und Halbleiter) sind. Zwar gehört das ganze Gebiet der Hochfrequenz dazu, wird jedoch meistens aus dem großen Feld der neuentstandenen elektronischen Anwendungen ausgeklammert, die es vorwiegend mit impulsförmigen Signalen zu tun haben.

Da die schnelle Weiterentwicklung der elektronischen Technik ständig neue Schaltungen, Röhren und Beispiele bringt, fehlen in diesem Buch die sonst üblichen Größenangaben in den Schaltungen, die nach kurzer Zeit überholt wären. Dem Physiker sollen in dieser neuartigen Zusammenstellung die gebräuchlichen Lösungen elektronischer Probleme mit wichtigen Berechnungsunterlagen gezeigt werden, wie sie beim experimentellen Arbeiten ständig auftreten. Das sonst übliche mühsame Durchsehen zahlreicher Literatur soll damit vermieden werden.

Obwohl der Stoff sehr konzentriert und nicht in der konventionellen lehrbuchartigen Form dargeboten ist, kann sich auch der Ungeübte in die Materie einarbeiten, und Einzelprobleme lassen sich rasch finden und verstehen.

Der rote Faden, der sich durch das Buch zieht, ist die Verarbeitung elektrischer Meßgrößen (Signale). In dieses Schema ist die Vielfalt elektronischer Methoden eingeordnet. Mögen die verschiedenen Arbeitsgebiete der experimentellen und angewandten Physik daraus Nutzen ziehen! Der Physiker, der aus Unkenntnis des neuesten Standes der elektronischen Technik oder aus Sparsamkeit sich nicht der neuesten elektronischen Hilfsmittel bedient, sollte der Vergangenheit angehören.

1.1 Planung

Je komplizierter die Fragestellung bei einem Experiment ist, desto notwendiger und wirkungsvoller ist eine sorgfältige Planung. Sie muß zunächst festlegen, welche und wieviele Größen zu messen sind und welche Registriermethoden in Frage kommen. Ferner wird man oft versuchen, die Zahl der zu einer Meßreihe gehörenden Größen oder Meßpunkte möglichst groß, die Meßzeit selbst möglichst kurz zu halten. Ein weiterer Gesichtspunkt ist die notwendige Genauigkeit, mit der eine Größe bestimmt werden soll: sie legt den maximalen (absoluten oder statistischen) Meßfehler fest, aus dem sich die erlaubten Fehler der Einzelmessungen voraus bestimmen lassen. Schließlich ist rein apparativ das vorhandene und zu erstellende Material zu berücksichtigen. Dabei sollte das Verhältnis von Resultat und apparativem Aufwand in ebenso vernünftiger Beziehung stehen wie zwischen Meßzeit und Automatisierung der Registrierung. Sorgfältiger Überlegung bedarf die Trennung von Registrierung (Speicherung) und Auswertung. Je automatischer eine Anlage arbeitet, desto zeit- und personensparender, aber desto kostspieliger wird das Experiment. Zwischen allen diesen Gesichtspunkten einen vernünftigen Kompromiß zu schließen, ist oft schwierig, willkürlich und setzt Erfahrung und vielfach Teamarbeit voraus. Die Entscheidung wird in der reinen Forschung anders ausfallen als in der Industrieentwicklung.

Signalverarbeitung. An der Spitze jeder Meßanlage steht die Umwandlung der physikalischen Größe in ein elektrisches *Signal*, das den verschiedensten *Änderungen* (Verstärkung, Verzögerung usw.) unterworfen werden kann oder muß, ehe es registriert wird. Diese Umwandlung gerade in eine elektrische Größe hat gegenüber anderen Größen den Vorzug, außerordentlich genau messen und auswerten zu können. Die Art und Zahl der Umformungen richtet sich nach der Aufgabenstellung und muß in der Planung festgelegt werden, deren allgemeines Schema Abb. 1 zeigt. Die riesige Mannigfaltigkeit der Kombinationen kann hier nur ganz allgemein umrissen werden.

1. Einkanalige Messungen: Der triviale Fall, daß eine einzelne Größe gemessen wird, kann durch bestimmte Bedingungen vereinfacht, automatisiert oder beschleunigt werden (z. B. Vorwahl von Meßzeiten, Auswahl bestimmter Amplituden oder Frequenzen usw.).

2. Mehrkanalige Messungen: Der größte Teil physikalischer Experimente mißt entweder mehrere Größen gleichzeitig innerhalb einer Meßperiode oder kombiniert eine Meßgröße mit anderen Ver-

gleichs- oder Steuersignalen. Eine derartige Meßeinrichtung setzt sich aus einer Anzahl der folgenden Bausteine zusammen. Zu dieser Gruppe gehören etwa Differenzverfahren, Koinzidenzmethoden usw.

3. Kombinationen mit Steuerung oder Regelung: Eine weitere Gruppe von Experimenten läßt bestimmte Vorgänge von der Meßgröße selbst *steuern* (Vorwärtsregelung), *regeln* (Rückwärtsregelung) oder *auslösen* (Triggerung), häufig mit Rückwirkung auf das Signal selbst.

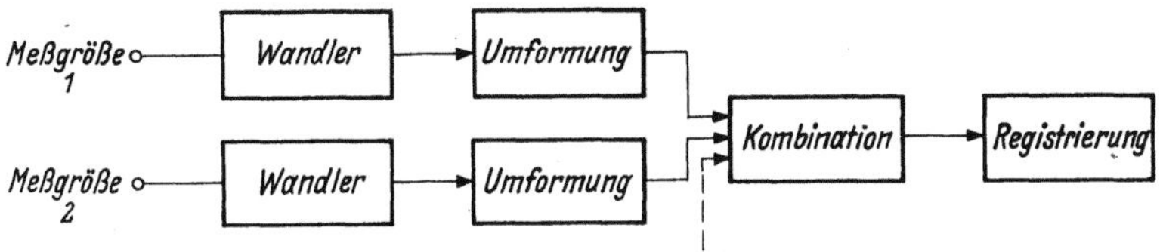

Abb. 1. Blockschema einer Signalverarbeitung

Bausteine. Die einzelnen Funktionen werden durch geeignet kombinierte Baueinheiten (Bausteine) erfüllt, deren Wahl und Zusammensetzung von der Planung festgelegt werden muß. Von den vielen möglichen Lösungen gibt es fast immer einen günstigsten Kompromiß zwischen kleinstem Aufwand und höchster Leistungsfähigkeit. Es hat sich längst als zweckmäßig erwiesen, immer wiederkehrende Bausteine fertig aufzubauen und von ihnen einen gewissen Vorrat zu halten. Soweit sie nicht bereits industriell gefertigt werden (z. B. Verstärker, Zählgeräte, Netzteile usw.), lohnt es, Standardeinheiten nach einer brauchbaren Normierung selbst zu entwickeln und aufzubauen, die innerhalb eines Labors oder Institutes streng eingehalten wird. Dadurch lassen sich gebaute Geräte auch von anderen Benutzern ohne langes Studium in neuen Kombinationen verwenden.

Diese Bausteine und ihre Elemente sind im folgenden nach ihrer Arbeitsfunktion zusammengestellt in den vier Hauptkapiteln: *Erzeugung — Veränderung — Kombination* und *Registrierung* von Signalen. Damit ist ohne langes Suchen der direkte Weg von der experimentellen Frage zur elektronischen Lösung gegeben.

Nachbau. Die große Fülle publizierter elektronischer Geräte enthält viel Weizen und viel Spreu. Selbst der erfahrene Physiker sieht einer Schaltung nicht immer an, ob sie fehlerfrei, zuverlässig und/oder nachbaufähig ist. Einmal sind viele Laborveröffentlichungen leider keineswegs darauf untersucht, ob sie kopierfähig sind und nicht nur mit den gerade vorhandenen Teilen funktionieren. Zum zweiten sei wohlmeinend davor gewarnt, ein Gerät nachzubauen, bei dem nicht die Funktion *jedes* Einzelteiles restlos verstanden wurde. Fast immer zeigen sich unerwartete Effekte, deren Klärung und Beseitigung mehr Zeit kostet als ein eigener Entwurf, der überdies mit vorhandenen oder greifbaren Teilen ausgeführt werden kann. Ein dritter Gesichtspunkt ist die Wahl der Einzelteile, die nach optimaler Leistung und nicht nach der Gewohnheit des Labors oder aufzuarbeitendem älterem Lagerbestand vor sich gehen sollte. Das Studium von publizierten Schaltungen ist jedoch vor jedem Entwurf unvermeidlich und anregend. In diesem Sinne sind auch die zahlreichen folgenden Literaturhinweise zu verstehen. Natürlich gibt es auch eine große Zahl von seit Jahren erprobten und nachbaufähigen Schaltungen, deren Publikation Hand in Hand mit industrieller Herstellung ging.

Die Schaltungen in diesem Buch zeigen keine genauen Werteangaben, da sie als Unterlagen für eigene Entwürfe dienen sollen. Soweit nicht die Größenordnung angegeben ist, richten sich die Werte nach den Signalformen — etwa R-C-Glieder vor den Röhrengittern — und dem jeweiligen Verwendungszweck. Häufig vorkommende Baustufen sind nur als Blockschaltbilder gezeichnet. Eine allgemeine Darstellung elektronischer Probleme geben [*23, 29, 68, 128, 301*].

1.2 Bauelemente

Die elektronischen Bauelemente (Röhren, Halbleiterdioden, Laufzeitkabel und R-L-C-Kreise) sollen hier in kurzer Form zur Orientierung und zum Nachschlagen besprochen werden. Ausführliche Behandlung findet sich in den Lehrbüchern der Hf-Technik, Röhrenhandbüchern usw.

1.2.1 Röhren

Das wichtigste Bauelement ist die Elektronenröhre, über die es reiche Literatur gibt [*4, 19, 24, 37, 43*]. Hier sind die wichtigsten Unterlagen zusammengestellt, die beim Umgang mit den Kennlinienfeldern benötigt werden. Weitere Angaben bringt Kapitel 3. Die Röhrenringbücher mit den vollständigen Kennlinien sind unerläßlich und werden von den Röhrenherstellern geliefert.

Röhrenwahl. Entgegen den Gepflogenheiten in manchem Labor sollen für elektronische Meßanlagen nur ungebrauchte Röhren, nach Möglichkeit Langlebensdauertypen (sog. Spezialröhren, premium tubes) verwendet werden. Ihre Zuverlässigkeit und geringen Toleranzen machen sich immer bezahlt, besonders in Anlagen für Dauerbetrieb. Einheimische und ausländische Produktion ist zum größten Teil äquivalent und austauschbar. Billige Röhren mit phantasievollen Handelsnamen sind zweite Wahl und genügen oft für Versuchszwecke, sollten aber nicht in Meßeinrichtungen benützt werden.

Die Anforderungen der Elektronik an die Röhren sind erheblich vielseitiger als die der Hoch- und Niederfrequenztechnik. Die sehr häufige Verwendung der Röhren als Schalter (Zähl-, Torschaltungen usw.) verlangt nur die Betriebszustände „ein" oder „aus", oft über lange Zeiträume hinweg. Hierfür sind Röhren mit Spezialkathoden (ohne Zwischenschichtbildung) entwickelt worden. Bei jedem Entwurf wird aus den verlangten Eigenschaften die geeignetste Röhre ausgewählt (etwa S/C-Verhältnis, Rauschen, Spitzenstrom u. a. m.) und ihr Arbeitspunkt innerhalb der zulässigen Grenzdaten gelegt. Nach Festlegen der Schaltung muß jede einzelne Röhre sorgfältig auf die Einhaltung der Maximaldaten geprüft werden, insbesondere:

1. Maximale Anoden- und Schirmgitterspannung (U_a, U_{g2}),
2. Maximale Anoden- und Schirmgitterbelastung (N_a, N_{g2}),
3. Maximaler Kathodenstrom (I_k),
4. Maximale Spannung zwischen Heizfaden und Kathode (U_{fk}).

Hierbei sind jeweils die statischen und die (Impuls-)Spitzenwerte zu überprüfen.

Die folgenden graphischen Konstruktionen setzen das Vorhandensein der Kennlinienblätter voraus und lassen sich auf ihnen leicht mit Transparentpapier ausführen.

Triode. Das allgemeine Kennlinienfeld einer Triode zeigt Abb. 2 a. Links von der Linie für $U_g = 0$ liegen die (seltener gebrauchten) Kennlinien für positive Gitterspannung, die Pentodencharakter annehmen und in eine Grenzkennlinie R_{iL} (sog. kleinster innerer Leistungswiderstand) einmünden. Die praktisch meistens verwendeten Felder sind in Abb. 3 dargestellt, links das I_a/U_g-, rechts das I_a/U_a-Kennlinienfeld. Die im linken Feld gestrichelt gezeichnete Kurve, die stets in den Herstellerdaten angegeben wird, entspricht den Schnittpunkten der gestrichelten Senkrechten über U_b im rechten Feld mit den U_g-Linien. Diese *statische* Kennlinie wird in der Praxis jedoch seltener gebraucht als die *dynamische* Kurve (links ausgezogen), die immer dann zu konstruieren ist, wenn ein Widerstand im Anoden-(Kathoden)Kreis liegt. Sie wird folgendermaßen graphisch gewonnen: Von der gegebenen Betriebsspannung U_b aus wird im rechten Feld die Widerstandsgerade R_a (wenn $R_k \ll R_a$, sonst ist $R_a + R_k$ zu wählen) so gezogen, daß sie die y-Achse bei $I_a = \dfrac{U_b}{R_a}$ schneidet. Auf der R_a-Geraden wandert der Arbeitspunkt der Röhre entlang und gibt unmittelbar den

Aussteuerbereich an. Aus den Schnittpunkten mit den U_g-Linien wird im linken Feld die dynamische Arbeitskennlinie konstruiert. Die drei häufig gebrauchten Kenngrößen $R_i = \frac{\mu}{S}$ sind in Abb. 3 eingezeichnet und müssen für jeden Arbeitspunkt gesondert bestimmt werden.

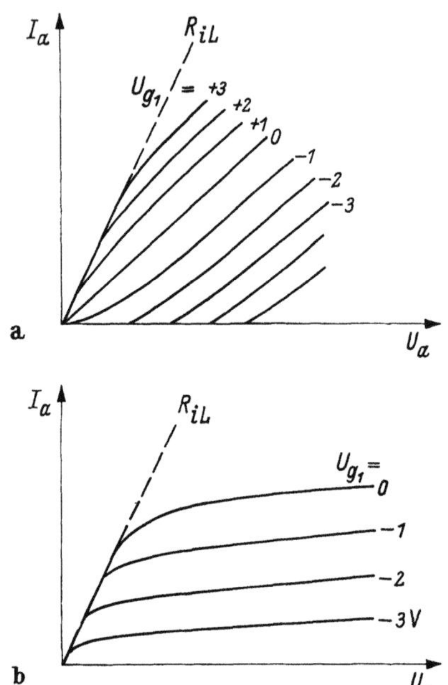

Abb. 2. Allgemeine Form eines I_a/U_a-Kennlinienfeldes einer Triode (a) und einer Pentode (b)

Der Arbeitspunkt P muß im Ruhezustand innerhalb gewisser Grenzen liegen, die Abb. 4 zeigt: die erlaubte schraffierte Fläche wird links von der Linie $U_g = 0$, oben vom maximalen Kathodenstrom und der Anodenbelastungs-Hyperbel $I_a U_a = N_{amax}$ und rechts von der maximalen Anodenspannung begrenzt. Bei gesperrter Röhre darf die rechte Grenze bis zur Anodenkaltspannung $U_{a\,0}$ ansteigen. Die Widerstandsgerade R_a in Abb. 3 darf die N_a-Hyperbel tangieren. Wird die Röhre mit Impulsen gespeist, kann die R_a-Gerade auch außerhalb des Arbeitsfeldes verlaufen, jedoch muß der zeitliche Mittelwert innerhalb der statisch erlaubten Grenzen liegen.

Ist ein Kathodenwiderstand vorhanden, so läßt sich im linken Feld der Abb. 3 eine Gerade für R_k zeichnen, die die Vorspannung und damit den Arbeitspunkt P festlegt. In der Praxis wird man oft von einem Arbeitspunkt P ausgehen und aus der Geraden OP den Wert von $R_k = \frac{U_p}{I_p}$ bestimmen. Auch im rechten Feld kann die R_k-Linie direkt gezeichnet werden. Sie verläuft vom Nullpunkt nach rechts durch die Kurven für $U_g = -1$, $U_g = -2$, ..., die sie bei den jeweiligen Werten von $I_a = \frac{U_g}{R_k}$ schneidet. Diese Widerstandslinie ist keine exakte Gerade, erlaubt jedoch schnell die Bestimmung des Arbeitspunktes bei freien Parametern R_a und R_k ohne die Konstruktion der dynamischen I_a/U_g-Kennlinie. In Abb. 5 ist schematisch der Sonderfall gezeichnet, der bei Abb. 59 (Kathodenfolger)

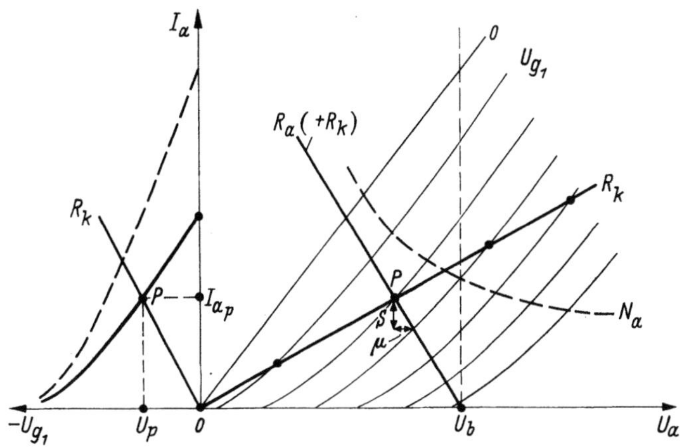

Abb. 3. Konstruktion der dynamischen Kennlinie aus der statischen

besprochen wird. Das Gitter liegt auf einer (negativen oder positiven) Spannung U_1. Im ersten Fall verschiebt sich die R_k-Linie nach rechts (R_k^-) bis zum Fußpunkt der Kennlinie für $U_g = U_1$. Im Falle eines positiven Wertes von U_1 beginnt die R_k-Linie (R_k^+) erst auf der Kennlinie für $U_g = 0$ und dem Anodenstrom $I_{a1} = \dfrac{U_1}{R_k}$. Entsprechendes gilt für das Ableiten der Kathode an einen Spannungsteiler mit umgekehrtem Vorzeichen. Für verschiedene Werte von U_1 (entsprechend verschiedenen Ein-

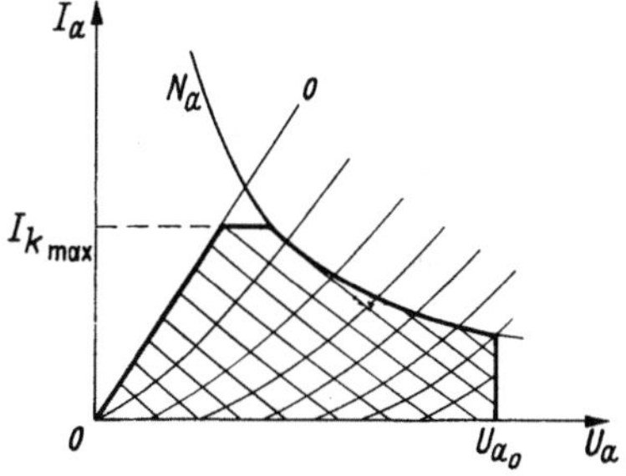

Abb. 4. Zulässiger Bereich für den Ruhearbeitspunkt einer Röhre

gangsspannungen U_e) ergibt sich eine neue Kurvenschar, die einer Röhre mit gleichem μ, aber höherem R_i äquivalent ist: $R_i' = R_i + (\mu + 1)\,R_k + R_a$ (vgl. S. 71).

Häufig stimmen Anodenarbeitswiderstand und gesamter Gleichstromwiderstand im Anodenkreis nicht überein. Dann wird zunächst der statische Gleichstromarbeitspunkt bestimmt, etwa in Abb. 6 mit dem Fall $R_a + R_b$. Die tatsächliche Arbeitsgerade R_a, die für Signale gilt, läuft steiler als die Gleichstromgerade $R_a + R_b$ und erlaubt nur die Aussteuerung an der Anode bis zum Wert U_1 ($U_1 < U_b$). Analog dazu läßt sich der Fall (b) zeichnen, bei dem als Arbeitswiderstand eine Induktivität L_a vorhanden ist.

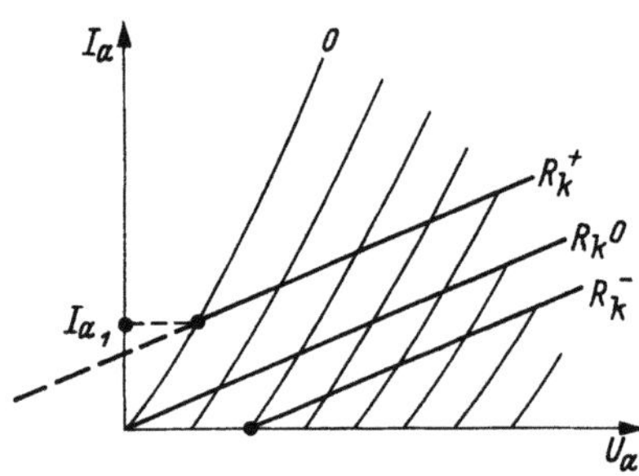

Abb. 5. Konstruktion der Kathodenwiderstandsgeraden im I_a/U_a-Feld einer Triode

Hier ist die Aussteuerbarkeit größer als mit ohmschem Anodenwiderstand.

Die Konstruktion der Kennlinien für den Kathodenfolger erscheint auf S. 70.

Pentode. Abb. 2 b zeigt das allgemeine I_a/U_a-Feld einer Pentode: auch hier tritt — wie bei der Triode — die Grenzkennlinie R_{iL} auf, allerdings bereits bei negativer Steuergittervorspannung. Im übrigen gelten die gleichen Grundsätze wie bei der Triode auch für die Kennlinienkonstruktion für die Pentode, wenn für jedes Feld die Schirmgitterspannung U_{g2} kon-

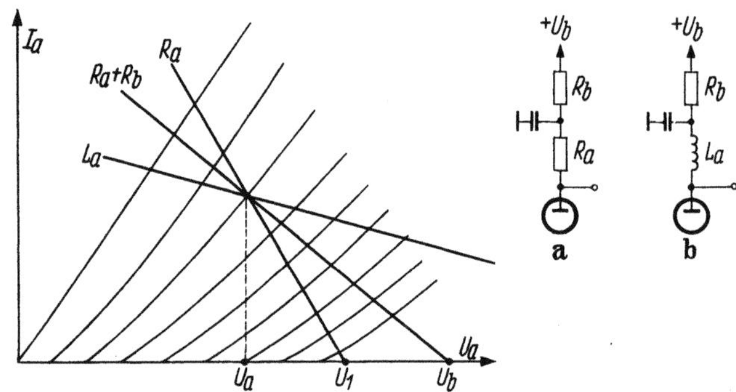

Abb. 6. Konstruktion des Arbeitspunktes bei komplexem Arbeitswiderstand

stant gehalten wird. Die Kathodenlinien können wie oben konstruiert werden, wenn statt I_a jeweils die Größe $I_k = I_a + I_{g2}$ eingesetzt wird.

Häufig soll eine Pentode mit einer Schirmgitterspannung betrieben werden, für die keine Kennlinien vorliegen. Um das Ausmessen zu ersparen, wendet man eine Näherungskonstruktion an, die Abb. 7 zeigt. An der I_a/U_{g1}-Kennlinie (für eine gegebene U_{g2})

läßt sich ein Fußpunkt nach der Näherungsgleichung konstruieren:
$U_{g1} = \dfrac{U_{g2}}{\mu_{g2}} + \dfrac{U_a}{\mu_a}$. Da der zweite Term zu vernachlässigen ist, läßt
sich für jeden anderen Wert von U_{g2} ein neuer Fußpunkt errechnen
und eine neue Kennlinie parallel zur ersten zeichnen. Der Fußpunkt
selbst wird innerhalb der Röhrenstreu-
ungen genügend genau mit Hilfe von
I_{ao} und der Funktion $I_a \sim U_{g1}^{3/2}$ konstruiert (Abb. 7): der Anodenstrom
für $\dfrac{U_{g1}}{2}$ liegt bei $I_a = \dfrac{I_{ao}}{2\sqrt{2}}$.

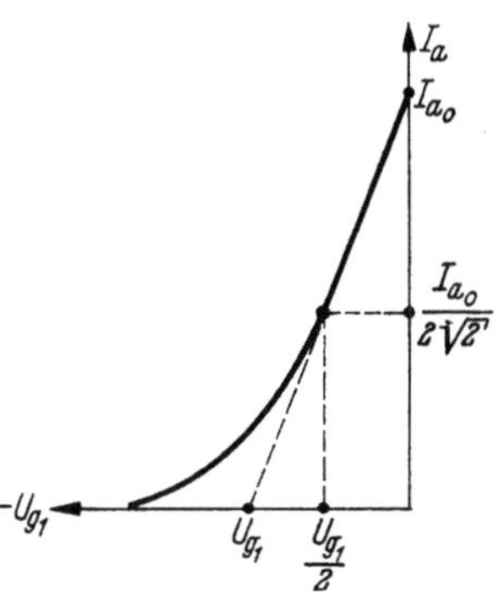

Ist das I_{g2}/U_{g2}-Kennlinienfeld gegeben, läßt sich leicht ein Spannungsteiler oder Vorwiderstand für das
Schirmgitter bestimmen: Abb. 8 a. Im
Falle eines einfachen Vorwiderstandes
$R_{g2} = \dfrac{U_b - U_{g2}}{I_{g2}}$ (Abb. 8 b) wird die Ar-
beitspunktgerade wie bei einer Triode
gezeichnet (S. 7). Wird ein Spannungsteiler verwendet (c), dann ist
$U_{g2} = aU_b - \dfrac{R_1\,R_2}{R_1 + R_2}\,I_{g2}$, wobei aU_b

Abb. 7. Hilfskonstruktion zur
Bestimmung der Pentodenkennlinie
bei beliebiger Schirmgitterspannung
(siehe Text)

die Leerlaufspannung des Spannungsteilers $n = \dfrac{R_2}{R_1 + R_2}$ ist. Die
Widerstandsgerade erscheint also als Parallelschaltung von R_1 und

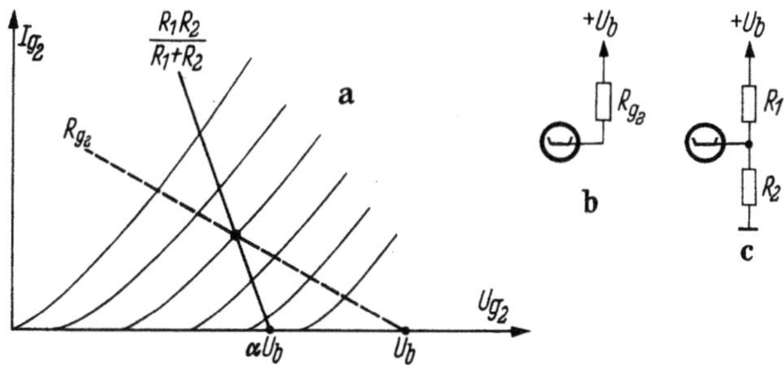

Abb. 8. Konstruktion des Schirmgitterarbeitspunktes

R_2 mit dem Fußpunkt bei $a\,U_b$. In beiden Fällen läßt sich U_{g2} bei
verschiedenen Aussteuerungsgraden verfolgen bzw. begrenzen. Bei
der Verarbeitung von Signalen muß das dynamische Verhalten der
Schirmgitterspannung beachtet werden. Gelegentlich wird nur die

maximale Schirmgitterbelastung N_{g2} vorgeschrieben. Dann gilt im Falle Abb. 8 b: $R_{g2} = \dfrac{U_{g2}\,(U_b - U_{g2})}{N_{g2}}$. N_{g2} erreicht den höchsten Wert, wenn $U_{g2} = \dfrac{U_b}{2}$ ist (Leistungsanpassung bei $R_{g2} \ll R_i$ der Stromquelle).

Soll U_{g2}, unabhängig vom Strom, konstant gehalten werden, so wählt man eine der üblichen Methoden nach Abb. 9. Wenn das Abblocken mit genügend großer RC-Zeitkonstante nicht ausreicht, wird ein Glimmstabilisator (a) oder ein Kathodenfolger vorgesehen (letzterer bei hohen Werten von I_{g2}), dessen Gitter an einem Spannungsteiler (b) oder an einer Glimmstrecke (c) liegt. R_k (Größenordnung 100 kΩ) sichert den

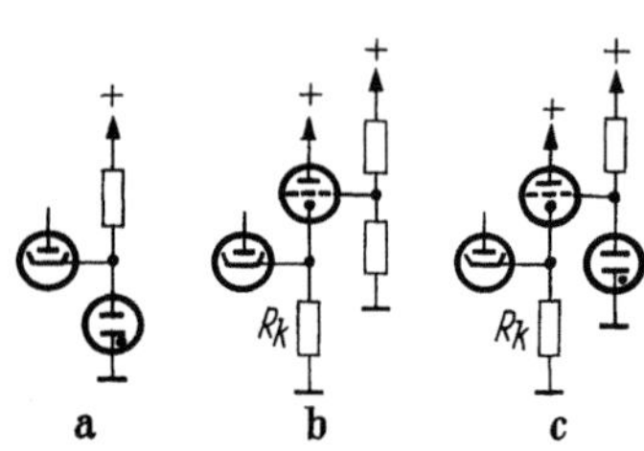

Abb. 9.   Erzeugung konstanter
Schirmgitterspannung (R_k etwa 100 kΩ)

Arbeitspunkt des Kathodenfolgers bei fehlendem Schirmgitterstrom. Nähere Angaben folgen im Kapitel 6.

Ein häufig nicht ausgenützter Freiheitsgrad ist die Steuerfähigkeit des Bremsgitters (g_3). Rein *statisch* erhöht eine positive Spannung U_{g3} den Innenwiderstand und die Aussteuerungsfähigkeit der Pentode. Die Verbindung des Bremsgitters mit der Anode wird gelegentlich zur Kennlinienlinearisierung verwendet, jedoch muß der typische Tetrodenkennlinienverlauf bei $U_a \leqq U_{g2}$ gemieden werden. *Dynamisch* kann das Bremsgitter zur Anodenstromsteuerung herangezogen werden, seine Steilheit ist meistens erheblich geringer als die des Steuergitters (g_1). Einige Schaltröhren (Pentoden und Heptoden) besitzen annähernd gleiche Steilheiten S_3 und S_1. Wird das Bremsgitter hochohmig (einige 100 kΩ) an $+U_b$ gelegt, lassen sich an ihm Signale abnehmen, die mit den Anodensignalen gleichphasig sind. Beim (dauernden oder zeitweiligen) Sperren des Bremsgitters durch negative Spannungen besteht die Gefahr der Schirmgitterüberlastung durch Stromverteilung.

Der durch Anwendungszweck und Kennlinienfelder festgelegte Arbeitspunkt wird durch Kathoden-, Anoden- und Schirmgitterwiderstände statisch verwirklicht. Die Erzeugung der Steuergittervorspannung durch Kathodenwiderstand allein ist oft ungünstig. Namentlich bei sehr steilen Röhren wählt man lieber die Schaltung nach Abb. 59 c und d. Durch das Hochlegen des Gitters wirken sich Röhrenstreuungen beim Röhrenwechsel weniger aus, und es lassen sich oft bestimmte Werte für den Kathodenwiderstand verwenden, etwa beim Anschluß eines Kabels usw. Einzelheiten folgen auf S. 70.

Gitterstrom. Je nach der Vorspannung des Steuergitters fließt ein negativer (Elektronen-) bzw. ein positiver (Ionen-)Strom, dessen Komponenten Abb. 10 zeigt. In sehr vielen Fällen stört ein Strom unter etwa 10^{-6} A nicht. Er kann dadurch so klein gehalten werden, daß man die Gitterspannung nie positiver als etwa — 1.3 Volt werden läßt. In empfindlichen Gleichstromverstärkern, Elektrometerschaltungen usw. wird dagegen verlangt, daß der Gitterstrom kleiner als $10^{-10} \cdots 10^{-15}$ A bleibt. Durch die Wahl geeigneter Röhren und der richtigen Vorspannung (etwa U_g' in Abb. 10) lassen sich sehr hochohmige Eingangsschaltungen bauen. Da etwa dreiviertel aller Röhren dem Gesetz $I_{g1} = U_{ga}^{3/2} \cdot I_k \ [10^{-10}]$ A folgen [137], läßt sich der Gitterstrom durch kleine Heiz- und Anodenspannung und genügend negative Gittervorspannung leicht reduzieren, allerdings auf Kosten der Steilheit und des (Schrot) Rauschens. Nach 2- bis 5tägiger Alterung (im Arbeitspunkt) bleibt der Gitterstrom leidlich konstant, kann aber von einem Röhrenexemplar zum anderen stark streuen. Elektrometerröhren (Trioden und Tetroden) erlauben Strommessungen

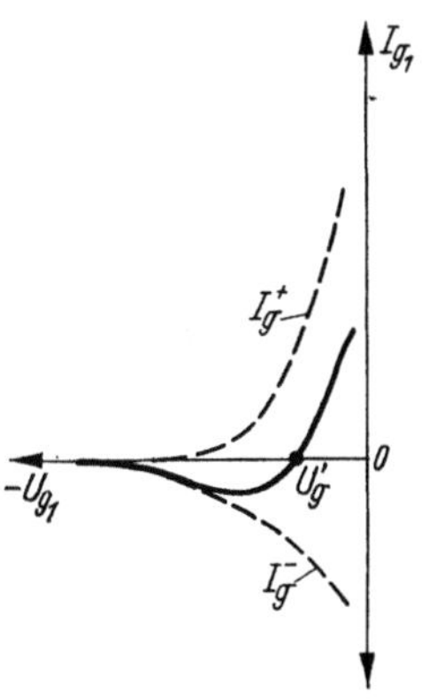

Abb. 10. Allgemeiner Verlauf des Gitterstromes

bis zu 10^{-15} A, verstärken jedoch kaum (Größenordnung 1...5 bei Trioden). Bei etwas geringeren Ansprüchen lassen sich auch normale Mehrgitterröhren gut verwenden [293], die bei nur geringem positivem Ionenstrom Verstärkungsfaktoren um 100 besitzen und sich leicht an einem der übrigen Gitter gegenkoppeln lassen.

Spezielle Röhren. Auf die zahlreichen Röhrenarten für Sonderzwecke (Elektrometerröhren, Schaltröhren, Aussteuerungsindikatorröhren u. a. m.) kann hier nicht eingegangen werden. Zwei Gruppen seien jedoch erwähnt:

Gasentladungsröhren. Die in der industriellen Elektronik viel gebrauchten Thyratrons, Ignitrons usw. eignen sich zum Schalten hoher Ströme, werden aber bei Strömen bis zu einigen 100 mA vorteilhaft durch Hochvakuumröhren ersetzt. Moderne Leistungspentoden liefern hohe Ströme bzw. Stromspitzen bei nur wenigen Volt Spannungsabfall und lassen sich leistungslos und beliebig am Gitter öffnen und schließen. Gasentladungsröhren hingegen benötigen eine Löschvorrichtung (Unterschreiten einer bestimmten Anodenspannung) in Form eines R-C- oder L-C-Gliedes an der Anode oder durch Betrieb mit Wechselspannung, gelegentlich auch durch gesonderte Löschröhre. Sie benötigen einige $10 \cdots 100$ nsec zur Ausbildung der Entladung und besitzen je nach Füllung eine Totzeit von einigen μ- bis zu msec. Eine besondere Form einer Gasentladungsstrecke, der Glimmstabilisator, wird in Kapitel 6 behandelt. Für hohe Impulsleistungen (Stoßspannungen, Stroboskope u. a. m.) werden spezielle Röhren bis über 1000 kW hergestellt.

Sekundäremissions-Pentoden. Einige Pentoden sind mit einer Sekundäremissions-Elektrode (Dynode) ausgerüstet. Sie läßt sich als zusätzliche Kathode auffassen, nimmt also (Elektronen)Strom von außen auf. Der von der Anode abgegebene Strom übersteigt daher den von der eigentlichen Kathode gelieferten Strom. Daher ist nicht nur die Steilheit $\left(S = \dfrac{d\,I_a}{d\,U_{g1}}\right)$ wesentlich größer als die normaler Pentoden ($S \approx 30$ mA/V), sondern die Innenwiderstände von Anode und Dynode sind ungewöhnlich klein. Die erlaubten Stromspitzen können 1 Ampere erreichen und ergeben auch mit sehr kleinen Arbeitswiderständen (R_a bzw. R_d) noch große Impulsamplituden. Die damit erzielbaren Flankensteilheiten werden auch von den steilsten Breitbandpentoden nicht ohne weiteres erreicht. Jedoch sind Lebensdauer und Langzeitkonstanz dieser Sekundäremissions-Röhren geringer als bei normalen Röhren. Ein Anwendungsbeispiel folgt bei Abb. 29.

1.2.2 Halbleiterdioden und Transistoren

Soweit nicht wegen ihres fast unendlich hohen Sperrwiderstandes und der hohen Sperrspannung Röhrendioden benötigt werden, können vielfach *Halbleiterdioden* eingebaut werden. Bekanntlich stehen ihren Vorteilen (keine Heizung, sehr kleine Kapazität ≈ 1 pF, kleiner Leitwiderstand) einige Nachteile gegenüber: endlicher Sperrwiderstand, begrenzte Sperrspannung und Temperaturabhängigkeit. Es fehlt der Anlaufstrom, dafür tritt eine bei den einzelnen Typen verschieden große Schaltträgheit auf, die durch die geringe Wanderungsgeschwindigkeit der Ladungsträger im Kristall bedingt ist und in der Größenordnung von einigen 10 bis 1000 nsec liegt. Sehr „schnelle" Diodentypen vertragen meist nur kleine Sperrspannungen. Beim Fehlen von Herstellerangaben und Prüfnormen ist es unbedingt ratsam, mit einem schnellen Impulsgeber (Anstiegszeit $t_r \leq 10$ nsec) die einzelnen Exemplare zu testen.

Die sog. Zenerdioden (Silizium) haben die Eigenschaft, bei einer bestimmten Sperrspannung („Durchbruchsspannung") einen sehr kleinen Leitwiderstand anzunehmen und sich ähnlich wie ein Glimmstabilisator zu verhalten (vgl. S. 159).

Da die Zeichenweise in der Literatur nicht immer einheitlich ist, zeigt Abb. 11 das genormte Symbol im Vergleich mit einer Röhrendiode und der Ringkennzeichnung.

Auf die Technik des *Transistors*, der im kommerziellen Bereich große Bedeutung gewonnen hat, soll hier bewußt verzichtet werden. Ihre schaltungstechnischen und wirtschaftlichen Vorteile sind für den Physiker im allgemeinen noch nicht interessant. Gerade wo es sich um den Aufbau einzelner und häufig wechselnder Baueinheiten handelt, die höchste Konstanz und oft hohe Amplitudenbereiche besitzen sollen, konnte die Elektronenröhre noch nicht vom Transistor abgelöst werden. Bei Sonderfällen (Sonden, Ballongeräte, Einheiten in sehr hohen Stückzahlen usw.) lohnt sich das Einarbeiten in die spezielle Literatur. Obwohl der Vergleich der vielen komplementären Größen bei der Röhre und beim Transistor sinnvoll erscheint, ist ein Umlernen und Umdenken auf Transistorbegriffe ratsam. Transistoren erlauben das Arbeiten mit positiven *und* negativen Ladungsträgern (npn- und pnp-Typen), besitzen Innenwiderstände unter 1 Ohm und sehr hohe Lebensdauer, dagegen sind fast alle Kenngrößen frequenz- und temperaturabhängig. Transistorisierte Meßanlagen, z. B. [*166*], sollen keine Röhren enthalten, da die gegenseitige Anpassung unnötige Schwierigkeiten machen kann. Näheres bieten [*1, 11a, 28, 222a*].

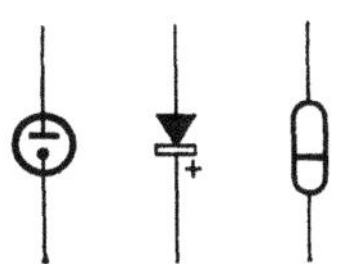

Abb. 11. Röhren- und Halbleiterdiode (Symbol und Kennzeichnung)

1.2.3 Kabel

Abgeschirmte (meist koaxiale) Kabel dienen nicht nur als Energieleiter in der Hf-Technik, sondern haben bei der Verarbeitung von Impulsen weitere Anwendung als verzögernde und impulsformende Elemente gefunden.

Physikalische Eigenschaften. Ein Kabel ist mit einer Laufzeitkette (Abschnitt 1.2.4) vergleichbar — Abb. 12a, d —, deren einzelne Glieder außer L und C einen Längs- und Querwiderstand (r_1, r_2) besitzen, jedoch sind die Größen kontinuierlich über die Kabellänge verteilt. Ist das Signal eine hochfrequente Welle, so wirken sich mit steigender Frequenz die Induktivität und Kapazität, ähnlich wie bei Laufzeitresonanzgliedern, auf die Bandbreite aus. Hat man es mit Impulsen zu tun, so treten mit abnehmenden Impulslängen bzw. Anstiegsflanken die Laufzeiteigenschaften und Reflexionen der hochfrequenten Anteile des Fourier-Spektrums immer mehr hervor. Sowie die Kabellänge (räumlich) in die Größenordnung der Wellenlänge bzw. (zeitlich) der Impulslänge kommt, sind die speziellen Kabeleigenschaften zu berücksichtigen bzw. auszunutzen. Man kann unterscheiden: *langsame* Impulse, deren Flanken ein Vielfaches der Laufzeit betragen, erleben das Kabel als abgeschirmte Leitung (S. 15). *Kurze* Signale dagegen sehen eine Laufzeitstrecke vor sich mit ihren typischen Eigenschaften (Verzögerung, Reflexion, Dämpfung).

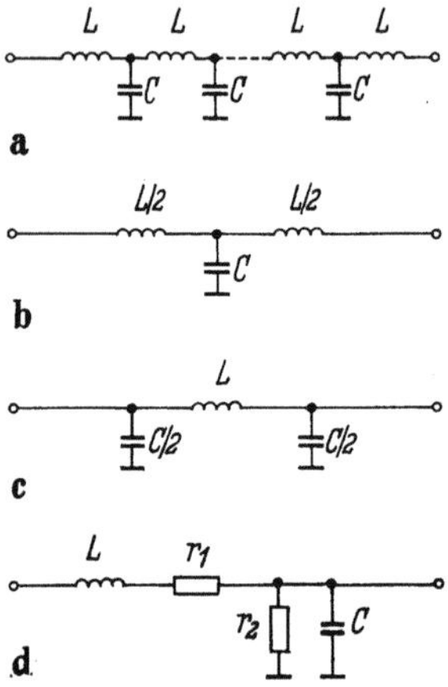

Allgemein hat ein unendlich langes Kabel an jeder Stelle den konstanten Quotienten

$$\frac{U}{I} = Z = \sqrt{\frac{r_1 + i\omega L}{\dfrac{1}{r_2} + i\omega C}} \approx \sqrt{\frac{L}{C}}$$

den sog. Wellenwiderstand Z, der bei den meisten Handelskabeln unterhalb der Grenzfrequenz nahezu frequenzunabhängig $Z \approx \sqrt{\dfrac{L}{C}}$ ist. Ist ein Kabel mit einem reellen Widerstand $R = Z$ abgeschlossen, ist es einer unendlich langen Leitung äquivalent: am Abschluß treten keine Reflexionen auf. $Z \sim \sqrt{\dfrac{\mu}{\varepsilon}}$ ändert sich mit dem verwendeten Dielektrikum und der Permeabilität. Analog zur Laufzeitkette (Abb. 12 a) sind hier stets L und C auf die Längeneinheit bezogen.

Abb. 12. Laufzeitkette und -glieder

Ein Kabel verhält sich wie ein Tiefpaß mit der oberen Grenzfrequenz $\omega_2 = \dfrac{1}{\sqrt{LC}}$. Die Verzögerung (ebenfalls pro Längeneinheit) ist $T \approx \sqrt{LC} \approx Z \cdot C$ bei nicht zu großer Nähe zur Grenzfrequenz ω_2. Unterhalb der halben Grenzfrequenz ist T mit weniger als 5% frequenzunabhängig. Entsprechend dem Verhältnis von Signal- zu Grenzfrequenz hängt das Impulsverhalten ab vom Verhältnis der Impulsanstiegszeit zur Kabellaufzeit. Sehr steile kurze Impulse werden zu einer Gauss-Kurven-ähnlichen Form verschmiert, und ihre hohen Frequenzanteile können sich reflektiert überlagern. Ist das Kabel mit $R \neq Z$ abgeschlossen oder bestehen Stoßstellen (etwa an Steckverbindungen), so tritt ein Reflexionsfaktor für die Signalspannung von $\varrho = \dfrac{T\,(R - Z)}{t_r\,(R + Z)}$ auf. Dabei ist ϱ

das Verhältnis der vorwärtslaufenden zu der reflektierten Signal-amplitude, T die Kabellaufzeit, t_r die Impulsflanke und R der Abschluß- oder Sprungstellenwiderstand. Für ein zulässiges ϱ läßt sich damit R und T abschätzen. Bei hochfrequenten Signalen wird auch das Stehwellenverhältnis $\sigma = \dfrac{1 + |\varrho|}{1 - |\varrho|}$ verwendet. Genauere Angaben machen die Hersteller, weitere Unterlagen finden sich u. a. bei [7, 26, 38].

Abgeschirmte Leitung. Bei Signalen, deren Kenngrößen wesentlich größer als die Kabellaufzeit sind, spielt der Kabelabschluß keine wesentliche Rolle, wohl aber die Kabelkapazität, die die Signalquelle mit zunehmender Kabellänge immer stärker belastet. Niederohmige Signalquellen und kapazitätsarme Kabel lassen sich gut verwirklichen. So eignen sich die verschiedenen Kathoden-folgerarten (S. 76 und 91) hierzu, ebenso der operative Verstärker (S. 72) mit seinem virtuell geerdeten Eingang, besonders als Knotenpunkt für mehrere Kabel [100].

Bei schnellen und schnellsten Signalen muß dagegen auf sorg-fältige Anpassung des Abschlußwiderstandes an beiden Enden ge-achtet werden. Auch die Steckverbindungen, die oft sehr unter-schiedliche Wellenwiderstände besitzen, müssen zum Kabel passen. Werden mehrere Kabel zusammengeschaltet, wird Z so gewählt, daß jedes Kabel seinen richtigen Abschlußwiderstand sieht. Die Verformung sehr kurzer Impulse ist bei allen Kabeltypen gleich-artig, die (verlangsamte) Anstiegszeit steigt mit dem Quadrat der Kabellänge, der Proportionalitätsfaktor hängt nur vom Kabeltyp ab [224]. Frequenzmäßig gesehen nimmt die Kabeldämpfung qua-dratisch mit ω zu (unterhalb etwa 1000 MHz). Schließlich ist auf die Spannungsfestigkeit bei hohen Amplituden zu achten. Manche Kabelsorten besitzen doppelte Abschirmung, die bei starken Streu-feldern unumgänglich sein kann.

Impulsverhalten. Die Möglichkeiten, bei impulsförmigen Signa-len Änderungen an Zeit und Form vorzunehmen, werden im Kapitel 3 genauer behandelt. Hier soll eine allgemeine Übersicht über die Impulsformen gegeben werden, die bei verschiedenen An-passungen am Anfang und Ende eines Kabels auftreten. Abb. 13 zeigt den allgemeinen Fall eines Kabels (Wellenwiderstand Z), das von einem Signal U gespeist wird und vorne mit R_1, hinten mit R_2 abgeschlossen ist. Der Reflexionsfaktor ϱ verschwindet bei genauer Anpassung $R_1 = R_2 = Z$. Bei $R < Z$ wird ϱ negativ (Grenzfall $\varrho = -1$ bei $R = 0$), während $\varrho > 0$ bei $R > Z$ ist (Grenzfall $\varrho = 1$ bei $R = \infty$, d. h. bei offenem Kabelende).

Die an R_1 und R_2 auftretenden Signale U_e und U_o sind in Abb. 14
zusammengestellt, wobei verschiedene mögliche Werte von R_1 und
R_2 aufgeführt sind. Als charakteristisches Signal wurde ein Rechteckimpuls gewählt, an dem sich die typischen Signalformen gut
zeigen lassen. Andere Signalformen können leicht daraus abgeleitet werden. Die drei Möglichkeiten $\tau < 2T$, $\tau = 2T$ und $\tau > 2T$
erfassen alle Fälle, in denen die Signaldauer τ kleiner, gleich oder
größer als die doppelte Kabellaufzeit T ist. Die oszillographisch

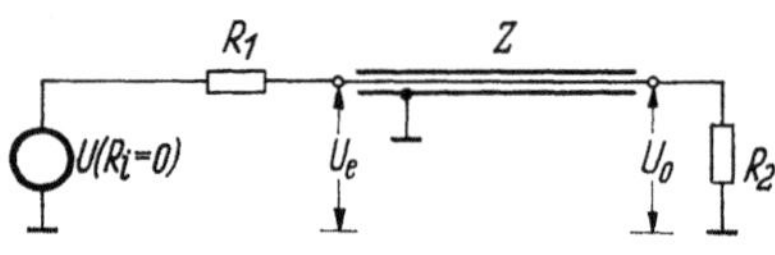

Abb. 13. Laufzeitkabel mit beiderseitigem
Abschluß

sichtbaren Signalformen am
Eingang (U_e) und am Ausgang
(U_o) sind in (a) und (b) getrennt
dargestellt. Mit Hilfe dieser
Zusammenstellung kann an
Hand eines Rechteck-Testsi-
gnales rasch die Richtung und
der Ort der nötigen Anpassungsänderung gefunden werden. Entlang einer Zeile oder Spalte läßt sich die kontinuierliche Änderung
einer Größe (R oder τ) leicht verfolgen. Gelegentlich kann
eine unerwünschte Reflexion auch mit einer Diode als Abschluß
stark reduziert werden. Dabei sieht der Impuls — je nach Polung —
einen Kurzschluß oder ein offenes Ende. Eine Diode in Serie mit
dem Abschlußwiderstand R bedeutet für das Signal: Abschluß mit
R oder offenes Ende.

Je nach Größe von τ bzw. T werden entweder normale niederohmige Kabel verwendet (sehr kleine τ) oder spezielle (Spiral-)Ver-
zögerungskabel, die hochohmig (Z einige Kilo-Ohm) sind, aber
Laufzeiten bis über 1 μsec/m besitzen. In der Nachbarschaft starker
Streufelder muß doppelte Abschirmung verwendet werden, da auf
dem Mantel der Laufzeitstrecke sich Störungen dem Signal überlagern. Dabei muß jedoch beachtet werden, daß die zusätzliche
Abschirmung die Induktivität des Kabels und damit die Laufzeit
verringert. Der Abschlußwiderstand muß ebenfalls an den neuen
Wert von Z angepaßt werden. Oft läßt sich durch teilweise Abschirmung auch ein Feinabgleich der Laufzeit vornehmen. Magnetische Abschirmung (etwa mit Magnetband) ändert den Wert von
Z und T im umgekehrten Sinne wie die statische Abschirmung. Auf
den nicht abgeschirmten Außenleiter eines Kabels eingestreute
Störungen lassen sich auch dadurch eliminieren, daß der Mantel an
den zweiten Eingang eines Differenzverstärkers (S. 74) geführt
wird.

Mit zunehmendem Z der üblichen Laufzeitkabel sinkt die
Grenzfrequenz und steigen die Reflexionen. Daher ist stets ein
Kompromiß zu schließen zwischen vernünftiger Kabellänge und

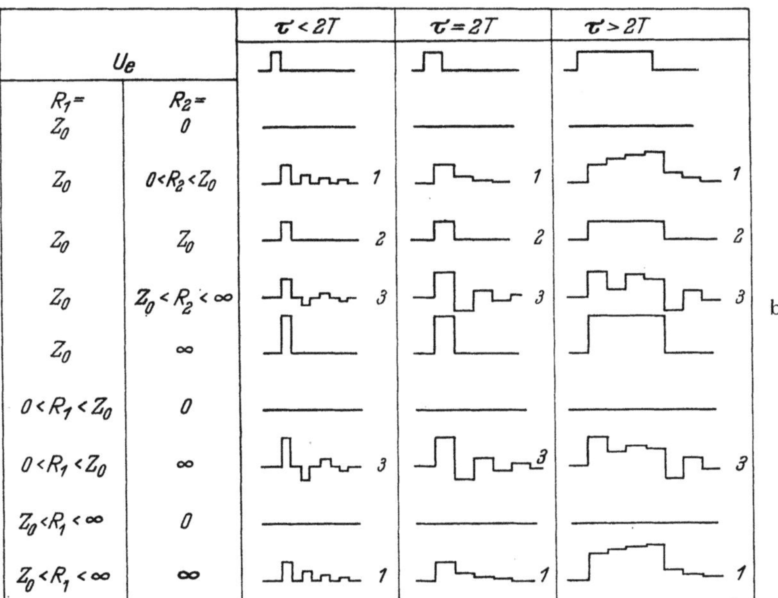

Abb. 14. Signalverlauf am Eingang (a) und Ausgang (b) eines Laufzeitkabels nach Abb. 13 bei verschiedenen Abschlußwiderständen. Impulsdauer τ kleiner, gleich und größer als die doppelte Laufzeit 2T; $\quad a = \dfrac{R_2}{R_2 + Z}$

Reflexionsgrad bei vorgegebener Laufzeit. Impulsflanken von einigen 10 nsec an abwärts können nur mit normalen Koaxialkabeln ($Z = 50\ldots150$ Ohm) verarbeitet werden.

In allen Fällen halte man sich an die Regel: reflexionsfreier (oder -armer) Kabelabschluß geht vor maximaler Leistungs- oder Amplitudenanpassung.

1.2.4 R-L-C-Kombinationen

R-L-C-Kreise. Kombinationen von R und C bzw. von R und L sind im Abschnitt 3.3 aufgenommen (Differenzier- und Integrierstufen), während die verschiedenen Eigenschaften des R-L-C-Schwingungskreises als bekannt vorausgesetzt werden und in das Gebiet der Hf-Technik gehören. Ein Anwendungsbeispiel folgt auf S. 62. Eine besondere Form von Schwingkreisen ist hier jedoch aufgenommen:

Laufzeitketten. Analog zu den Laufzeitkabeln (S. 13) mit gleichmäßig verteiltem (distributed) L und C lassen sich Ketten aus konzentrierten (lumped) L-C-Gruppen aufbauen: Abb. 12a. Je nach der Aufteilung in n identische Einzelglieder ergeben sich sog. T-Glieder (b) mit dem Wellenwiderstand $Z_T = \sqrt{a\dfrac{L}{C}}$, oder Π-Glieder (c) mit $Z_\Pi = \sqrt{\dfrac{L}{aC}}$. Dabei ist $a = 1 - \left(\dfrac{\omega}{\omega_2}\right)^2$. In nicht zu großer Nähe der oberen Grenzfrequenz ω_2 ist $a \approx 1$, also $Z \approx \sqrt{\dfrac{L}{C}}$ und die Laufzeit pro Glied $T = \sqrt{LC}$. Bei einer n-gliedrigen Kette ist die gesamte Laufzeit $T_g = n\sqrt{LC}$. Die Grenzfrequenz $\omega_2 = \dfrac{1}{\sqrt{LC}} = \dfrac{n}{T_g}$ wird vom Einzelglied bestimmt und steigt bei gegebener Gesamtlaufzeit T_g mit der Gliederzahl n an, der Phasenwinkel (bei Sinussignal) ist $\cos\psi = 2a - 1$. Man rechnet grob: $n = 3\cdots5$ für eine Laufzeit T_g gleich der Breite eines zu verzögernden Impulses. Zur Verbesserung der Güte führt man häufig Kopplungen zwischen den Induktivitäten ein, sei es durch nebeneinander gewickelte Zylinderspulen, sei es durch gemeinsame (z. B. Ferrit-)Kerne. Die Gesamtinduktivität ist dann größer als die Summe der einzelnen Glieder ($L_g > nL$), daher steigt ω_2 bei gleichbleibendem L_g an. Auch Kopplungen über mehrere Glieder hinweg [170] verbessern die Güte und verringern den Phasenfehler. Die Abschluß- und Reflexionsbedingungen sind gleich denen beim Kabel (S. 15). Die genaue Theorie der Laufzeitketten muß der Literatur entnommen werden (z. B. [*7, 26, 189*]).

Röhre als Blindwiderstand. Oft ist die Nachbildung einer kontinuierlich regelbaren Induktivität oder Kapazität durch sog. Blindröhren (vor allem bei sinusförmigen Signalen) vorteilhaft. Die Strecke Anode—Kathode läßt sich als Blindwiderstand (Induktivität bzw. Kapazität) verwenden, wenn das Gitter über einen einfachen RC-Phasenschieber mitgesteuert wird. In Abb. 63 (operativer Verstärker, S. 72) entfällt dabei R_1 und es wird R_2 oder R_3 durch eine Kapazität C ersetzt. Im ersten Fall liegt zwischen Anode und Kathode eine scheinbare Induktivität $L' = \dfrac{1}{R_3 S}$ in Serie mit einem kleinen Dämpfungswiderstand $R' = \dfrac{1}{S}$, im zweiten Fall (vgl. Miller-Integrator, S. 42) eine Kapazität $C' = CR_2 S$ in Serie mit $R' = \dfrac{1}{S}$. Durch Regeln der Steilheit S (etwa durch variable Gittervorspannung) kann L' bzw. C' verändert werden. Natürlich muß der (gleichstrommäßige) Arbeitspunkt der Röhre richtig eingestellt werden.

2. Signalerzeugung

2.1 Definition

Unter „Signal" soll im folgenden die elektrische Größe verstanden werden, die eine Information über die primäre(n) Meßgröße(n) besitzt. Dieser Informationsgehalt kann in sehr verschiedenen Formen gegeben sein, von der einfachen ja/nein-Aussage, bis zu komplexer zeitlicher und amplitudenmäßiger Aussage. Drei typische Signalformen lassen sich unterscheiden:

1. *Periodischer Träger* (kontinuierlicher Wellenzug hoch- oder niederfrequenter Art). Um eine Information zu transportieren, bedient man sich der Modulation mit ihren Freiheitsgraden Amplitude und/oder Frequenz (Phase). Als Sonderfall kommt die Unterbrechung (Tastung) als Informationsparameter in Frage.

Diese Signalform wird immer dort verarbeitet werden, wo sie entweder vom Experiment selbst geliefert wird (Kernresonanz, Mikrowellenspektroskopie usw.), oder wo drahtloser Informationstransport notwendig ist (Sonden, Ballongeräte usw.). Ihre Behandlung gehört in das Gebiet der Hf-Technik.

2. *Impulse* als Signale besitzen als Informationsparameter die Amplitude, den Impulszeitpunkt und die Impulsbreite. Sie werden

nicht nur von vielen Experimenten unmittelbar geliefert (Strahlungsdetektoren, Kurzzeitmessungen usw.), sondern haben auch den Vorzug, in einem großen Teil der elektronischen Apparatur als ja/nein-Aussage verarbeitet werden zu können. Dadurch läßt sich hohe Stabilität der Registrierung erreichen. Überdies lassen sich durch Umwandlung der Meßgrößen in Impulse viele Messungen in Zeitmessungen überführen, die bis auf eine Genauigkeit unter 10^{-12} sec gebracht werden können.

3. *Sehr langsame* Niveauänderungen (sec und länger), die meist in Form variabler Gleichspannungen gegeben sind, stellen außerordentlich hohe Anforderungen an die Langzeitkonstanz der Registriereinrichtung (optische, geophysikalische und andere Messungen), sind jedoch als einparametrige Größen leichter zu handhaben und auszuwerten. Häufig werden sie in Signalform 1 oder 2 umgewandelt (Modulation, Zerhacker), um die Probleme der Stabilität leichter zu lösen.

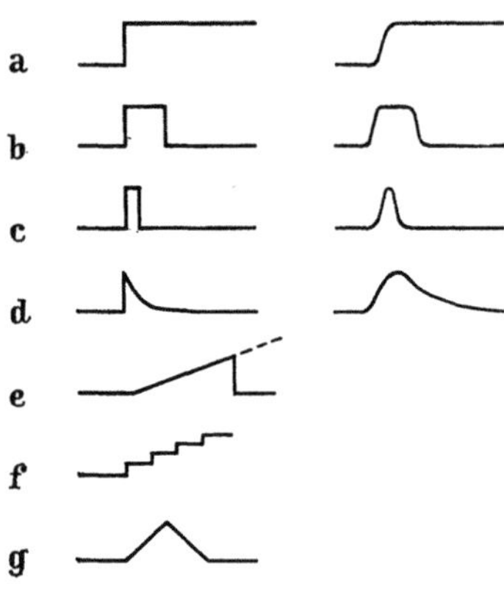

Abb. 15. Gebräuchliche Signalformen (ideale und praktische Form)

Solange man die Wahl frei hat, ist die Impulsform vorzuziehen, da sie elektronisch allgemein einfache und stabile Lösungen erlaubt. Sie nimmt den Hauptteil des Buches ein. An vielen Stellen ist auf die anderen Signalformen entsprechend verwiesen.

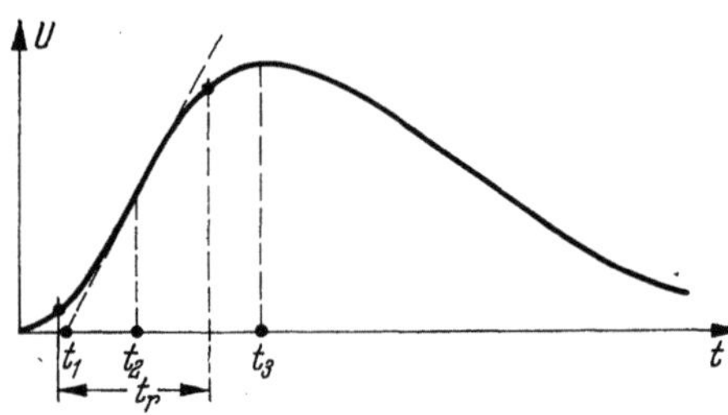

Abb. 16. Allgemeiner Verlauf eines einfachen Impulses

Abb. 15 zeigt die wichtigsten Signalformen: (a) Spannungssprung (b) und (c) langer und kurzer Rechteckimpuls, und (d) den Exponentialimpuls, jeweils in idealisierter und praktisch vorkommender Form mit endlichen Flankensteilheiten.

Informationsgehalt. Während die Aussage der Signalamplitude (und ihrer Polarität) eindeutig ist, läßt sich die zeitliche Information nicht so leicht auswerten. Bei Impulsen wird oft nicht der Zeitpunkt des Amplitudenscheitelwertes (t_3 in Abb. 16) gewählt, sondern aus elektronischen Gründen der steile Anstieg, der entweder differenziert oder nach Erreichen eines Schwellenwertes zum Auslösen eines neuen Vorganges benützt wird. Die Wahl des Aussagezeitpunktes (halbe Amplitude in t_2 oder Tangentenfußpunkt t_1 oder ähnliches) ist frei, muß aber bei jeder Meßeinrichtung einheitlich sein. Eine wichtige Größe ist ferner die Anstiegszeit t_r (S. 61).

2.2 Wandler

Die zu messende physikalische Größe ist sehr oft nicht elektrischer Natur, sondern als mechanische, optische oder sonstige Meßgröße gegeben. Die Umwandlung in ein elektrisches Signal ist empfehlenswert, namentlich, wenn kompliziertere Fragestellungen und Kombination mit anderen Größen nötig sind. Der heutige Stand der elektronischen Technik erlaubt eine sehr präzise und zuverlässige Auswertung.

An der Spitze jeder Meßeinrichtung steht ein „Wandler" oder auch „Geber", dessen Eigenschaften genau bekannt sein müssen, damit etwaige Veränderungen der Signalinformation berücksichtigt werden können. Die Fülle der Meßwertwandler kann hier nur angedeutet werden: aktive Wandler (piezo-, ferroelektrischer oder elektrodynamischer Art) erzeugen selbst elektrische Spannungen, während passive Wandler nur eine Kenngröße (etwa den Innenwiderstand) ändern und auf diese Weise etwa einen durchfließenden Strom beeinflussen. Viele Wandler besitzen eine *Eigenfrequenz*, die je nach Anwendung unter- bzw. oberhalb des Meßbereiches gelegt, ganz unterdrückt oder in manchen Fällen auch direkt ausgenützt werden kann. Meist wird strenge *Linearität* gefordert, die zweckmäßig durch eine Eichkurve vor und nach jeder Messung kontrolliert wird. Die *Empfindlichkeit* eines Wandlers ist durch das kleinste noch auswertbare Signal gegeben, das aus dem Störpegel (etwa dem Eigenrauschen) herausragt. Viele Wandler liefern ein richtungsabhängiges Signal (Polarität oder Phase als Informationsgröße). Der umgekehrte Vorgang, die Umwandlung der elektrischen in eine nichtelektrische Größe, wird natürlich ebenfalls durch Wandler bewirkt, soll hier jedoch nicht interessieren. Einige Anwendungen bringt Kapitel 5 (Schreiber, Drucker, akustische, optische Anzeige usw.).

Die folgende Übersicht gibt einen Anhaltspunkt für die Empfindlichkeit verschiedener Wandler:

1. *Mechanisch-elektrisch.* Umwandlung von Druck, Zug, Vibration, Rotation, Beschleunigung, Wärmeausdehnung usw. Piezoelektrische, induktive und kapazitive Geber. Längenänderungen

etwa ab 0,1 μ meßbar. Mit piezoelektrischen Wandlern Drucke von
—0.5 bis zu einigen 100 atü, Eigenresonanzen bei einigen 10 kHz.
Widerstandsänderungen (Dehnungsmeßstreifen u. a.) etwa bis
10^{-4}. Kapazitive Geber: 1 mV/μ.

2. *Thermo-elektrisch.* Widerstandsthermometer für Änderungen
von 10^{-3}/Grad. Thermoelemente einige mV/100°.

3. *Akustisch-elektrisch.* Geschwindigkeits- und Beschleunigungs-
geber. Mikrophone: Kristall (einige mV/mb), dynamisch (50 mV/
mb), Kondensator (0.1···1 V/mb), Kohle (1···10 V/mb).

4. *Optisch-elektrisch.* Halbleiter (Photoelemente, -dioden, -tran-
sistoren, -widerstände) und Photozellen (Gasfüllung und Vakuum,
letztere mit Sättigungscharakteristik). Empfindlichkeit zwischen 0,1
und einigen mA/lm, Trägheit $< 100\,\mu$sec (Zellen) bis 100 msec
(Widerstände), verschiedene Spektralbereiche. Photomultiplier
mit Kathodenempfindlichkeit von 50 μA/lm, entsprechend einigen 100 A/lm an der Anode.

5. Detektoren für *radioaktive Strahlung* folgen im Abschnitt 2.3.4.

2.3 Signalgeneratoren

Dieser umfangreiche Abschnitt ist den wichtigsten Impuls-
gebern gewidmet, die immer wieder gebraucht werden. Nicht aufgenommen sind hoch- oder niederfrequente Schwingungserzeuger
und ihre Modulation. Aus Sinuswellen ableitbare Signale (Begrenzer, Schmitt-Kreise) erscheinen im Kapitel 3.1. Zwei Gruppen von
Signalerzeugern sind hier unterschieden: Schalter und Röhren-
generatoren.

2.3.1 Schalter

Die Urform eines Signalgebers, der Schalter, tritt in vielen
(auch elektronischen) Varianten auf. Sie sollen Signale nach Abb.
15a bzw. b mit möglichst steiler Flanke erzeugen. Zur Bildung
definierter Impulslängen werden sie mit Laufzeitkabeln oder -ketten
kombiniert (S. 17), die aus einem Stufensignal (a) einen Rechteckimpuls formen. Abb. 17 zeigt hierfür ein Beispiel. Nach der Laufzeit 2 T ist das Kabel aufgeladen, und durch die (negativ) reflektierte Signalfront wird das Impulsende scharf begrenzt. Abb. 17a
symbolisiert Schalter, die eine konstante Spannung an das Kabel
legen (Thyratron), (b) zeigt den Fall einer konstanten Stromquelle
(Pentode). Verschiedene Schalterformen werden im folgenden
besprochen.

Mechanische Schalter. Da auch die kleinsten Kontakttypen
nicht prellfrei sind, läßt sich nur mit speziellen Quecksilber-
kontaktgebern pro Schaltvorgang genau *ein* Impuls erzeugen.

Abb. 18 zeigt ein Schaltungsbeispiel mit einem derartigen Hg-Relais. Bei jedem Schaltzyklus wird erst C auf eine Spannung aufgeladen, deren Größe vom Präzisionsspannungsteiler H bestimmt wird. C entlädt sich dann über $R_1 + R_2$. Dabei entsteht am Ausgang ein Impuls (Typ d in Abb. 15), dessen Kenngrößen bestimmt werden durch R_1, R_2, C_1: Anstiegszeit $t_r \approx$

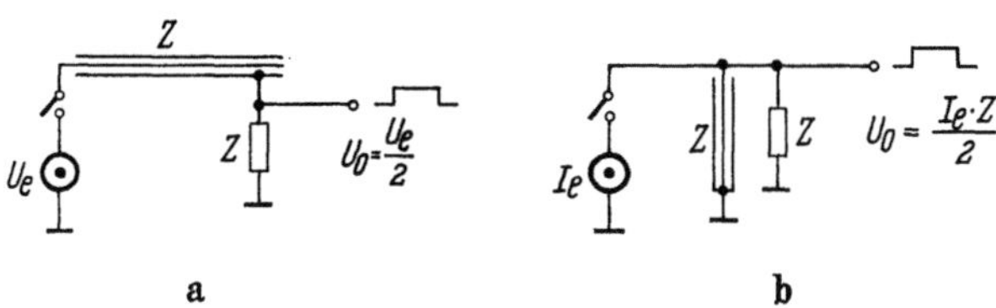

Abb. 17. Bildung eines Rechteckimpulses durch Laufzeitkabel oder -kette: (a) Thyratron (U = const) und (b) Pentode als Schalter (I = const)

2.2 R_1 C_1, Abfallzeit $t_f \approx 2.2$ R_2 C_1, Amplitude $U_0 \approx \dfrac{R_2}{R_1 + R_2}$.

Durch Wahl dieser Größen (regel- oder umschaltbar) lassen sich die benötigten Impulse herstellen (und etwa Szintillationszählerimpulse nachbilden). R_2 wird zweckmäßig gleich dem Wert Z eines anzuschließenden Kabels gewählt und kann auch am abgewandten Ende des Kabels liegen. Anstiegszeiten unter 1 nsec sind möglich, unter Umständen

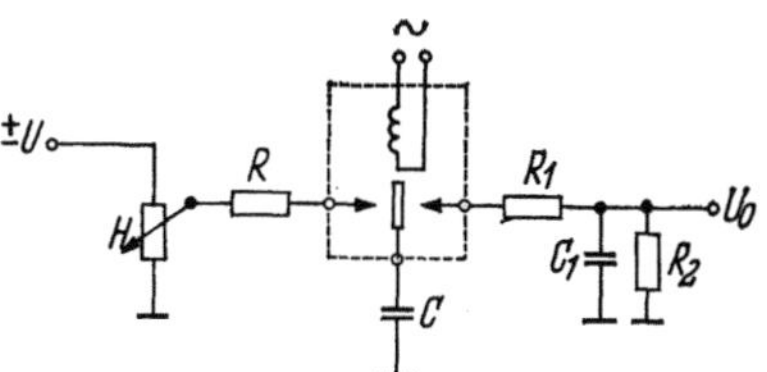

Abb. 18. Bildung von exponentiellen Impulsen (Abb. 15 d) mit prellfreiem Relaiskontakt

auch Impulsfrequenzen, die über der Netzfrequenz liegen, mit der die Hg-Relais meist betrieben werden [26, 88, 122, 147, 157]. Parallel zu den Kontakten werden häufig Serien-RC-Glieder gelegt. In Abb. 18 begrenzt R die Aufladestromspitze. C muß groß genug sein, um während der kurzen Kontaktgabe C_1 mit Sicherheit aufzuladen ($C \gtrsim 100\,C_1$). Ein angeschlossenes Impulsformerkabel (S. 16) kann Rechteckimpulse der Dauer 2 T bilden. Sehr häufig soll durch eine Drucktaste genau ein Impuls erzeugt werden. Dazu kann nur ein getriggerter Impulsgenerator (S. 45) verwendet werden, der über den Tastkontakt von einer sehr kleinen aufgeladenen Kapazität eine definierte (von Kontaktprellungen freie) Ladung erhält.

Dioden und Transistoren lassen sich immer dann als Schalter verwenden, wenn die Grenzdaten (Leitwiderstand, Sperrwiderstand,

Sperrspannung und Schaltträgheit im Nanosekundenbereich) ihre Anwendung erlauben. Halbleiterelemente haben gegenüber Röhren den Vorteil des etwa zehnmal kleineren Innenwiderstandes und sind bei Anlagen mit großen Stückzahlen raumsparend und produzieren nur wenig Wärme.

Gasentladungsröhren. Eine eigene Gruppe elektronischer Schalter bilden Glimmlampen, Thyratrons usw. Im leitenden Zustand behalten sie eine konstante Klemmenspannung zwischen einigen Volt (Thyratron) bis zu den höheren Klemmenspannungen bei Glimmstrecken. Ihr umfangreiches Anwendungsgebiet, ihre Zündung und Löschung wird hier nicht behandelt. Getriggerte Thyratrons leiden unter Streuung des Zündeinsatzes (jitter) bis zu einigen 10 nsec.

Elektronenröhren. Am Steuergitter einer Röhre ist eine innerhalb der Elektronenlaufzeit verzögerungslose und leistungslose Steuerung des Innenwiderstandes möglich. Aus den Kennlinien lassen sich die erreichbaren Werte für R_i, U_a, und I_a entnehmen (vgl. Abschnitt 1.2.1). Durch Verlegen des Arbeitspunktes auf die R_{iL}-Gerade (S. 5) lassen sich (vor allem bei Pentoden) Klemmenspannungen zwischen Anode und Kathode von wenigen Volt erreichen (bottoming). Da im gesperrten Zustand der Innenwiderstand gleich dem Isolationswiderstand ist, eignen sich Röhren für viele Schalterzwecke sehr gut. Für höhere Schaltströme werden Röhren parallel gelegt, jedoch stören dann oft die wachsenden Röhrenkapazitäten. Pentoden besitzen die Eigenschaft, die Größe des Anodenstromes unabhängig vom Schaltvorgang durch die Größe der Schirmgitterspannung festlegen zu können. Auch die Abhängigkeit vom Außenwiderstand ist in gewissen Grenzen sehr gering (constant-current-Quelle). Röhren als Schalter treten nicht nur zur Impulsformung in Verbindung mit Laufzeitgliedern auf, sondern auch in allen Multivibratorschaltungen (S. 29). Qualitativ ergeben sich folgende Verhältnisse:

Öffnen der Röhre (Schließen des Schalters). Abb. 19a zeigt das Eingangssignal U_e mit seinen Folgen, d. h. den Weg des Arbeitspunktes einer Triode vom gesperrten Zustand aus. In Ruhe ist $U_{g1} \lessgtr -U_c$ wobei $-U_c \approx \dfrac{U_b}{\mu}$ die zum völligen Sperren der Röhre nötige Vorspannung ist. Am Gitter wurde eine rechteckförmige Steuerspannung angenommen. Da infolge der Anodenkapazität die Anodenspannung nur mit einer endlichen Zeitkonstante T_a folgen kann, wandert der Arbeitspunkt nicht auf der R_a-Geraden, sondern entlang der gestrichelten Linie zum Punkt P_1 (der auch

auf $U_{g1} \geqq 0$ liegen kann, wobei aber Gitterstrom fließt, der die
Verhältnisse komplizierter macht). Bei der Pentode hängt der
Anodenspannungsverlauf von der Größe von R_a ab: Abb. 19 b.

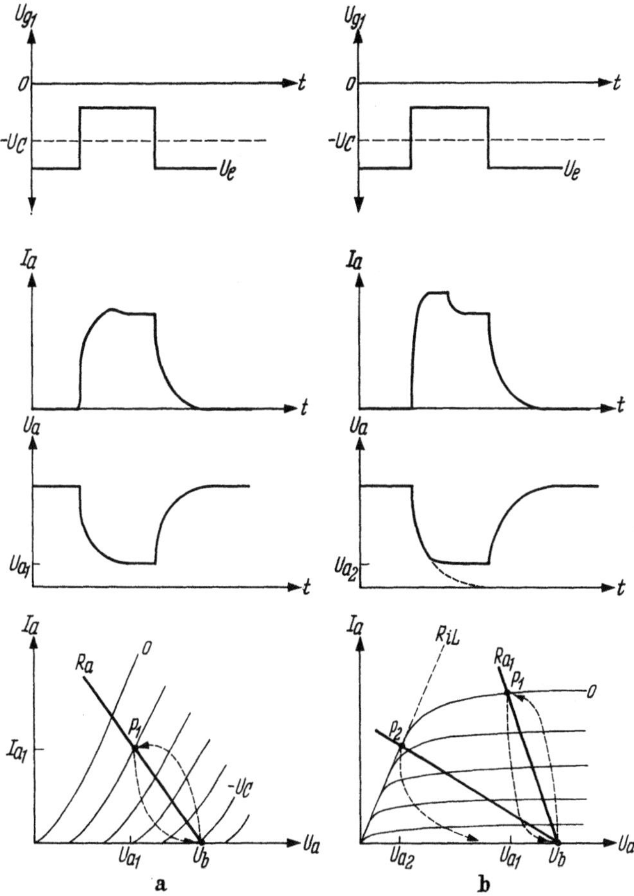

Abb. 19. Triode (a) und Pentode (b) als Schalter

Ist R_a so groß, daß der Arbeitspunkt im geöffneten Zustand
auf der R_{iL}-Geraden (P_2) liegt (vgl. Abb. 2), dann wandert er
nach Erreichen der Kennlinie für $U_{g1} = 0$ auf dieser bis P_2.
Statt des annähernd exponentiellen Abfalles der Anodenspannung

$$U_a = U_b - I_{a1} R_a \left(1 - e^{-\frac{t}{T_a}}\right)$$ tritt beim Erreichen der R_{iL}-Ge-

raden eine stärkere Krümmung auf. Mit sehr steilen Röhren lassen sich immerhin Flanken um 1 nsec erreichen [*281*].

Sperren der Röhre (Öffnen des Schalters). Einfacher geht die Sperrung vor sich. Der wiederum entlang der gestrichelten Linie wandernde Arbeitspunkt läßt die Anodenspannung etwa exponentiell ansteigen: $U_a = U_b - I_{a1} R_a e^{-\frac{t}{T_a}}$, wobei I_{a1} (bzw. I_{a2}) für den Arbeitspunkt im leitenden Zustand gelten.

Zwei Bedingungen können diesen Fall modifizieren. Einmal darf der Arbeitspunkt im geöffneten Zustand im Gebiet positiver Gitterspannung liegen (Gitterableitwiderstand z. B. nach $+U_b$). Dabei fließt aber Gitterstrom, der die Signalquelle belastet, andererseits durch Verlegen des Arbeitspunktes auf die R_{iL}-Gerade einen stabilen Zustand herbeiführt. Die Zeitkonstanten ändern sich im Verlaufe eines Signales, je nach dem Gebiet, in dem sich der Arbeitspunkt momentan befindet.: (i) $U_{g1} \geq 0$, (ii) $-U_c < U_{g1} < 0$ und (iii) $U_{g1} \leq -U_c$. Ein Steuersignal, das beim Öffnen der Röhre die Gitterstromschwelle erreicht, bewirkt ein Überschwingen des Anodensignales. Soll dies verhindert werden, muß eine Gitterstrombegrenzung nach Abb. 81 c (S. 88) vorgenommen werden. Die kapazitive Kompensation (S. 54) läßt sich nicht vollständig erreichen, da die Gitterkapazität von der Gitterspannung abhängt.

Die zweite Variante liegt dann vor, wenn die Anstiegszeit des Steuersignals am Gitter (t_g) nicht vernachlässigbar klein ist. Solange $t_g \ll T_a$, gilt Abb. 19, wenn t_g jedoch in der Größenordnung der Anodenzeitkonstante T_a liegt, hängt der Verlauf des Ausgangssignales auch von t_g ab. Wenn $t_g \gg T_a$, läuft der Arbeitspunkt auf der R_a-Geraden und das Ausgangssignal folgt dem Eingangssignal, von Modifikationen durch Gitterstrom abgesehen. Zur umfangreichen quantitativen Durchrechnung aller möglichen Fälle muß auf die Literatur [*29, 32, 38*] verwiesen werden.

Schaltröhren. Spezielle Schaltröhren besitzen nahezu gleiche Steilheit an zwei (bzw. drei) Gittern (vgl. Abschnitt 1.2.1), können jedoch nur für kleinere Schaltströme verwendet werden. Auch durch Ablenkung eines Elektronenstrahles lassen sich einzelne Elektroden „anschalten". Zur Wahl stehen röhrenähnliche Typen, dekadische Glimmröhren für Zählzwecke (Abschnitt 5.3.2.), sowie rotierende Elektronenstrahlschalter (Typ Trochotron, z. B. [*75*]). Mit ihnen lassen sich sehr kurze Impulse bilden, sowie Verteilersysteme aufbauen [*322*]. Ein Beispiel [*133*] mit der E 80 T ist in

Abb. 20 gegeben: Auf das Ablenkplattenpaar gegebene Impulse führen den Strahl mit großer Geschwindigkeit über eine Blende hinweg, hinter der die Anode Stromimpulse erhält. Durch erhöhte Elektrodenspannungen lassen sich 5···6 mA Anodenstromspitzen erreichen, die als Nanosekundenimpulse am Ausgang erscheinen.

2.3.2 Röhrengeneratoren

Aus der fast unübersehbaren Fülle von Schaltungsvariationen sind hier die vier wichtigsten Grundtypen herausgegriffen. Alle Impulsgeneratoren kennen zwei Betriebsarten: als freie Schwinger (periodische Impulsabgabe) oder als triggerbare, in Ruhe gesperrte Signalgeber. Über „Triggern" wird im Abschnitt 2.3.3 gesprochen. Außer den in Abb. 15 gezeigten

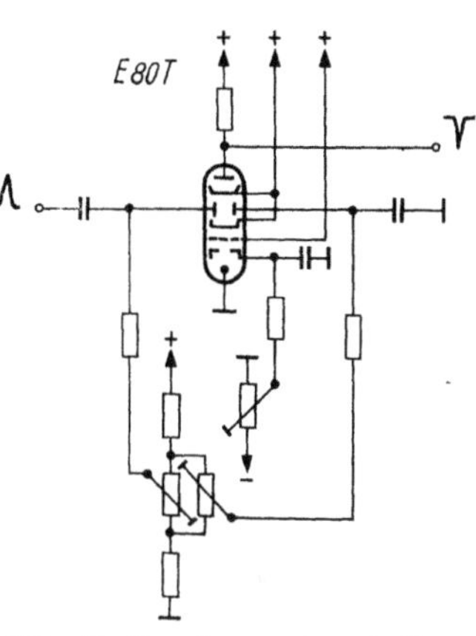

Abb. 20. Impulsgenerator mit E 80 T

Impulsformen lassen sich natürlich beliebig komplexe Signale erzeugen. Hierzu muß aber auf die Einzeldarstellungen [9, 18, 29, 35, 71] verwiesen werden.

Charakteristisch ist stets ein stark nichtlineares Element im Rückkopplungszweig, das ein sprunghaftes Verhalten herbeiführt. Die zur Rückkopplung nötige Phasendrehung von 180° findet in einem Transformator (Sperrschwinger), einer zweiten Röhre (Multivibrator) oder an einer Sekundäremissions-Elektrode statt.

Sperrschwinger (blocking oscillator)*. Werden in einer hochfrequenten Schwingschaltung die Arbeitsbedingungen so gewählt, daß bei jeder positiven Gitterhalbwelle der fließende Gitterstrom die Röhre für die Dauer der Gitterzeitkonstante blockiert, so wird keine Sinusschwingung erzeugt, sondern eine (periodische) Folge von kurzen Impulsen (Halbwellen). Ihre Wiederholfrequenz ist durch R und C (Abbildung 21a) bestimmt, die Impulsform dagegen vorwiegend durch den Impulstransformator und die Röhre (Gitterstromeigenschaften). Sorgfältig konstruierte Transformatoren können Impulsbreiten von etwa 10 μsec bis herab zu rund 10 nsec erzeugen. Das Windungsverhältnis $L_g : L_a$ liegt bei $1:1···1:3$, für kürzeste Impulse werden nur einige Windungen benötigt. Die Berechnung [18, 32, 38, 71] ist möglich, aber im

---

* Die Bezeichnung „Sperrschwinger" wird manchmal auch auf die folgende Gruppe der Multivibratoren ausgedehnt

allgemeinen zeitraubender als praktische Versuche mit kleinen (Ferrit-) Eisenkernen und richtiger Dämpfung (Wicklung aus Widerstandsdraht oder Parallelwiderstände von einigen 100 bis zu einigen 1000 Ohm). Legt man an das Steuergitter eine Sperrspannung, dann schwingt die Schaltung nur an, wenn ein kurzer Triggerimpuls die Sperrung aufhebt. Er kann nach Abb. 21b an Gitter oder Anode geführt werden (Serien- oder Paralleltriggerung). Die Auskopplung des Signales kann am Gitter, an der Anode (negativ) oder an der Kathode (positiv) abgezweigt werden. Eine dritte Wicklung auf dem Transformator kann Impulse von großer

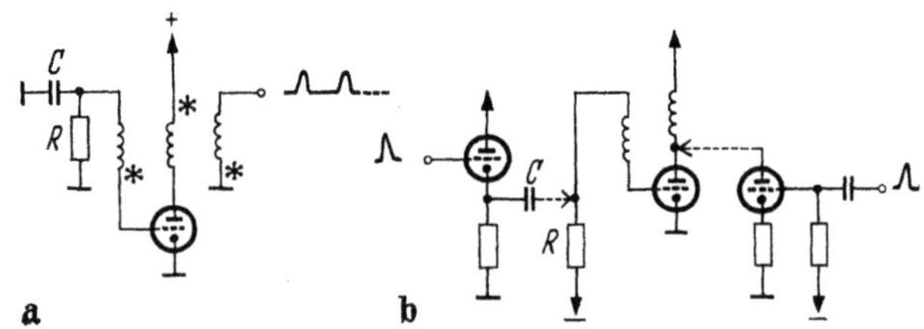

Abb. 21. Sperrschwinger (blocking oscillator), (a) selbstschwingend, (b) getriggert.
R = 10 kΩ⋯10 MΩ, C = 10 pF⋯1 nF

Amplitude und gewünschter Polarität liefern. Da die Röhre stark in das positive Gitterspannungsgebiet hinein getastet wird, also sehr hohe Gitter- und Anodenstromspitzen auftreten (bis zu 1 Ampere), muß genau auf das Tastverhältnis (duty cycle) bzw. die maximale Impulsfrequenz geachtet werden, damit die Röhre nicht überlastet wird. Andere Rückkopplungsarten (Anode—Kathode, Gitter—Kathode) zeigen keine Unterschiede gegenüber Abb. 21. Die Vorteile des Sperrschwingers sind: kein Anodenstromverbrauch in Ruhe und hohe Stromspitzen während 'der Impulsdauer. Auch die Anwendung als Schalter ist möglich (Stufenzähler, Frequenzteiler, rasche Entladung von Kapazitäten usw.). Variable Kernsättigung durch eine Steuerwicklung erlaubt die Regelung der Impulsbreite [321].

Näherungsweise Berechnung [32]: Sind für die verwendete Röhre die Größen R_i, R_{gi} (Innenwiderstand der Gitter-Kathodenstrecke) und die Steilheit S' der Grenzkennlinie R_{iL} (S. 5) bekannt, läßt sich aus der geforderten Impulsamplitude I_0 die nötige Betriebsspannung $U_b = I_0 R_i$ bestimmen. Mit der gewünschten Impulsdauer τ ergibt sich die Zeitkonstante T der Schaltung

$$\text{zu } T = \frac{\tau}{\ln\frac{1 + R_{gi} S'}{1 + R_{gi}/R_i}} \text{ und daraus die Gitterinduktivität } L_g =$$

$\dfrac{T\,R_{gi}}{1+{}^{Ri}/R_{gi}}$ und das für rechteckförmige Impulse optimale Wicklungsverhältnis $n_a : n_g = R_i : R_{gi}$. Eine hohe Kernpermeabilität gibt mit wenig Windungen (kleine Windungskapazität) recht kurze Impulsflanken und Erholzeiten. Genauere Unterlagen finden sich bei [9, 38, 71], für den Nanosekundenbereich bei [242], mit Transistoren bei [217].

Multivibratorfamilie. Die Vielzahl der bekanntgewordenen Formen läßt sich auf vier Grundtypen zurückführen, die in Abb. 22 gezeigt sind. Sie unterscheiden sich in der Wahl der Gitterspannungen: (a) der astabile Multivibrator mit beiden Steuergittern ohne Vorspannung und zwei quasistabilen Zuständen; (b) der monostabile Univibrator (one-shot multivibrator), dessen eines Steuergitter negativ vorgespannt ist und der einen stabilen und einen quasistabilen Zustand besitzt; (c) der bistabile Flipflop-Kreis (Untersetzerstufe, binary, scale-of-two, trigger pair) mit beiden Steuergittern über Spannungsteiler an negativer Vorspannung und mit zwei stabilen Zuständen; schließlich (d) der Schmitt-Kreis, der insofern eine Sonderstellung einnimmt, als er zwei stabile Lagen besitzt, die aber von der Spannung am freien Gitter und der Vorgeschichte abhängen. Die Grundtypen (a), (b) und (d) werden anschließend besprochen, Typ (c) folgt im Abschnitt 5.3.2.

Zuvor sind einige allgemeine Bemerkungen nützlich. Die Zeitdauer des quasistabilen Zustandes wird in erster Linie durch R und C (Abb. 22a und b) bestimmt. Die nicht vorgespannten Gitter sind (über R) nach $+U_b$ gezeichnet, sie können ebenso am Nulleiter liegen. Die sehr kleinen Kapazitäten in den Spannungsteilern dienen zur Kompensation der Parallelkapazitäten (vgl. S. 54). Meistens wird im Interesse leichteren Kippens und steiler Kippflanken überkompensiert. Um eine getrennte negative Spannungsquelle zu sparen, werden oft die Kathoden hoch gelegt (vgl. Abb. 26b). Man kann auch zur Kathodenkopplung übergehen,

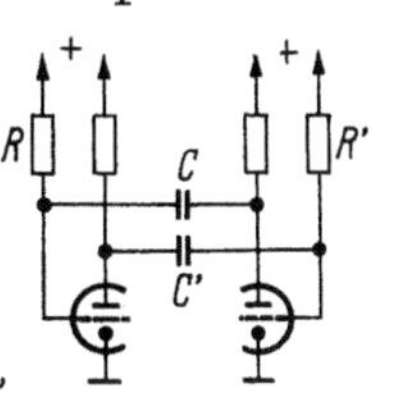

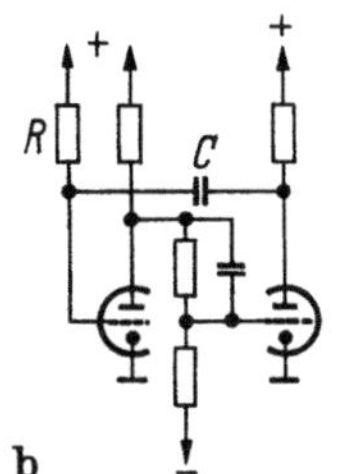

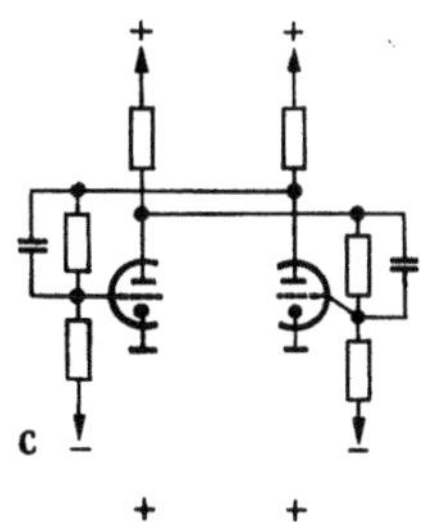

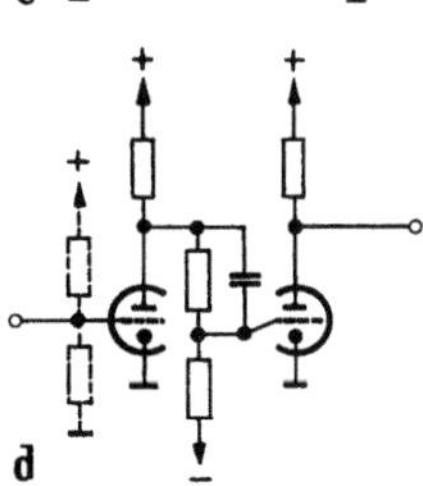

Abb. 22. Die vier Multivibratortypen: (a) Multivibrator, (b) Univibrator, (c) Flipflopkreis, (d) Schmitt-Trigger

wie in Abb. 26 c (S. 34) gezeigt wird, dabei entfällt C_k und ein
Koppelzweig Anode/Gitter. Das nicht gesperrte Gitter wird dabei zweckmäßig durch einen festen Spannungsteiler fixiert. Ein
Gitter wird für Triggerzwecke oder ähnliches ganz frei, ähnlich
wie beim Schmitt-Kreis. Eine weitere Abart ist die Kopplung
vom Schirmgitter, dadurch wird die Anode frei und liefert
sauberere Rechteckimpulse als die Grundschaltung abgibt. Bei
Pentoden läßt sich häufig das Bremsgitter zur Triggerung heranziehen. Ihre Schirmgitter können auch mit den Anoden der Partner

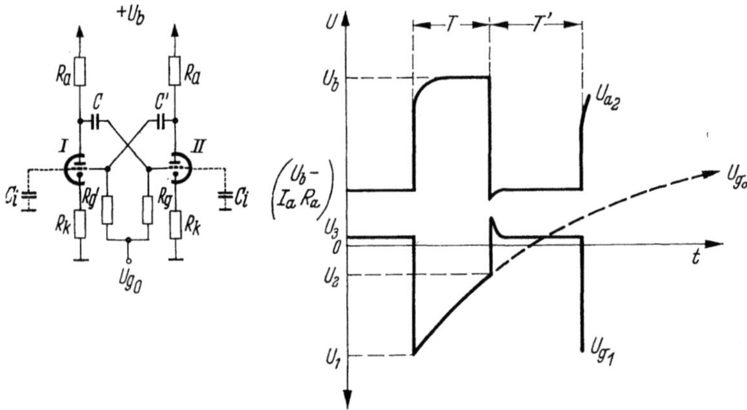

Abb. 23. Multivibrator, Spannungsverlauf an Anode und Gitter. $R_k = 0\cdots1\ \mathrm{k}\Omega$,
$R_a = 0{,}5\cdots500\ \mathrm{k}\Omega$, $R_g = 10\ \mathrm{k}\Omega\cdots10\ \mathrm{M}\Omega$

verbunden werden. Für sehr steile Flanken sind Röhren mit hohem
S/C-Verhältnis erforderlich, auch die Kopplung Anode/Gitter über
einen Kathodenfolger bringt wegen der kleinen kapazitiven Belastung der Anode eine wesentliche Verbesserung bei kleinen Zeitkonstanten (z. B. in Abb. 140a).

Der *Multivibrator* ist in Abb. 23 in allgemeiner Form gezeigt, er wird häufig in anderen Varianten verwendet, ohne
R_k, mit $U_{go} = 0$, u. a. Die folgenden Überlegungen lassen sich
sinngemäß auch auf die übrigen (mono- und bistabilen) Varianten
anwenden. Eine genaue Berechnung aller Größen ist außerordentlich häufig in der Literatur zu finden, z. B. [29, 32, 186, 314], auch
für Schaltungen mit Transistoren, z. B. [207]. Die Schaltung läßt
sich als zweistufiger Verstärker mit Rückkopplung auf den Eingang verstehen, ist also im A-Betrieb (Arbeitspunkt in der Mitte
der Kennlinie) nicht stabil. Jede kleinste Unsymmetrie oder Störung treibt die Schaltung sehr rasch in einen Endzustand, in dem

eine Röhre (z. B. I) voll leitet ($U_{g1} = 0$) und die andere (II) blokkiert ist. Betrachtet sei Röhre II, beginnend mit dem Kippvorgang, bei dem Gitter 2 einen negativen Spannungssprung $\Delta U_a = I_a R_a$ erhält, der allerdings um den Betrag $\dfrac{C}{C + C_e} = \dfrac{C}{C_1}$ reduziert am Gitter erscheint (kapazitive Spannungsteilung). C_e ist die Eingangskapazität am Röhrengitter: $C_e = C_{gk} \left(\dfrac{1}{SR_k + 1} \right) + a\, C_{ag} + C_s$ (C_s = Schaltkapazität, a ein Faktor, der etwa dem Verstärkungsfaktor an der Anode entspricht, er liegt bei Trioden um $2\cdots10$ und gibt den Anteil der Miller-Kapazität an, vgl. S. 42). Das Gitter wird dabei bis auf einen Wert U_1 (Abb. 23) geführt, von dem aus es exponentiell in dem Maß ansteigt, wie sich C über R_g umlädt. Ist R_g an eine gegebene Vorspannung U_{go} (die zwischen Null und $+U_b$ liegen kann) abgeleitet, so läuft der Anstieg nach $U_g =$

$U_{go} - (U_{go} - U_1)\, e^{-\frac{t}{R_g C_1}}$, bis nach der Zeit T ein Wert U_2 erreicht wird, bei dem die Röhre gerade wieder zu leiten beginnt. Dieser untere Kennlinienknick im I_a/U_g-Diagramm ist in erster Näherung $U_2 \approx -\dfrac{1}{\mu} U_b$. Als Kapazität ist hier wieder $C_1 = C + C_e$ wirksam. Im Punkt U_2 nun beginnt der sehr schnell verlaufende Kippvorgang, der das Gitter hochreißt, bis Gitterstrom fließt, der nach kurzem Überschwingen die Gitterspannung auf dem Wert U_3 festhält. Dieser zweite Teil des Schwingungszyklus (Röhre leitend) ist bestimmt durch die Dauer T' des eben beschriebenen Vorganges an der anderen Röhre (I), also durch $R_g' C'$. Der Kondensator C ist infolge des kleinen Innenwiderstandes der leitenden Strecke Gitter—Kathode rasch wieder umgeladen. Die Dauer einer Rechteckhalbwelle T (bzw. T') läßt sich demnach berechnen aus

$$U_2 = U_{go} - (U_{go} - U_1)\, e^{-\frac{T}{R_g C_1}} \quad \text{oder} \quad T = R_g C_1 \ln \frac{U_{go} - U_1}{U_{go} + \dfrac{U_b}{\mu}}. \quad \text{Dabei}$$

ist $U_1 = U_3 - \Delta U_a \dfrac{C}{C_1}$. Mit guter Näherung läßt sich U_3 und ΔU_a ausdrücken durch $U_3 = U_b \dfrac{R_k}{R_k + R_i + R_a}$ und $\Delta U_a = U_b \dfrac{R_a}{R_k + R_i + R_a}$.

Damit ist T und die Rechteckschwingungsfrequenz $f = \dfrac{1}{T + T'}$

berechenbar. Da U_1 negativ ist, übersteigt der Wert der Halbwelle T stets das einfache Produkt $R_g C$, jedoch kann bei asymmetrischer Schaltung häufig näherungsweise $T + T' \approx (R_g C + R_g' C')/2$ gesetzt werden. Bei $R_g C = R_g' C'$ entsteht eine symmetrische Rechteckschwingung.

Schwingungsform: Soll die Form der Rechtecke verbessert, d. h. die überschwingenden oder abgerundeten Ecken vermieden werden, gibt es mehrere Möglichkeiten. Solange es sich um größere Werte von T (etwa $T \geq 0.1$ msec) handelt, läßt sich der Gitterstrom durch je einen hochohmigen Widerstand begrenzen und damit Überschwingungen abschneiden. Bei kurzen Zeiten im Mikrosekundengebiet und darunter würde aber dieses Integrierglied zu weiterer Verschlechterung führen. Stattdessen kann das Gitter jeder Röhre durch eine schnelle Klammerdiode (S. 162) festgehalten werden, die den Gitterstrom abfängt und die negative Spitze des Anodenimpulses glättet. Das langsame positive Ansteigen wird durch den Umladestrom von C bestimmt und kann durch einen kleinen Wert von R_a oder durch einen zwischen Anode und C gelegten Kathodenfolger beseitigt werden (vgl. Abb. 26d). Bei einer Pentode kann das Schirmgitter die Funktion der Anode übernehmen, und die Anode ist frei für einen guten Rechteckimpuls, da der sehr geringe Anodendurchgriff nur geringen Einfluß auf den Teil Kathode — Gitter 1 — Gitter 2 hat. Extrem lange Zeiten erfordern hohe C- und R_g-Werte; auch der Betrieb ohne R_g (nur mit Isolationswiderständen) ist möglich [297]. Extrem kurze Zeiten setzen sehr kleine R_g- und C-Werte voraus, damit aber hohe Steilheit und hohe Anodenströme. Die untere Grenze wird durch die Anstiegsflanken gesetzt. $\varDelta U_a$ darf nicht kleiner werden als die Sperrspannung U_2, sonst hören die Schwingungen auf. Klammerdioden an Gitter und Anode verhindern zu große negative oder positive Exkursionen der Spannung und können die Flanken und Erholzeiten verkürzen. Regelung der Frequenz (grob) durch Umschalten von C bzw. (fein) durch Regeln von R_g muß in beiden Zweigen geschehen, wenn die Symmetrie der Schwingung erhalten bleiben soll. Auch die Regelung von U_{g0} ergibt eine (fast lineare) Frequenzvariation [74]. Soll ein besonders großer Frequenzbereich (über 10:1) innerhalb einer Grobstufe bestrichen werden, wird U_{g0} zweckmäßig von $+U_b$ bis zu einer negativen Spannung variiert, bei der die Schwingungen gerade aussetzen. — Eine wenig bekannte Variante besitzt drei Zustände [240], die drei um 120° verschobene Rechtecksignale liefert.

Synchronisierung: Die Frequenz eines Multivibrators ist nicht sehr konstant. Der Grund liegt in dem relativ flachen Anstieg der Gitterspannung im Schnittpunkt mit U_2 (Abb. 23), der eine Unsicherheit im Kippzeitpunkt mit sich bringt. Wird dieser Durchgang durch das Spannungsniveau von U_2 künstlich beschleunigt, etwa durch Anlegen eines steilen Synchronisierimpulses im geeigneten Zeitpunkt, läßt sich die Multivibratorfrequenz auf die Genauigkeit des Synchronisieroszillators bringen. Auch Frequenzteilungen lassen sich leicht vornehmen. Das Teilerverhältnis hängt u. a. von der Amplitude der Synchronisiersignale U_s ab, die der Gitterspannung U_g überlagert werden: Abb. 24. Der erste Impuls, der U_2 überschreitet, läßt den Multivibrator kippen. Die Einkopplung kann nach Abb. 25 an ein bzw. beide Gitter (a bzw. b) oder an die Anoden oder Kathoden führen. Fall (a) spricht leichter auf negative Impulse an, bzw. bei Sinuswellen werden die ungeraden Subharmonischen bevorzugt. Fall (b) liebt die geraden Teilungen, nicht aber das Verhältnis 1:1. Bei Pentoden kann—viel

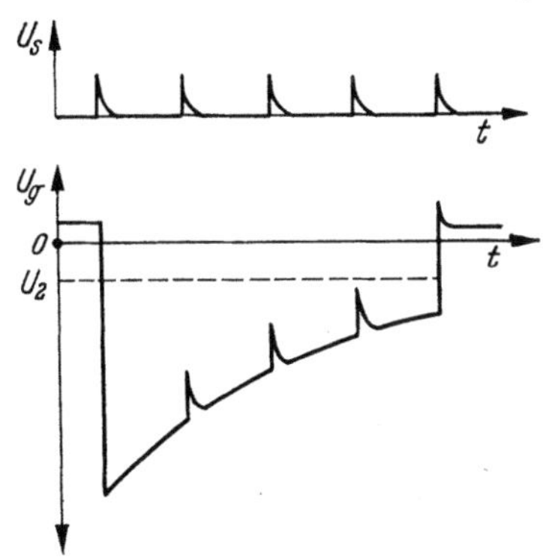

Abb. 24. Synchronisierimpulse am Gitter eines Multivibrators

rückwirkungsärmer — auch g_2 oder g_3 verwendet werden. Die Betriebsspannung U_b beeinflußt die Frequenz nicht so stark wie bei anderen Oszillatoren.

Auskopplung: An den beiden Anoden kann die mehr oder weniger gut rechteckige Schwingung mit 180° Phasendifferenz abgenommen werden. Durch Wahl von $R_g C \gg R_g' C'$ kann die Schwingung in eine Folge schmaler (positiver oder negativer) Impulse entarten. Wird nur eine kleine Amplitude benötigt, kann sie an einem (beliebig kleinen) Kathodenwiderstand niederohmig abgenommen werden, häufig mit besserer Kurvenform als an der Anode. Differentiation der Impulse (S. 101) ergibt eine Folge alternierend gepolter Impulse.

Der *Univibrator* besitzt einen stabilen Ruhezustand, der durch einen Triggerimpuls (S. 46) zum Umkippen in den quasistabilen Zustand angestoßen werden kann. Der Vorgang spielt sich analog zum Multivibrator ab, nur mit dem Unterschied, daß Röhre II (Abb 26 a) nach dem Rückkippen soweit gesperrt bleibt, daß kein neuer Zyklus beginnen kann. Die nötige Mindestsperrspannung U_{gsp} ergibt sich aus dem Kennlinienfeld und bestimmt die Wahl von R_1 und R_2. Im Ruhezustand muß sie sein: $U_{gsp} \geq$

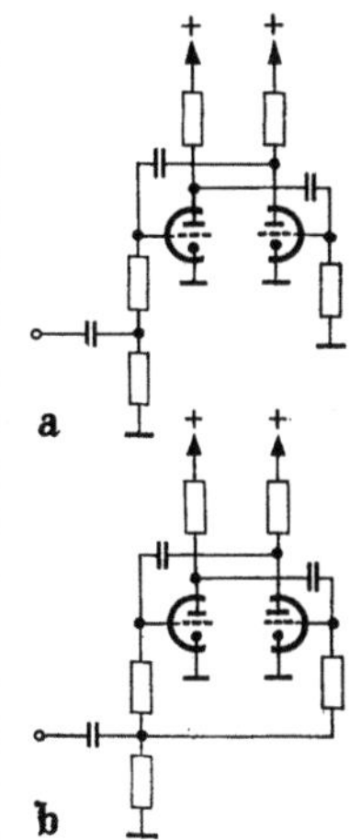

Abb. 25. Einkopplung von Synchronisierimpulsen

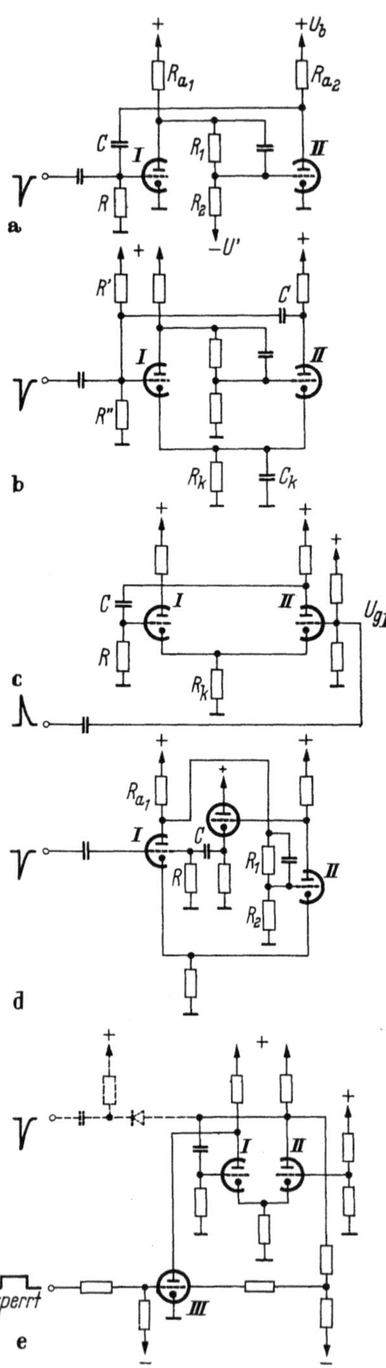

$\alpha\,(U_b - R_a I_a) + U'\,(1 - \alpha) \geqq U_{gII}$. Dabei ist U' die (negative) Spannungsquelle und $\alpha = \dfrac{R_2}{R_1 + R_2}$. Während des umgekippten Zustandes soll U_{gII} auf 0 ansteigen $U_g'{}_{II} = \alpha' U_b + U'\,(1 - \alpha') \approx 0$ mit $\alpha' = \dfrac{R_2}{R_a + R_1 + R_2}$. In vielen Fällen $(R_a \ll R_1,\ R_2)$ kann $\alpha = \alpha'$ gesetzt werden. Abb. 27 zeigt den typischen Spannungsverlauf an den Gittern und Anoden. Die Periodendauer T, die sich wie oben beim Multivibrator ableiten läßt, wird vorwiegend von R und C bestimmt und ergibt sich aus dem Schnittpunkt des exponentiellen Anstieges von $U_{g\,I}$ mit dem Niveau von $U_{g\,I\,sp}$. Der theoretische Wert von $U_g'{}_{II}$ kann gelegentlich über 0 Volt liegen, dann fließt Gitterstrom, der das Gitter auf 0 festhält. Um die negative Spannungsquelle U' zu umgehen, wendet man häufig die Form in Abb. 26 b an, bei der die Kathoden auf genügend hohem Potential liegen. Die Kathodenspannung ist dann bei der Berechnung

Abb. 26. Univibrator: (a) getrennte negative Vorspannung, (b) Vorspannung durch Kathodenkombination, (c) Kathodenkopplung, (d) Kathodenfolgerkopplung, (e) Fremdblockierung

zu berücksichtigen. Sie bleibt auch während des Kippvorganges nahezu konstant. Wenn C_k fehlt, kann der Koppelzweig des Spannungsteilers R_1, R_2 wegfallen (Kathodenkopplung!) und es entsteht Form (c), die das rechte Gitter frei läßt zum Eintriggern (durch negative Impulse). Im Gegensatz zu (a) und (b) ist Röhre I in Ruhe gesperrt und Röhre II leitet. Grundsätzlich läßt sich — etwa in (b) — durch Verändern einer der beiden Spannungsteilerabgriffe die Stufe in den komplementären Ruhezustand überführen. Je mehr sich der Abgriff dem Umschlagpunkt nähert, desto empfindlicher wird der Univibrator gegenüber Triggerimpulsen, bis er schließlich ein instabiles Gebiet erreicht, in dem Eigenschwingungen auftreten (Multivibrator!). Die Empfindlichkeitsschwelle (Triggerniveau) läßt sich dadurch den jeweiligen Erfordernissen anpassen (vgl. auch Abschnitt 2.3.3). Die Abnahme des positiven oder negativen Rechteckimpulses an einer der beiden Anoden (in Abb. 26 nicht gezeichnet) geschieht zweckmäßig über einen Kathodenfolger, namentlich bei sehr kurzen Impulsen. Die Amplitude U_0 ist durch $I_a R_a$

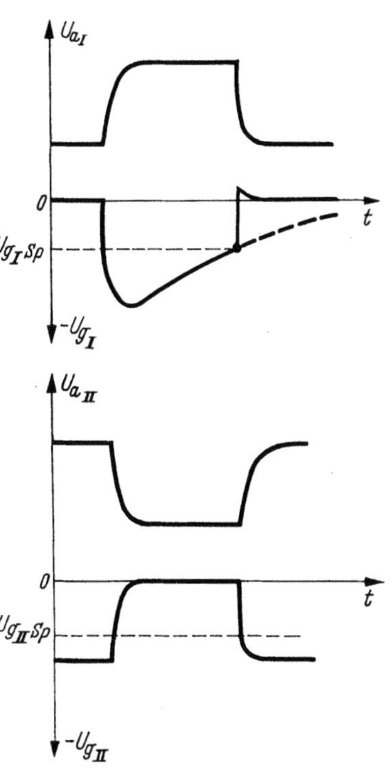

Abb. 27. Univibrator, Spannungsverlauf an Anode und Gitter (vgl. Abb. 26 a)

bestimmt und kann durch eine Klammerdiode auf einen bestimmten Wert fixiert werden, der jedoch nicht kleiner als $U_0 > U_{g\,sp\,I}$ bzw. $U_0 > \dfrac{U_{g\,sp\,II}}{a}$ sein darf. Das Produkt $I_{a\,II}\,R_a$ soll auch nicht wesentlich größer als die zum Sperren von Röhre I nötige $U_{g\,sp\,I}$ sein, damit das Überschwingen am Gitter beim Zurückkippen klein bleibt und der Anodenimpuls nicht zu stark deformiert wird. Die gewünschte Anstiegszeit $t_r \approx 2,2\,R_a C'$ ($C' =$ gesamte Lastkapazität an der Anode) setzt den maximalen Wert von R_a fest, der dann den nötigen Wert von I_a und damit die Röhre bestimmt. Ähnlich wie beim Multivibrator läßt sich die Eigenzeit des Univibrators mit guter Näherung berechnen zu $T = R\,C \ln \dfrac{U_b + I_a\,R_a}{U_b - \dfrac{U_a}{\mu}}$.

Wird der Ausgangsimpuls differenziert, kann der Univibrator als variables Verzögerungsglied verwendet werden, indem die Abfallflanke weitergegeben wird. Grob- und Feinstellung geschieht dabei durch Umschalten von C und Regeln von R. Der Potentiometerdrehwinkel (lineare Kennlinie) ist dann der Periodendauer T proportional. Sehr kurze Eigenzeiten werden günstiger mit einem Trimmer C geregelt. Wird R in Abb. 26 c nach $+U_b$ geführt, dann kann durch Wahl der Ruhegittervorspannung $U_{g\,II}$ die Zeitdauer T linear mit $U_{g\,II}$ variiert werden, solange $U_{g\,II} < I_{a\,I}\,R_k - |\,U_{sp\,II}\,|$ bleibt. Der erforderliche Triggerimpuls beträgt dann jeweils etwa $U_t \geq I_{aI}\,R_k - U_{g\,II} - |\,U_{g\,sp\,II}\,|$. Er kann meistens über eine Trenndiode (in Abb. 26 e punktiert) an die Anode A_{II} geführt werden. Der Univibrator neigt zum Streuen seiner Eigenzeit T (jitter). Für Präzisionsmessungen wird daher bei Zeitverzögerungen der Miller-Integrator (Phantastron, S. 44) vorgezogen.

Abb. 26 d zeigt die Zwischenschaltung eines Kathodenfolgers in den Zweig C—R. Dadurch wird nicht nur die Anstiegszeit verbessert (kapazitive Anodenlast kleiner), sondern auch die Erholzeit (Wiederaufladung von C über den Kathodenquellwiderstand $\sim \dfrac{1}{S}$). Auch eine Diode parallel zu R beschleunigt sie. Die Totzeit, während der die Stufe nach dem Rückkippen noch nicht triggerfähig ist, läßt sich auch durch zusätzliche Steuerröhren eliminieren, z. B. [349], etwa durch Ersatz des Kathodenwiderstandes durch eine Röhre eines zweiten „Totzeitunivibrators", der die Totzeit konstant hält [106]. Die in Abb. 26 d gezeigte gemischte Kopplung ($R_1 R_2$ und Kathodenkopplung) eignet sich für sehr kurze Kippzeiten, bei denen die Kathodenkapazität schon spürbar wird. Es lassen sich damit Anstiegszeiten um 20 nsec erreichen [181]. Erwähnt sei noch die gelegentlich beschriebene Möglichkeit, R nach $+U_b$ zu führen (z. B. Abb. 22 b). Die Anstiegszeiten werden verkürzt, jedoch ist der Arbeitspunkt dann mit vom Gitterstrom abhängig und Alterungserscheinungen stärker unterworfen.

Ein Univibrator (ebenso ein Multivibrator oder Flip-Flopkreis) läßt sich nach Abb. 26 e leicht blockieren. Wird die Röhre III (in Ruhe gesperrt) durch einen positiven Steuerimpuls geöffnet, hält sie Röhre I in leitendem Zustand. Umgekehrt wird Röhre III, wenn sie in Ruhe leitet (und Röhre I festhält), durch ein negatives Signal gesperrt und nach Ankippen des Univibrators automatisch blockiert. Durch eine ähnlich angeordnete Hilfsröhre läßt sich ein Univibrator auch während seiner Eigenzeit neu — mit vollständig folgender Eigenzeitkonstante — antriggern [117].

Der *Flip-Flopkreis* (Abb. 22 c) läßt sich wie der Univibrator (etwa Abb. 26 a oder b rechte Hälfte II), jedoch streng symmetrisch behandeln. Beide Zustände, die die Schaltung einnehmen kann, sind stabil. Anwendungsbeispiele bringt der Abschnitt 5.3.2. Hier sei nur die Möglichkeit erwähnt, ähnlich wie in Abb. 27 durch eine oder zwei Hilfsröhren das Hin- und Zurückkippen sehr sauber zu steuern oder zu blockieren, z. B. [219].

Der *Schmitt-Kreis* (Abb. 22 d) gehorcht ebenfalls den Regeln des Univibrators. Jedoch ist hier kein instabiler Bereich, sondern ein eindeutiger Umschlagpunkt vorhanden, je nach der Spannung am freien Gitter. Der Grund liegt im Vorhandensein einer Hysterese: Abb. 28 zeigt das typische Verhalten. Wird der Abgriff von g_{II} zunächst so tief gewählt, daß kein Kippen eintritt, hat man einen (positiv rückgekoppelten) Differenzverstärker vor sich (Kurve A in Abb. 28 b). Wird der Abgriff höher geschoben, bis $V_I \to 1$, wird der Kurventeil steiler, bis bei

$$V_I = \frac{\mu}{2} \cdot a \frac{R_a}{R_a + R_i} = 1,$$ und damit $a =$

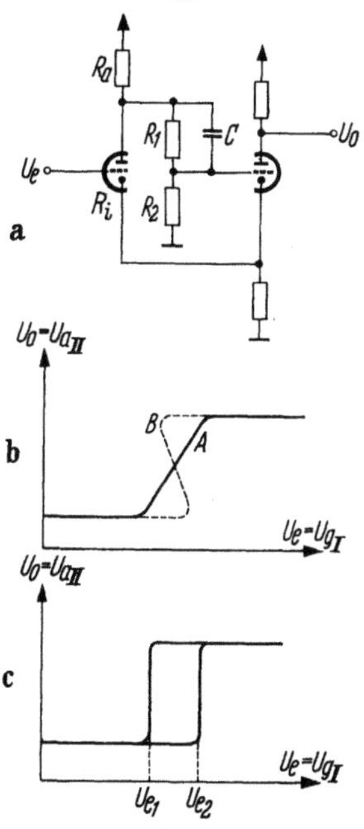

Abb. 28. Schmitt-Kreis, (a) Schaltung, (b) Weg des Arbeitspunktes (A mit schwacher Rückkopplung, ohne Kippvorgang, B mit starker Rückkopplung und Kipp-Prozeß), (c) Hysterese

$$\frac{R_2}{R_1 + R_2} \geq \frac{2}{\mu} \frac{R_a + R_i}{R_a}$$ die Schaltung labil wird (Gesamtverstärkung $= \infty$). Ist schließlich $V_I > 1$, so ergibt sich Kurve B: Ansteigen von U_e läßt bei U_{e2} die Stufe kippen. Beim Rückwärtslaufen von U_e liegt der Rückschlagpunkt bei $U_{e1} < U_{e2}$ (Abb. 28 c). Je höher der Abgriff a liegt, desto ausgeprägter wird die Hysterese. Sie muß zum einwandfreien Arbeiten der Schaltung vorhanden sein, kann aber bis $U_{e2} - U_{e1} < 1$ V reduziert werden durch Einschalten eines kleinen Widerstandes in eine Kathodenleitung oder durch Einfügen eines Laufzeitgliedes [96], mit zusätzlicher Röhre bis ≤ 30 mV [149]. Wird C so groß gewählt, daß Überkompensation eintritt (vgl. S. 54), arbeitet der Schmitt-Kreis bei sehr kurzen Triggerimpulsen ähnlich wie ein Univibrator. Oft wird auch R_1 ganz

weggelassen, man hat dann jedoch streng genommen einen (leicht mitziehbaren) Univibrator vor sich, der ohne Hysterese arbeiten kann. R_2 kann dann an $+U_b$ geführt und das Gitter über eine Diode an eine Festspannung U_1 gelegt werden [99]. Bei verschieden großen Werten von μ, $(\mu_1 > \mu_2)$, läßt sich die unten definierte Spannungsschwankung

$$\Delta U_c = \left(\frac{R_k}{R_k(1+\mu_2)+R_{a2}+R_{i2}} - \frac{1}{\mu_1} \right) \Delta U_b \text{ voll kompensieren.}$$

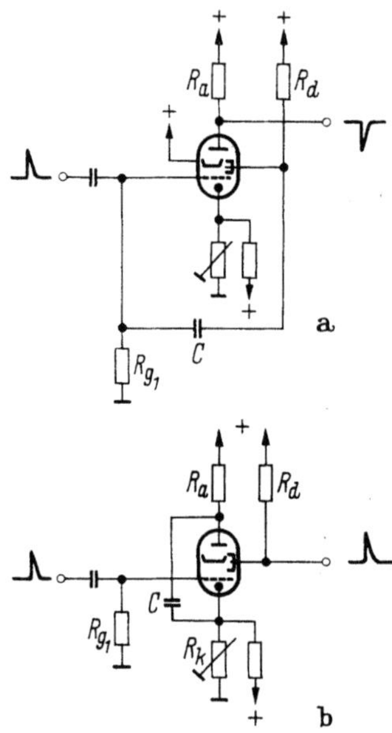

Abb. 29. Getriggerter Impulsgenerator für sehr kurze Signale mit EFP 60 ($U_b = 300\cdots500\,\text{V}$, R_d und $R_a = 100\cdots1000\,\Omega$)

Der Zustand des Schmitt-Kreises hängt stets von seiner Vorgeschichte ab. Durch einen Spannungsteiler am freien Gitter kann $U_{gI} < U_{e1}$ oder $U_{gI} > U_{e2}$ gewählt werden. Damit ist der Ruhezustand definiert und ein kapazitiv eingekoppeltes Signal bringt den Kreis zum Kippen, wenn er die entsprechende Schwelle (U_{e2} bzw. U_{e1}) über- (bzw. unter)schreitet. Die Stabilität der Schaltung hat ihr große Beliebtheit als Amplitudendiskriminator (S. 130) eingebracht: Eine Schwankung der Betriebsspannung ΔU_b entspricht einer Schwankung der Einsatzschwelle ΔU_e von

nur $\Delta U_e \approx \left(a - \frac{1}{\mu_1} \right) \Delta U_b$. Eine häu-

fige Anwendung ist die Umformung von beliebig geformten Signalen in Rechteckimpulse, je nach der Zahl der Durchgänge durch den Bereich $U_{e2} - U_{e1}$, vgl. S. 100. Das Tastverhältnis hängt von der Höhe des Triggerniveaus ab und läßt sich durch automatische Kontrolle konstant halten [123]. Genauere Behandlung findet sich bei [173, 186], ein neueres praktisches Beispiel mit sehr kurzen Anstiegszeiten bei [141].

Sekundäremissionspentoden. Abb. 29 zeigt die beiden Möglichkeiten, eine Sekundäremissionsröhre (vgl. Abschnitt 1.2.1) als (triggerbaren) Impulsgeber zu betreiben: im Fall (a) führt die Rückkopplung von Anode zu Kathode, im Fall (b) von der Dynode zum Steuergitter. Die Röhre wird in Ruhe gerade eben gesperrt (in Abb. 29 durch Kathodenvorspannung, es kann aber auch bei geerdeter Kathode eine negative Sperrspannung an R_{g1} gelegt werden). Gelegentlich ist auch die Auskopplung aus der Kathode nützlich [*143*]. Durch die Wahl von C läßt sich ein rechteckförmiger Impuls einstellbarer Breite gewinnen. Durch Differentiation der Abfallflanke läßt sich — ähnlich wie beim Univibrator — eine variable Verzögerungsstufe bilden [*245*].

Fall Abb. 29a besitzt geringere Rückwirkung auf die Vorstufe, während im Fall (b) die untere erreichbare Grenze der Anstiegszeit tiefer (bei einigen Nanosekunden) liegt. Die Wahl von (a) oder (b) richtet sich auch danach, ob positive oder negative Ausgangsimpulse verlangt werden: die zur Rückkopplung benützte Elektrode sollte für sehr kurze Impulse nicht durch einen Verbraucher zusätzlich belastet werden. Auch ein Kathodenfolger kann bereits fühlbar sein. Die Impulsdauer hängt von C und R_{g1} (bzw. R_k) ab, die Impulsform kann aber auch durch ein Kabel (vgl. S. 96) parallel zum Arbeitswiderstand der rückkoppelnden Elektrode bestimmt werden. Da die Langzeitkonstanz der Röhre geringer als bei normalen Pentoden ist, muß der Arbeitspunkt des öfteren kontrolliert und nachjustiert werden. Wenn die Röhre in Ruhe im A-Betrieb läuft, der besonders hohe Empfindlichkeit erlaubt [*26*, *268*], muß der statische Arbeitspunkt durch Gleichstromgegenkopplung stabilisiert werden.

Eine Sekundäremissionspentode eignet sich für sehr kurze Impulse hoher Amplitude bei geringem Aufwand (1 Röhre mit einigen Bauteilen), besitzt jedoch nur begrenzte Lebensdauer.

Sägezahnimpulsgeber. Sägezahnsignale (exponentiell oder linear) werden häufig gebraucht. Die exponentiellen Formen treten stets auf, wenn Röhren rasch auf- oder zugetastet werden (vgl. Abschnitt 2.3.1).

Ein *exponentiell* ansteigendes (bzw. abfallendes) Signal kann leicht durch Auf- bzw. Entladung eines RC-Gliedes erzeugt werden: Abb. 30a. Nach Öffnen des Kurzschlusses S (z. B. schaltende Röhre) steigt die Ausgangsspannung U_o exponentiell an:

$$U_o = U_b \left(1 - e^{-\frac{t}{RC}} \right),$$ bis sie nach einer bestimmten Zeit durch S wieder auf Null herabgezogen wird. Liegt die Ruhelagespannung (infolge endlichen Widerstandes R_i des Schalters) nicht auf Null, sondern auf $U_N = \frac{R_i}{R_i + R} U_b$, dann hat der *Anstieg* die Form U_o

$$= U_b - (U_b - U_N) e^{-\frac{t}{RC}} = U_b \left(1 - \frac{R}{R + R_i} e^{-\frac{t}{RC}} \right),$$ wie Abb. 30b zeigt. Auch die *Abfall*flanke wird jetzt durch R_i mitbestimmt: U_o

$$= U_b \left(\frac{R_i + R e^{-\frac{t}{R'C}}}{R_i + R} \right) \text{ mit } R' = \frac{R R_i}{R + R_i}.$$ Das Verhältnis der An-

stiegszeit t_r*) zur Abfallzeit t_f ist $\dfrac{t_r}{t_f} = \dfrac{R + R_i}{R_i}$, also stets größer als 1. Wenn die Schließdauer von S wesentlich größer ist als t_r

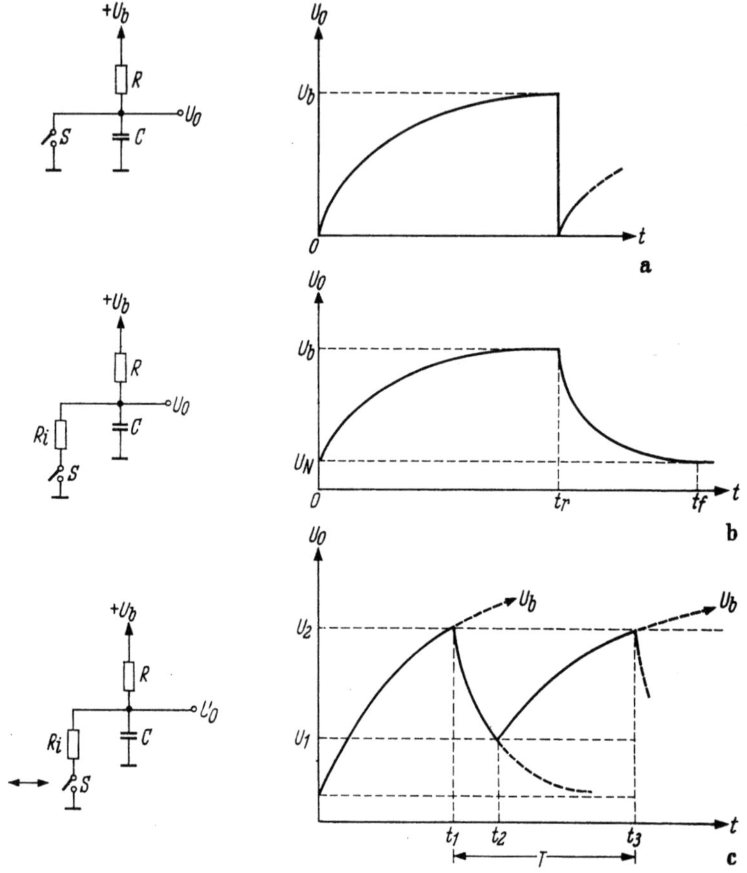

Abb. 30. Erzeugung exponentieller Sägezähne, (a) ideale Form, (b) mit endlichem Schalterwiderstand, (c) periodisch

(bzw. t_f), liegt ein Rechteckimpuls vor, mit den praktisch gegebenen endlichen Flankensteilheiten. Wird dagegen der Anstieg bei t_1 (im Wert U_2) unterbrochen (Abb. 30 c), so verläuft der Abfall nach U_o

$$= U_N + (U_2 - U_N)\, e^{-\frac{t}{R'C}} = U_b \left[\frac{R_i}{R + R_i} + \frac{R}{R + R_i}\left(1 - e^{-\frac{t_1}{RC}}\right) \times \right.$$

*) Die Definition von S. 61 ist hier nicht streng angewendet worden

$\times\ e^{-\frac{t}{R'C}}\Big]$. Wird schließlich der Anstieg periodisch unterbrochen, so erhält man nach Abb. 30 c mit den beiden Teilen des Sägezahnes den Anstieg $U_{or} = U_b - (U_b - U_1)\,e^{-\frac{t}{RC}}$ und den Abfall $U_{of} = U_N + (U_2 - U_N)\,e^{-\frac{t}{R'C}}$. Die Periodendauer $T = t_3 - t_1$ ergibt sich daraus zu

$$T = R\,C\left(\ln\frac{U_b - U_1}{U_b - U_2} + \frac{R_i}{R + R_i}\ln\frac{U_2 - U_N}{U_1 - U_N}\right).$$

Der erste Term enthält die Aufladezeit t_r, der zweite die Abfallzeit t_f. Je nach der Art des Schalters (Röhre, Thyratron, Glimmlampe) ist R_i oder U_2 und U_1 (Zünd- und Löschspannung) gegeben, so daß mit Hilfe von U_b, R, C und der benötigten Sägezahnamplitude $U_2 - U_1$ jeder vorliegende Fall zu berechnen ist. Auch die Verformung von Rechteckimpulsen, etwa eines Multivibrators, bei Öffnungszeiten $(t_3 - t_2) \lessgtr t_r \approx R\,C$ läßt sich abschätzen (vgl. S. 31).

Soll ein *linearer* Sägezahn erzeugt werden, muß der Auf- (oder Ent-)ladestrom durch C konstant, also unabhängig von der Spannung an C sein. Dies läßt sich gut annähern, wenn C in Abb. 31 durch eine spannungsunabhängige Stromquelle (constant current generator), etwa durch eine Röhre in geeigneter Schaltung (z. B. [253], vgl. S. 171), aufgeladen wird.

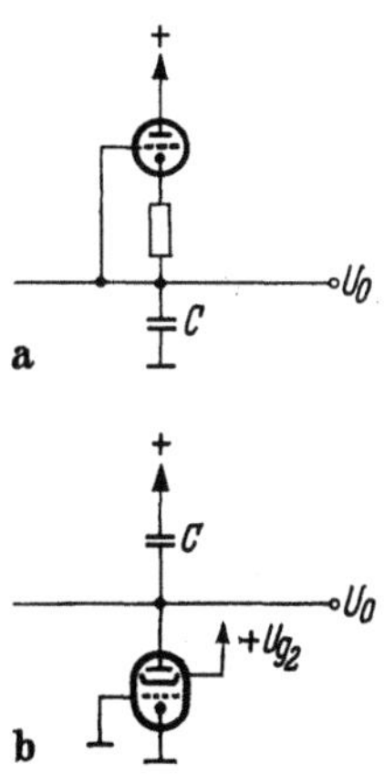

Abb. 31. Konstante Stromquelle zur linearen Aufladung von C in Abb. 30

Abb. 31 a zeigt einen Kathodenfolger, dessen Anodenstrom wenig mit der Anodenspannung ansteigt. Noch besser arbeitet eine Pentode in ihrem horizontalen Teil des I_a/U_a-Diagrammes (Abb. 2 b). In Abb. 31 b liegt die Pentode auf der „unteren" Seite von C (vgl. Abb. 30), damit U_{g2} konstant bleibt. Entsprechend läßt sich die Röhre auch zum Entladen von C verwenden (R_i in Abb. 30 b, c), Beispiele folgen im Abschnitt 4.2.7.

Streng genommen benützt man als linearen Anstieg einen sehr kleinen Anfangsteil eines exponentiellen Anstieges, der beliebig linear gewählt und mit einigen Hilfsmitteln auf hohe Amplituden gedehnt werden kann. Mit $R\,C = \tau$ und $\frac{t}{\tau} = x$ ist der momentane

Spannungswert $U = U_b\left(1 - e^{-x}\right) \approx U_b - U_b\left(1 - x + \frac{x^2}{2} - \cdots\right)$

oder normiert auf $U_b = 1$ ist $U \approx x \left(1 - \dfrac{x}{2} + \dfrac{x^2}{3} - \cdots\right)$. Die Abweichung vom linearen Anstieg $U \sim x = \dfrac{t}{\tau}$ ist $F \approx 100 \left(\dfrac{x}{2} - \dfrac{x^2}{3}\right)$ in %, sie ergibt für einen vorgegebenen Fehler F den maximal ausnützbaren Bruchteil der Anstiegszeitkonstanten an (der etwa mit $\sqrt{F}$ ansteigt). Der Wert von $\tau = R\,C$ kann schaltungsgemäß künstlich vergrößert werden: Bootstrap und Miller-Schaltung.

Bootstrap. Ein einfacher Weg, in Abb. 30 den Aufladestrom durch R und damit den Spannungsanstieg konstant zu halten, bietet das Mitführen der Speisespannung U_b, wie Abb. 32 zeigt. Ein Kathodenfolger schiebt über eine große „Batterie"-Kapazität C' oder einen Glimmstabilisator den Speisungspunkt x von R mit hoch. Dadurch erscheint R etwa um den Faktor $\dfrac{1}{1-V}$ vergrößert (vgl. S. 67). Im Fall (a) wird statt des Teilwiderstandes R' eine Diode

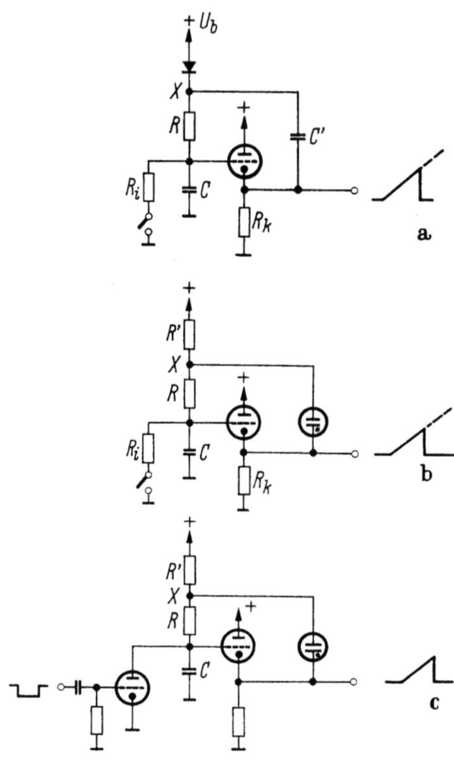

Abb. 32. Erzeugung linearer Sägezähne, (a), (b) Bootstrap, (c) praktische Form

$(R_k = 1 \cdots 5\ \mathrm{k}\Omega,\ R = 50\ \mathrm{k}\Omega \cdots 500\ \mathrm{k}\Omega,\ R' = \dfrac{R}{5},$
$C = 10\ \mathrm{pF} \cdots 0{,}1\ \mu\mathrm{F},\ C' = 0{,}1 \cdots 2\ \mu\mathrm{F})$

genommen, die sofort nach Beginn des Spannungsanstieges sperrt und die Verbindung zu U_b unterbricht. Fall (c) zeigt eine Röhre als Schalter am Eingang. Wird als Kathodenfolger eine Pentode verwendet, so kann ihr Schirmgitter direkt an den Punkt x gelegt werden.

Miller-Schaltungen. Eine andere Schaltungsgruppe vergrößert nicht R, sondern C, indem C als Miller-Kapazität (C_{ga}) benützt wird: Abb. 33a. Der durch g_3 gesperrte Anodenstrom kann sich nach dem Öffnen nur langsam aufbauen, da die Kopplung auf g_1 hemmend wirkt. Je nach der Zeitkonstante RC bleibt die Stufe im dynamischen Gleichgewicht mit nahezu linear abfallender Anodenspannung, bis $U_a = U_{ao}$ und C auf U_{ao} entladen ist. C (und damit $T = RC$) erscheint um den Betrag $(1+\mu)$ bzw. $(1+V')$ größer als dem numerischen Wert entspricht.

Zur Berechnung einer Miller-Stufe genügt fast immer der Anodenspannungsverlauf

$$U_a = V' U_b \left(1 - e^{-\frac{t}{V'RC}}\right) \text{oder}$$

die Näherung $\dfrac{dU_a}{dt} \approx \dfrac{U_b}{RC}$ ($V' = $ Verstärkung der Röhre ohne C).
Die lineare Änderung der Anodenspannung $\dfrac{dU_a}{dt}$ (in V/sec) ist

solange konstant, bis entweder $U_a = U_{ao}$ (bei fallender) oder $U_a = U_b$ (bei steigender Spannung) erreicht ist. Sägezähne über 300 V Amplitude können leicht erzielt werden. Zur Regelung der Steilheit läßt sich R (oder C) variieren, ebenso kann durch Ableiten von R an eine variable Spannung (zwischen O und $+U_b$) die Steilheit geändert werden.

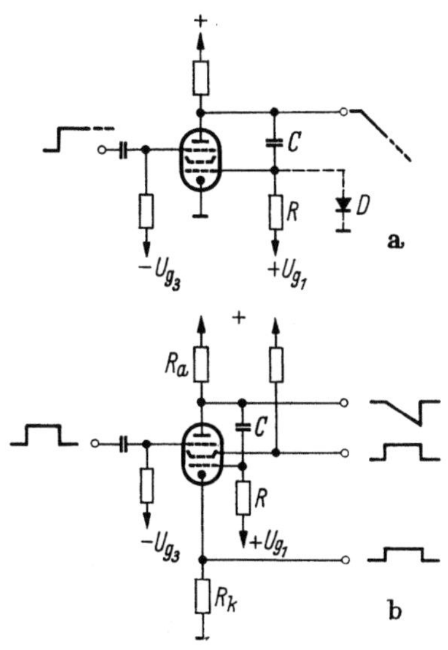

Abb. 33. Miller-Integrator, (a) Grundform, (b) Impulsausgänge ($R_a = 50$ k$\Omega \cdots 500$ kΩ, $R_k = 0 \cdots 10$ kΩ, R und C siehe Text)

Die Amplitude läßt sich (bei konstanter Steigung!) durch eine Klammerdiode (S. 162) an der Anode bestimmen oder regeln. Die in Abb. 33a gestrichelt gezeichnete Diode D beschleunigt den Rücklauf. Sowohl an der Kathode wie am Schirmgitter können Rechteckimpulse von gleicher Länge wie der lineare Anstieg abgegriffen werden (Abb. 33b). Es lassen sich ansteigende wie abfallende Sägezahnspannungen erzeugen, je nach der Ruhelage der Röhre (leitend oder gesperrt). Auch Trioden eignen sich als Miller-Röhren, nur muß hierbei die Steuerung ebenfalls an g_1 geführt werden (etwa über eine Diode).

Infolge der „Umwandlung" eines steuernden Rechtecksignales in einen linearen Spannungsanstieg wird die Schaltung auch

Miller-Integrator genannt (vgl. Abschnitt 3.3.3 und den operativen Verstärker auf S. 72). Die Schaltung kann nach Erreichen der tiefsten (bzw. höchsten) Anodenspannung in den Anfangszustand zurückkippen und fortlaufend Sägezähne erzeugen. Die nötige Rückkopplung kann aus der bekannten Transitronschaltung ab-geleitet werden, die mit g_2-g_3-Kopplung und der fallenden g_2-Charakteristik das periodische Kippen aufrechterhält: Phantastron [*101*] in Abb. 34a. Während R_1C_1 vorwiegend die Kippfrequenz bestimmt, hängt der Anstieg des Säge-zahns hauptsächlich von R_2C_2 ab. Auch eine getrennte Steuer-röhre kann benützt werden: Sanatron in Abb. 34b. In dieser Form läßt sich die Schaltung leicht durch Sperren einer Röhre triggern (mo-nostabile Form). Mit Gleichstromkopp-lung können auch bistabile Formen ge-bildet werden. Abb. 34c zeigt eine andere Art der Triggerung. Hier leitet in Ruhe der Teil g_1g_2, wäh-

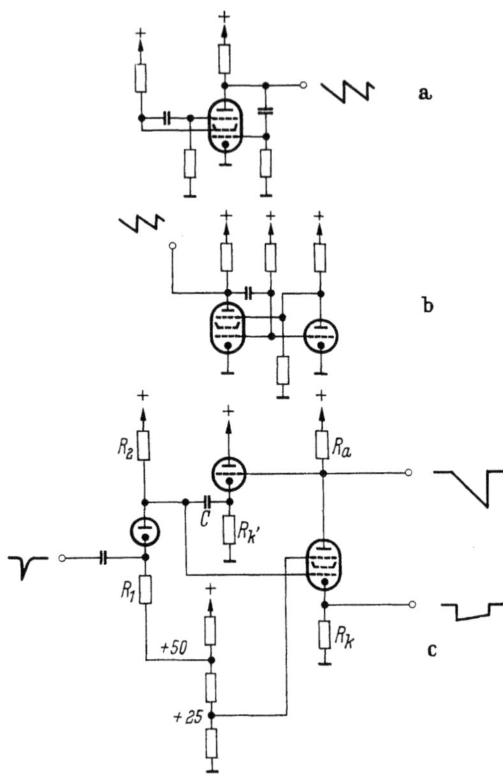

Abb. 34. Monostabile Miller-Kippschaltungen: (a) Phanta-stron, (b) Sanatron, (c) g_3-Steuerung. ($R_a = 50\ \text{k}\Omega\cdots1\ \text{M}\Omega$, $R_1 = 30\cdots50\ \text{k}\Omega$, $R_2 = 0.1\cdots5\ \text{M}\Omega$, $R_k = 0\cdots50\ \text{k}\Omega$, $R_k' = 10\cdots100\ \text{k}\Omega$)

rend g_3 den Anodenstrom sperrt. Ein negatives Triggersignal zieht g_1 unter das Spannungsniveau von g_3 herunter, so daß Ano-denstrom fließt und ein Sägezahnzyklus abläuft. Dabei trennt die Diode den Eingang ab. Zusätzlich liegt zwischen C und der Anode ein Kathodenfolger (S. 66), der in allen Miller-Schaltungen immer dann empfehlenswert ist, wenn die gesamte Anodenkapa-zität sowie der Rücklauf besonders klein gehalten werden soll.

C lädt sich dann über die sehr kleine Ausgangsimpedanz des Kathodenfolgers auf anstatt über R_a.

Fast immer tritt bei Miller-Generatoren zu Beginn des linearen Vorlaufes ein kleiner Spannungssprung auf. Er läßt sich nahezu vermeiden, wenn (bei gesperrter Miller-Röhre) im Ruhezustand ein geringer Strom durch den Anodenwiderstand geschickt wird, den etwa eine Diode von einer passend gewählten Spannung her liefern kann. Sofort nach Beginn des Vorlaufes übernimmt dann die Röhre diesen Anfangsstrom. Auch mit einer Klammerdiode (S. 162) am Gitter kann die gleiche Wirkung erzielt werden, ebenso durch das Einfügen eines kleinen Widerstandes r in Serie mit C $\left(r \approx \frac{1}{S}\right)$. In allen Fällen soll die Ladungsdifferenz auf C, die für den kleinen Sprung verantwortlich ist und die zwischen Ruhezustand und dynamischem Gleichgewicht während des Sägezahnablaufes auftritt, unwirksam gemacht werden.

Der Miller-Generator findet sehr häufige Anwendung in Zeitablenkschaltungen bei Oszillographen, in Zeitverzögerungsstufen und Zeit-Amplituden-Umformern (S. 106) und erreicht hohe zeitliche Konstanz. Eine sehr ausführliche Behandlung aller Formen findet sich bei [35], ferner bei [9] u. a., eine Kombination mit einem Sperrschwinger (S. 27) bei [302].

Zum Schluß der Röhrensignalgeneratoren sei noch die Möglichkeit genannt, mit Hilfe einer Kathodenstrahlröhre, Photozelle und Kurvenschablone den Leuchtfleck entlang einer beliebig geformten Kontur laufen zu lassen und so auch komplexe Signalformen zu erzeugen [312, 326]. Mit Funktionsnetzwerken (S. 86) ist dies ebenfalls möglich [299].

Rauschgeneratoren. Die in der Hochfrequenztechnik üblichen Rauschgeneratoren können auch beim Testen von Schaltungen nützlich sein, deren Eigenrauschen ins Gewicht fällt. Neben den Rauschdioden und ebenfalls brauchbaren Kristalldioden lassen sich auch Photomultiplier verwenden [97]. Erwähnt sei die Bildung statistischer Impulsfolgen, die durch Verstärkung eines Rauschspektrums gewonnen werden. Nach Verarbeitung durch einen Diskriminator (S. 128) kann durch Einstellung seiner Schwelle die statistische Häufigkeit gewählt werden.

2.3.3 Triggerung

Von großer Bedeutung beim Umgang mit nicht periodischen Signalen ist die Auslösung eines Vorganges bei jedem Eintreffen eines Signales, die man als Triggern bezeichnet. Allgemein wird durch das triggernde Signal eine in Ruhe gesperrte Stufe über eine

(nichtlineare, unstetige) Schwelle aktiviert, um eine einmalige
Funktion zu erfüllen (Abgabe eines definierten neuen Signales,
Öffnen eines Tores, Auslösen eines Schaltzyklus und anderes mehr).
Dabei muß eine Anzahl von Problemen beachtet werden. Fast alle
in diesem Kapitel behandelten Signalgeneratoren lassen sich als
Triggerstufen ausführen. Sehr kleine Zeitkonstanten (Erholzeiten)
lassen sich durch ähnliche Gesichtspunkte verwirklichen wie bei
Breitbandverstärkern (S. 59). Häufig bringt auch der Ersatz eines
Anoden- oder Kathodenwiderstandes einer Triggerstufe durch eine
Röhre (Abb. 65 c) eine deutliche Verbesserung [*84*].

Triggerimpuls. Das auslösende Signal muß nicht nur die richtige
Polarität haben, sondern auch bestimmte Anforderungen an
Amplitude und Impulsdauer erfüllen. Allgemein benötigt jede
Triggerstufe eine Mindestamplitude des Triggerimpulses bzw. eine
bestimmte kleinste Ladung zum Ankippen. Das bedeutet bei sehr
kurzen Signalen (kurzen Anstiegszeiten) sehr oft eine höhere Triggeramplitude als der Ansprechschwelle entspricht, oder eine bestimmte Verweilzeit oberhalb der Schwelle. Rechteckimpulse sind
nicht immer günstig, da die steile Abfallflanke die Triggerstufe
vorzeitig wieder zurückziehen kann. Als geeignete Form hat sich
ein steiler Anstieg mit anschließendem langsameren (exponentiellen) Abfall bewährt: Abb. 15 d. Besteht das Triggersignal aus
einem Spektrum von sehr unterschiedlichen Amplituden, ist ein
Begrenzen hoher Amplituden ratsam (S. 88), da sonst von ihnen
die Eigenschaften der Triggerstufe beeinflußt werden. Gibt diese
selbst sehr kurze Impulse ab, dann darf das Triggersignal nicht
länger oberhalb der Ansprechschwelle verweilen. Bei der sehr
kurzen Erholzeit dieser Triggerstufen treten sonst ein erneutes
Kippen und damit weitere Ausgangsimpulse auf. Der Schmitt-
Kreis (S. 37) als Amplitudendiskriminator (S. 130) arbeitet am
sichersten mit kurzen Triggerimpulsen, die ein kleines abfallendes
Plateau besitzen [*136*].

Triggerverzögerung. Bei allen Signalkombinationen ist die Fest-
legung des Trigger*zeitpunktes* wesentlich. Jede Triggerstufe führt
zwei Verzögerungen zwischen Auslöse- und Ausgangsimpuls ein:
eine Abhängigkeit von der Triggeramplitude und eine „interne"
Verzögerung, vor allem in der Umgebung der Ansprechschwelle.
Den ersten Effekt zeigt Abb. 35. Hier sind drei Triggerimpulse verschiedener Amplitude (aber gleicher zeitlicher Lage) gezeichnet.
Je höher die Amplitude ist, desto früher wird das Triggerniveau
U_T geschnitten (t_1, t_2, t_3). Bei einem auslösenden Impulsspektrum
tritt also eine zeitliche Dispersion auf, die von sehr kleinen Ver-
zögerungszeiten ($t_V \longrightarrow 0$) bis zur Anstiegszeit ($t_V = t_3 \approx t_r$) der

Impulse reicht, eine schwerwiegende Einschränkung etwa bei schnellen Koinzidenzstufen (Abschnitt 4.2). Abhilfe wird im Abschnitt 3.2.5 besprochen. Die zweite Verzögerungsursache liegt im Wesen jeder Triggerstufe als Rückkopplungskreis mit nichtlinearem Element. Je nach der „Schärfe" des Kennlinienknickes existiert ein mehr oder weniger breiter Amplitudenbereich an Stelle einer scharf definierten Ansprechschwelle. In Abb. 36 a sind wieder drei Triggerimpulse in diesem Bereich gezeigt, während (b) die dazu gehörigen Ausgangsimpulse der Triggerstufe (hier ein rechteckförmiger Impuls 3) bringt. Die beiden Triggersignale 1 und 2 liegen innerhalb

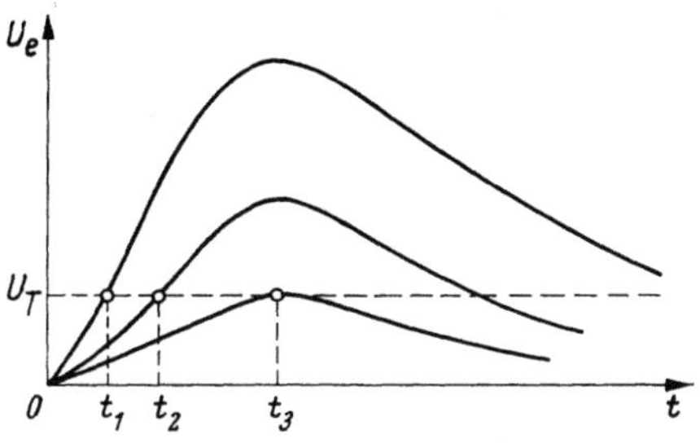

Abb. 35. Abhängigkeit des Triggerzeitpunktes von der Signalamplitude

des Schwellenbereiches und können die Stufe noch nicht zur vollständigen Ausbildung eines Kippvorganges zwingen. Erst

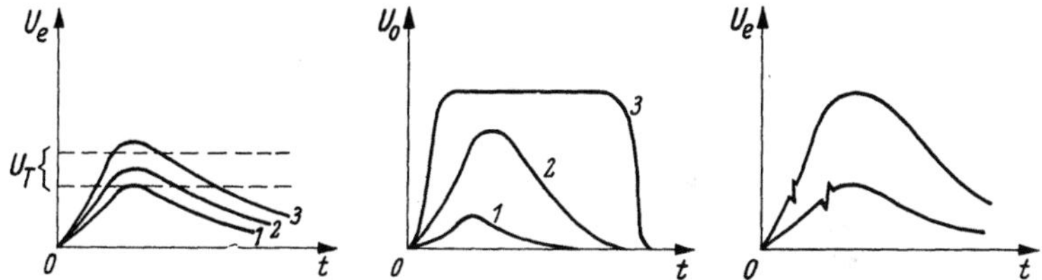

Abb. 36. Einsatzbereich einer Triggerstufe, (a) Triggersignal, (b) abgegebener Ausgangsimpuls, (c) Überlagerung der differenzierten Flanken des Ausgangsimpulses am Eingang der Triggerstufe

Signal 3 erzeugt einen vollkommenen Zyklus. Bei günstig aufgebauten Triggerstufen ist der (nicht definierte und unstabile) Schwellenbereich nur von der Größenordnung $1/10$ Volt. In unmittelbarer Nähe oberhalb dieses Bereiches besitzt das Ausgangssignal seine größte „interne" Verzögerung (Größenordnung 100 nsec), die mit zunehmender Triggeramplitude sehr rasch abfällt. Da dieser Bereich — gemessen an dem meist umfangreichen Triggerspektrum — klein ist, kann er oft vernachlässigt werden. Die Verzögerung des Triggereinsatzes läßt sich oszilloskopisch am Eingang der Triggerstufe verfolgen. Wie in Abb. 36 c angedeutet, überlagert sich dem Eingangssignal durch geringe kapazitive

Einkopplung der Kippvorgang in Form kleiner Zacken. Ihre Lage auf dem Triggersignal läßt auch bei einem ganzen Triggerspektrum eine recht genaue Bestimmung der internen Verzögerung zu. Vgl. auch [*185*].

Rückwirkung. Triggerstufen mit steilen Impulsflanken hoher Amplitude koppeln diese direkt oder teilweise kapazitiv auf den Eingang zurück (Abb. 36 c). Um eine Rückwirkung auf eine vorhergehende Stufe zu verhindern, empfiehlt es sich, eine Pufferstufe (z. B. Kathodenfolger, S. 66) davor zu schalten. Auch Heiz- und Anodenspannungszuführungen übertragen oft Störimpulse und sind daher unmittelbar an der Stufe abzublocken bzw. zu verdrosseln.

2.3.4 Strahlungsdetektoren

Eine besondere Gruppe von Signalgeneratoren sei wegen ihrer Bedeutung gesondert behandelt: Detektoren für radioaktive Strahlung. Sie liefern Spannungsimpulse unterschiedlicher Form, die zur Erfassung der Information — Zeitpunkt und Energie (Amplitude) — genau ausgewertet werden müssen. Aufbau und physikalische Eigenschaften der Detektoren

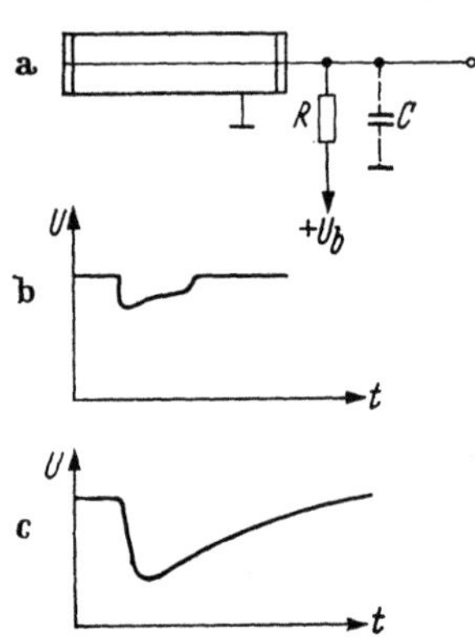

Abb. 37. Geiger-Müller-Zählrohr (a) und Impuls mit kleiner (b) und großer RC-Zeitkonstante (c)

selbst müssen in der Literatur gesucht werden, z. B. [*6, 10, 14, 21, 34, 36, 44*], ebenso von Kristall- und Halbleiterzählern.

Zählrohr und Ionisationskammer. Während Ionisationskammern [*36, 44*] Impulse im Bereich $> 10\ \mu sec$ bis 100 msec liefern, geben Zählrohre je nach Größe und Arbeitsbedingungen Impulse von der Größenordnung einiger Mikrosekunden Dauer ab. Abb. 37 a zeigt den üblichen Zählrohranschluß mit geerdetem Mantel; ähnliche Bedingungen gelten für Ionisationskammern. Die Größe von R und C bestimmt die Impulsform. C setzt sich aus der Zählrohrkapazität und der Eingangskapazität der angeschlossenen Stufe zusammen. Die erste liegt fest, die zweite kann (etwa durch einen Kathodenfolger, S. 67) sehr klein gehalten werden. Durch eine positive Rückkopplung von der Folgestufe auf den Eingang kann C fast ganz kompensiert werden. Eine völlige Neutralisation auf Null ist nur theoretisch möglich, da die Schaltung dann unstabil wird und zu schwingen beginnt. Wird R sehr klein gewählt (Größenordnung $1\ k\Omega$), gibt der Ausgangsimpuls unmittelbar die Elektronenkomponente der Entladung wieder (Abb 37 b). Seine Anstiegszeit liegt unter 0,1 μsec, je nach Innenwiderstand der Entladungsstrecke, und die Impulsdauer wird (im Auslösebereich) vom Einstrahlungsort und der Zählrohrlänge bestimmt, die Amplitude ist gering (Größenordnung 1 V). Wird R groß genommen (1$\cdots$10MΩ), erhält man hohe Amplituden (bis über 100 V), jedoch langsamen Anstieg und Abfall — letzterer durch die Zeitkonstante RC bestimmt (Abb. 37 c). Minderwertige Isolation, auch des Kopplungskondensators, lassen impulsähnliche Lekströme fließen.

Im Gegensatz zum eben genannten Auslösebereich, in dem die Zählrohrimpulse unabhängig von der Energie der einfallenden Teilchen konstante Amplitude haben, wird im Proportionalbereich ein von der Einfallsenergie abhängiges Amplitudenspektrum abgegeben. Zählrohre mit Dampfzusatz löschen selbst, ohne Dampf muß ein sog. Löschkreis die gerade begonnene Entladung durch rasches Herabsetzen der Spannung am Draht unterbrechen. Aber auch bei Dampfzählrohren ist ein Löschkreis lohnend, da er die Totzeit von einigen 100μsec auf wenige μsec herabsetzen kann [111,

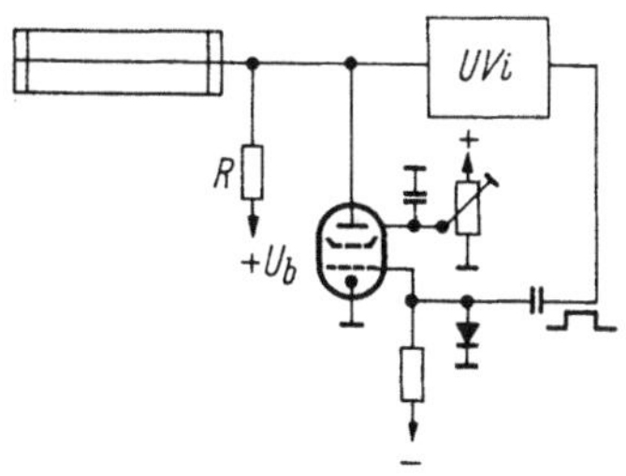

Abb. 38. Fremdlöschen eines Zählrohres

291]. Ein Beispiel hierfür zeigt Abb. 38. Der Zählrohrimpuls stößt (über eine Umkehrstufe) einen Univibrator UVi (S. 33) an, der mit einem positiven Rechteckimpuls von einstellbarer Länge die Löschröhre öffnet. Sie zieht die Spannung am Zählrohr während der Dauer des Rechteckimpulses auf sehr kleine Werte herunter. Ein Kathodenfolger gibt jeden Zählrohrimpuls an den Ausgang. Zur Erhaltung der Amplitudeninformation muß die Schaltung modifiziert werden.

Als Folgebausteine kommen in Frage: bei Proportionalzählern Linearverstärker (Abschnitt 3.1.1), bei Auslösezählern zweckmäßig ein Impulsformer (3.3.1), der einheitliche Impulse an die folgende Zählvorrichtung (5.3) liefert. Im ersten Fall wird (Impulszahl pro) Zeit und Energie, im zweiten Fall nur die Impulsrate ausgewertet.

Szintillationszähler. Die Lichtquanten eines bei radioaktiver einfallender Strahlung angeregten Szintillators werden üblicherweise mit Sekundäremissionsvervielfachern (Photomultipliern) in elektrische Impulse umgewandelt und (bis 10[7]fach) verstärkt. Auf die physikalischen Grundlagen muß hier verzichtet werden [6, 10, 14, 21]. Abb. 39a zeigt die Grundschaltung eines Multipliers. An R_a tritt negativ, an einer Dynode (R_d) positiv ein

Impulsspektrum auf, das in vielen Fällen in weitem Bereich linear mit der einfallenden Strahlungsenergie verläuft. Die Anstiegsflanke dieser Impulse (t_r) wird im wesentlichen von der Abklingzeit des Szintillators bestimmt, die von einigen nsec (Plastik- und Flüssigkeits-Szintillatoren) bis zu einigen μsec (anorganische Phosphore) reichen kann. Den Impulsabfall bestimmt dagegen vorwiegend die Zeitkonstante CR_a der angeschlossenen Stufe. Er muß der vorliegenden Zählrate angepaßt sein, um Aufstocken (S. 61) zu vermeiden.

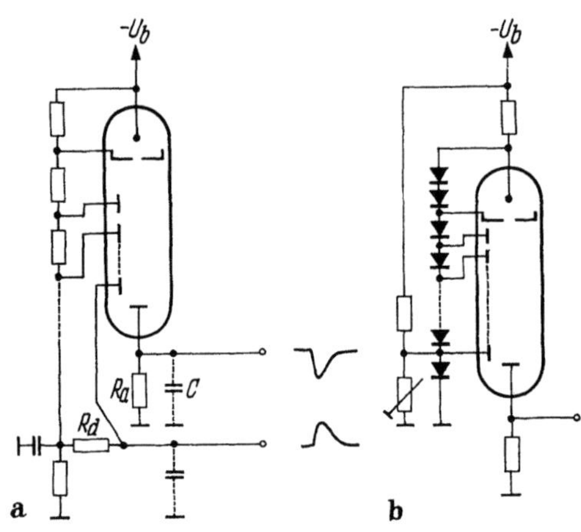

Abb. 39. Photomultiplier, (a) übliche Schaltung, (b) Spannungsteiler mit Zener-Dioden

Der gebildete Ausgangsimpuls — Abb. 40 d — ist eine Einhüllende einzelner Stufenimpulse (c), die jeweils einem primären Photoelektron (a) aus der Photokathode des Multipliers entsprechen. Die Größe von CR_a bzw. CR_d bestimmt den Abfall zwischen den Stufen (b, c) und beeinflußt damit auch die Anstiegsflanke des resultierenden Impulses (d). Ein folgendes Differenzierglied (vgl. S. 101) verkürzt die Anstiegszeit ebenfalls etwas. Das Maximum der Amplitude ist proportional der angelieferten Ladungsmenge Q. Wenn die Zeitkonstante der anliegenden Last $RC \ll t_r$ ist, wird $U \approx$

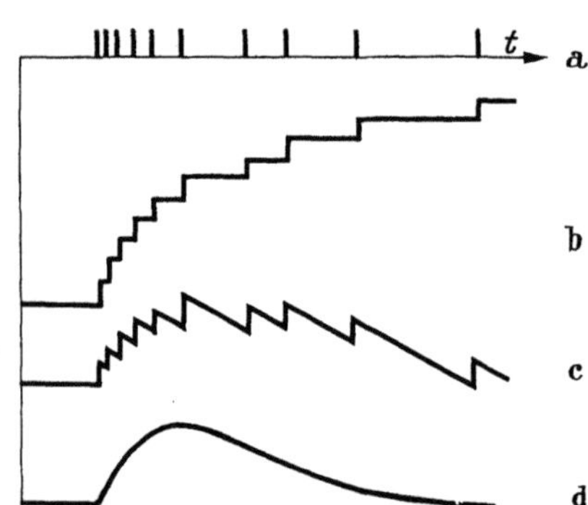

Abb. 40. Entstehung eines Multiplierimpulses: (a) Zeitpunkte emittierter Photoelektronen, (b) Ladungsansammlung an einer Dynode bzw. Anode mit ∞ großer, bzw. mit endlicher (c) Zeitkonstante, (d) resultierender Spannungsverlauf

$Q\,\dfrac{R}{t_r}$; wenn $RC \gg t_r$, ist $U \approx \dfrac{Q}{R}$. Häufig werden direkt an der Anode (bzw. einer Dynode) die Ausgangsimpulse durch ein Impulsformerkabel (S. 96) differenziert und können dann einer schnellen Koinzidenzstufe (S. 115) zugeführt oder an ein folgendes Kabel angepaßt werden. Abb. 41 zeigt vier Möglichkeiten: (a) einen Kathodenfolger, der auch in verbesserter Form (S. 76) ratsam ist, (b) den normalen Anodenverstärker, der bessere Anpassung $R_a = Z$ an das Kabel und geringe Verstärkung ($V > 1$) erlaubt, und schließlich (c) und (d) die Anpassung über einen Transistor, der je nach Polarität von der Anode (pnp-Typ) oder der letzten Dynode (npn-Typ) gesteuert wird und hier als Emitterfolger arbeitet [337], aber auch am Kollektor abgegriffen werden kann [87]. Seine Betriebsspannung wird aus der Spannungsteilerkette entnommen.

Vielfach wünscht man den Fußpunkt der Anstiegsflanke eines Impulses zu erfassen (z. B. t_1 in Abb. 16). Hierzu kann der Arbeitspunkt des Multipliers (gebräuchlich bei 14stufigen Typen) so gewählt werden, daß an der Anode und den letzten Dynoden so hohe Stromspitzen auftreten, daß Sättigung eintritt, d. h. die Impulsamplituden werden begrenzt. Das unverzerrte Impulsspektrum wird dabei an der letzten noch nicht gesättigten Dynode abgenommen, während die Anodenimpulse (deren Energieinformation verloren ist) zur Austastung schneller Koinzidenzstufen mit geringer Zeitdispersion (S. 96) verwendet werden. Die hohen Amplituden (bis zu 100 V) erzeugen bei manchen Typen leicht kapazitive Streukopplungen und

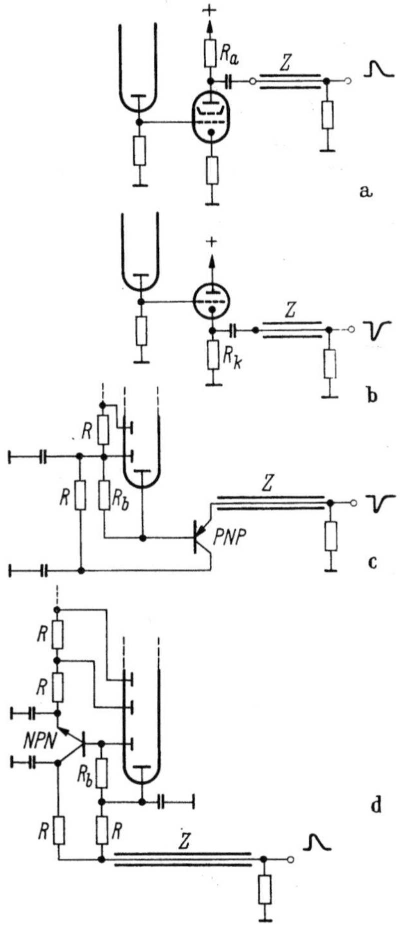

Abb. 41. Auskopplung der Signale eines Photomultipliers mit Anodenverstärker (a) Kathodenfolger (b) und Transistor: (c) pnp-Typ und (d) npn-Typ

Raumladungseffekte und werden durch eine Zener-Diode (S. 161) an Stelle von R_a stark reduziert. Der Spannungsteiler für die Dynoden wird bei kleinen Impulsen und Zählraten an den letzten 2···3 Dynoden abgeblockt, bei hohen Dynodenstromspitzen oder -mittelwerten muß er niederohmig sein. Um den hohen Querstrom zu vermeiden, läßt sich eine Kette von Zener-Dioden (Abb. 39b), von Kathodenfolgern [215] oder Glimmstabilisatoren verwenden, vgl. auch [288]. Die Verstärkungsschwankung läßt sich so unter 1% ausregeln, die Temperaturabhängigkeit läßt sich unter 0,5%/°C halten [191]. Auf größtmögliche Konstanz nicht nur der Hochspannung, sondern auch des Spannungsteilers muß größter Wert gelegt werden. Gelegentlich werden Multiplier vom gesperrten Zustand aus hochgetastet. Dazu kann entweder die Hochspannung selbst gepulst [292, 317], oder die erste Fokussierelektrode benützt werden [139]. Noch besser arbeiten spezielle Multiplier mit Ablenkelektrode zum Austasten. Die automatische Regelung der Hochspannung durch Vergleich mit einem radioaktiven Standardpräparat oder auch in Abhängigkeit von der Zählrate ist möglich und kann auch für rein optische Anwendungen [164] benützt werden.

Erwähnt sei noch die Möglichkeit einen Multiplier zwei Szintillationskristalle gleichzeitig ansehen zu lassen, die auf verschiedene Strahlungsarten mit verschiedenen Impulsformen antworten, die dann elektronisch getrennt werden müssen (Phoswich-Methode), z. B. [351].

3. Signalveränderung

Das vom Wandler gelieferte Signal kann nur selten unmittelbar ausgewertet werden. Oft müssen erst mannigfaltige Veränderungen vorgenommen werden, die von der einfachen Verstärkung über die Verzögerung bis zur völligen Änderung des Signalverlaufes reichen können, je nach Vorschrift der experimentellen Bedingungen. Die folgenden drei Gruppen behandeln 1. die Änderung der Amplitude unter Beibehaltung der zeitlichen Information, 2. Änderung der zeitlichen Aussage bei konstanter Amplitudeninformation und 3. die Änderung der Impulsformen in neue Signale. In den ersten beiden Fällen können natürlich auch Formänderungen auftreten.

Unter Signalveränderung fallen auch die *Modulationsarten*, die in der Hochfrequenztechnik üblich sind und hier nicht behandelt werden. Bei impulsförmigen Signalen kann jedoch oft das Problem auftreten, eine charakteristische Größe (Amplitude, Zeitpunkt,

Zeitdauer) periodisch zu variieren. Eine derartige *Wobbelung* wird etwa angewendet, wenn eine zu messende Größe in einem kleinen Umgebungsintervall automatisch abgetastet werden soll. Die Wobbelperiode muß wesentlich größer sein als die zu messenden Signal- bzw. Netzwerk-Zeitkonstanten, damit keine Dopplereffekte auftreten. Praktisch arbeitet man vorwiegend mit Röhren als gewobbelten Elementen, sei es als Blindröhren (S. 19) oder allgemein als variablen (Innen-)Widerständen.

3.1 Amplitudenänderung

Änderungen der Signalamplitude lassen sich in lineare und nichtlineare Eingriffe einteilen. Lineare Änderungen (Abschwächung und Verstärkung) sollen die Signalform und die Verhältnisse der Amplituden zueinander nicht beeinflussen. Nichtlineare Änderungen begrenzen die Amplitude nach oben oder von unten, oder sie ändern die Amplitudenverhältnisse.

3.1.1 Lineare Amplitudenänderung

1. Abschwächung

Die lineare Abschwächung einer Signalamplitude kann nur so lange mit einem ohmschen Spannungsteiler vorgenommen werden, wie die Parallelkapazitäten keine Rolle spielen Sowie jedoch bei höheren Signalfrequenzen bzw. kürzeren Impulsen die Periode bzw. Zeitdauer der Signale in die Größenordnung der Spannungsteiler-Zeitkonstanten kommt, muß entweder der Spannungsteiler sehr niederohmig ausgeführt oder kapazitiv kompensiert werden: Abb. 42. Hier ist $\alpha = \dfrac{R_2}{R_1 + R_2}$ das Spannungsteilerverhältnis, das für hohe Frequenzen (bzw. für den hohen Fourier-Anteil bei steilen kurzen Impulsen) nur dann gilt, wenn auch $\alpha = \dfrac{C_1}{C_1 + C_2}$ oder $R_1 C_1 = R_2 C_2$ ist. Häufig ist C_2 gegeben (Eingangskapazität der folgenden Stufe, Kabel usw.), so daß sich C_1 bestimmen läßt. Die kleinere der beiden Kapazitäten ist vorteilhaft regelbar, um exakt abgleichen zu können. Dies geschieht am schnellsten mit einem Rechteckimpulsgenerator, dessen Anstiegsflanken etwa den zu übertragenden Signalen entsprechen sollten. Die Plateaulänge wird nicht kleiner als das Drei- bis Fünffache der Anstiegszeit gewählt, bei zu langen Impulsen können Plateauverzerrungen durch Verstärkerkonstanten oder ähnliches auftreten (vgl. Abschnitt 2). Durch

Variation von C_1 oder C_2 läßt sich das Eingangssignal (Abb. 42a) oszilloskopisch rasch auf exakte Rechteckform abgleichen. Ist C_1 zu groß ($R_1C_1 > R_2C_2$), erscheint die Signalform in Abb. 42b, ist C_1 zu klein ($R_1C_1 < R_2C_2$), erscheint Abb. 42c am Ausgang. In beiden Fällen (b und c) ist der Anfangswert durch das Verhältnis $\dfrac{C_1}{C_1 + C_2}$ bestimmt, der nach einigen Eigenzeitkonstanten auf den Endwert $\dfrac{R_2}{R_1 + R_2}$ abfällt (ansteigt). Normierte Kurven für Fehlabgleich bei drei verschiedenen Eingangssignalformen finden sich bei [334].

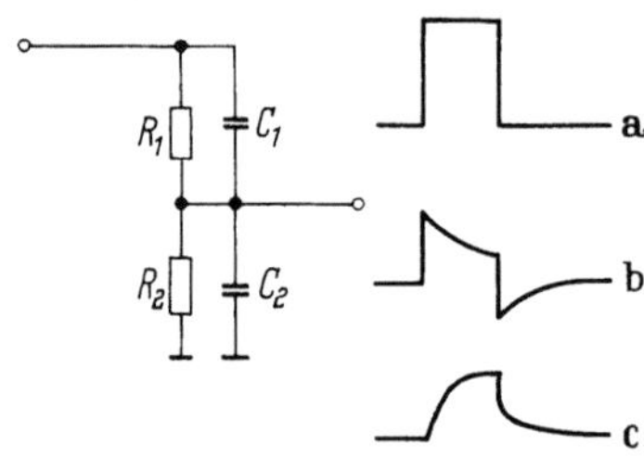

Abb. 42. C-kompensierter Spannungsteiler mit Rechteckimpulsverformung bei Über- (b) und Unterkompensation (c)

Der C-kompensierte Abschwächer dient häufig einem weiteren Zweck. Soll eine Signalquelle so wenig wie möglich (kapazitiv) belastet werden, kann man den sonst üblichen Kathodenfolgeraufwand (S. 67) durch den Spannungsteiler in Abb. 42 ersetzen. Wird C_2 etwa durch die Kapa-

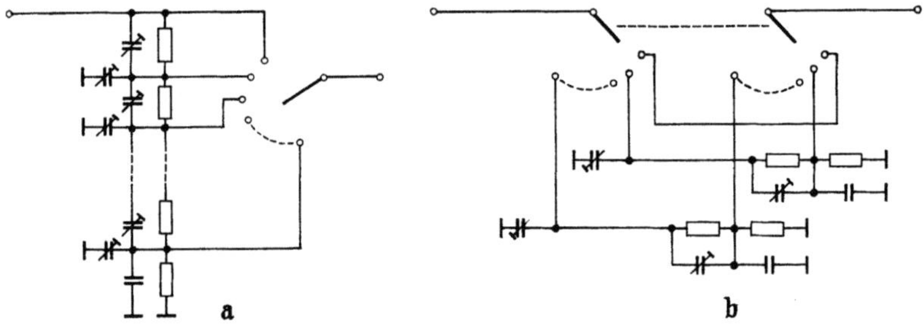

Abb. 43. Praktische Ausführung mehrstufiger Spannungsteiler nach Abb. 42

zität eines abgeschirmten Verbindungskabels gebildet, die selbst eine zu große Belastung der Signalquelle darstellen würde, so erscheint am Eingang des Spannungsteilers die Kapazität $C_e = \dfrac{C_1 C_2}{C_1 + C_2} = a \cdot C_2$ (theoretisch) um den Faktor a verkleinert. Natürlich addieren sich Streukapazitäten, ferner muß dabei die Abschwächung der Amplitude um den Wert a in Kauf genommen werden. Tastkopfsonden für Oszillographen, Röhrenvoltmeter u. a. sind nach diesem Prinzip aufgebaut. R_2 liegt häufig hinter dem Kabel am Eingang der folgenden Stufe.

Soll der Abschwächer geregelt werden, so läßt die Form in Abb. 42 dies nur in Stufen zu. Zwei Möglichkeiten zeigt Abb. 43: (a) kommt mit einem Stufenschalter aus, ist aber schwieriger abzugleichen, während Form (b) etwas größeren Aufwand (bei leichtem Abgleich) erfordert.

Kontinuierliche Regelung muß sehr niederohmig geschehen, wenn die Parallelkapazitäten nicht ins Gewicht fallen dürfen. Zweckmäßig werden große Bereiche in Grobstufen umgeschaltet und eine stufenlose Feinregelung (1:2 bis zu 1:10) etwa hinter einem Kathodenfolger vorgenommen. Abb. 44 bringt zwei Formen: im Fall (a) ändert sich mit der Regelung auch die Gleichspannungs-

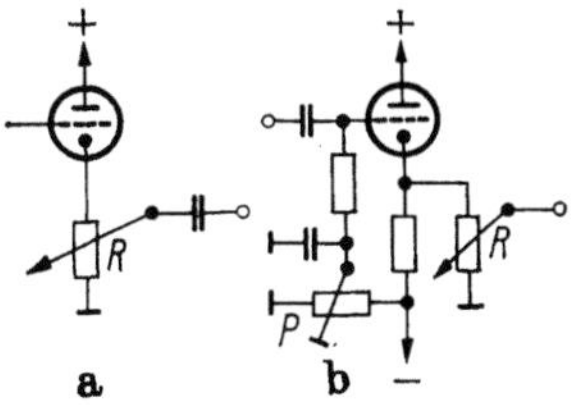

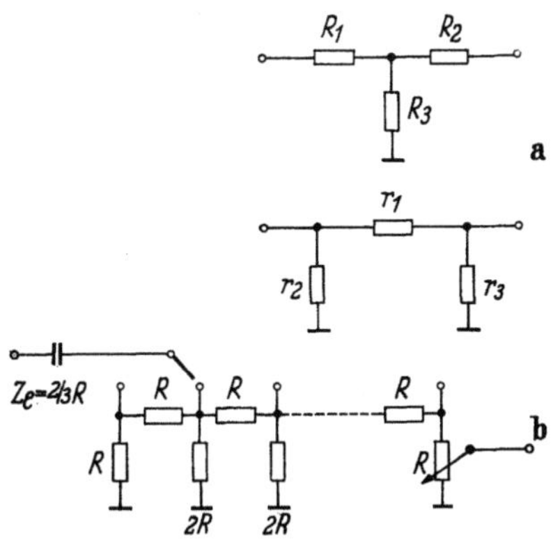

Abb. 44. Amplitudenregelung am Kathodenfolger (a) und mit unterdrücktem Gleichspannungsanteil (b)

komponente, während in (b) die Kathode in Ruhe auf Nullpotential (mit Hilfe von P) gehalten wird, so daß der Schleifer an R in jeder Stellung gleichspannungsfrei bleibt. Solange P wesentlich kleiner als der Gitterableitwiderstand ist, arbeitet die Stufe innerhalb ihrer Grenzbedingungen frequenzunabhängig.

Abschwächer für Nanosekundenimpulse (Mikrowellen) liegen meist hinter Kabeln und müssen dem Wellenwiderstand Z angepaßt sein. Oft genügt wegen der geringen Werte von Z ein einfacher ohmscher Spannungsteiler mit kapazitäts- und induktionsarmen Widerständen.

Abb. 45. Symmetrische Abschwächer: (a) feste Teilung, (b) variable Stufenteilung

Bewährt haben sich kleine Bausteine mit passendem Steck- und Buchsenanschluß, die als T- oder Π-Glieder ausgeführt werden, damit sie in beiden Richtungen verwendet werden können. Für diese Abschwächer (Abb. 45) gilt: $R_1 = R_2 = (1-\alpha)Z$, $R_3 = \alpha Z$ (T-Glied) bzw. $r_2 = r_3 = (1+\alpha)Z$, $r_1 = \left(\dfrac{1}{\alpha} - 1\right)Z$ (Π-Glied), bei einer Abschwächung auf den Wert α (<1). Sie sind für hochohmigen Eingang der folgenden Stufe gedacht. Wird dagegen ein weiteres Kabel oder eine niederohmige Last angelegt, müssen die Werte so berechnet werden, daß bei dem gewünschten Abschwächungsverhältnis beide Kabel ihren richtigen Abschlußwiderstand sehen. Übergänge von einer Kabelsorte zu einer anderen sind auf diese Weise möglich, aber stets mit Abschwächung verbunden. Auch längere Ketten mit Stufenschalter sind gebräuchlich, Abb. 45b zeigt ein Beispiel [*131*]. Verzögerungskabel mit $Z = 1\cdots3$ kΩ besitzen einen zusätzlichen Dämpfungsfaktor durch ihren ohmschen Widerstand, der proportional zur Länge ist.

In Gegentakt- und Differenzverstärkern (S. 74) wird eine kontinuierliche Abschwächung zwischen den beiden Kathoden vorgenommen: Abb. 46 a. Der Regler R soll auch hier niederohmig und kapazitätsarm sein (für ein Regelverhältnis von 10:1 liegt R in der Größenordnung von R_k). Der Regelbereich kann vergrößert werden, wenn beide Gitterableitungen über Kreuz angeschlossen werden (Abb. 46b), bzw. bei gleichem Regelbereich kann R kleiner gewählt werden.

Bei kleinen Signalamplituden kann auch die Steilheit einer Röhre zur Verstärkungsregelung verändert werden (variable negative Vorspannung). Geeignete Regelröhren mit annähernd exponentieller Kennlinie halten die Verzerrungen (Kreuzmodulation) gering. In Präzisionsmeßanlagen ist diese Regelweise jedoch nicht empfehlenswert (geringe Langzeitkonstanz).

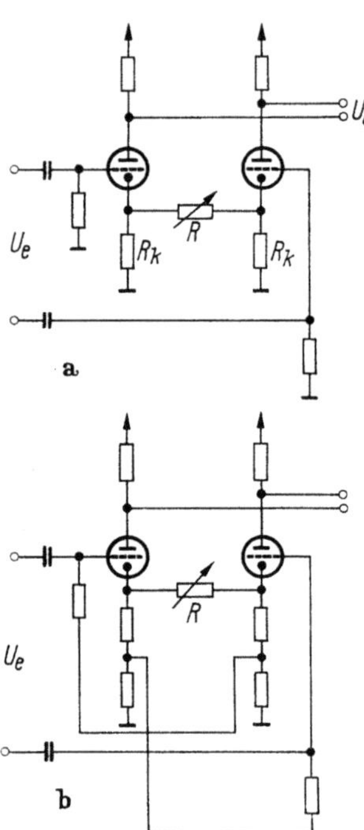

Abb. 46. Amplitudenregelung bei Gegentaktstufen (R = 100$\cdots$5000 Ω)

(Ferrit-) Impulstransformatoren eignen sich ebenfalls zur Abschwächung und Umpolung, sind aber schwierig anzupassen.

2. Verstärkung

Eine der häufigsten und wichtigsten Operationen ist die Signalverstärkung, ihr wird daher ein größerer Abschnitt gewidmet. Nach einigen allgemeinen Gesichtspunkten folgen die Grundschaltungen und die gebräuchlichsten Verstärkerbausteine. Nicht aufgenommen ist die geläufige Technik der Hoch- und Niederfrequenzverstärker sowie Resonanzverstärker, über die umfangreiche Literatur besteht. Ebenso wird auf die Gruppe der magnetischen Verstärker nicht eingegangen [*13, 16*]. Während einige Verstärkertypen in großer Auswahl im Handel sind und sich ein Selbstbau nur noch selten lohnt, sind für die häufigen Sonderfälle und zur Einarbeitung die nötigen Unterlagen im folgenden zusammengestellt worden.

Allgemeines

Unter Verstärkung im engeren Sinne soll die Vergrößerung der Signalamplitude unter Beibehaltung der Signal*form* verstanden werden. Das Verhältnis der Amplituden soll dabei konstant bleiben, d. h. man hat es mit *linearen* (auch Proportional-)Verstärkern zu tun. Aus räumlichen und konstruktiven Gründen trennt man häufig Vor- und Hauptverstärker. *Vorverstärker* sitzen dicht an der Signalquelle und haben vorwiegend die Aufgabe, die (sehr kleinen) Signale um den Faktor 5···10 über den Untergrundstörspiegel (Rauschen usw.) anzuheben und an ein (oft recht langes) Verbindungskabel (niederohmig) anzupassen. Sie sollen rauscharm und Mikrophonie-unempfindlich sein. Wenn bei sehr hoher Nachverstärkung der Netzbrumm stört, werden die Röhren mit Gleichstrom geheizt. Der folgende *Hauptverstärker* wird heute allgemein für maximal 100 V Ausgangssignal (positiv) ausgelegt und muß in seinen Eigenschaften sorgfältig an das Meßproblem angepaßt werden. Während sog. *Breitbandverstärker* ein möglichst breites Frequenzband übertragen, um die Impulsform nicht zu verändern, sollen *Impulsverstärker* vorwiegend das Amplitudenspektrum und die Anstiegsflanken extrem linear und konstant verstärken, vgl. [*306*]. Sehr langsame Signale und Gleichspannungswerte werden in *Gleichstromverstärkern* verarbeitet, die besondere Schwierigkeiten bereiten (zeitliche Konstanz, Isolationsprobleme usw.).

Anforderungen. Beim Entwurf sind die Verstärkerkenngrößen, die sich teilweise widersprechen, gegeneinander abzuwiegen. Der erforderliche Verstärkungsgrad (zwischen 10 und 10^6) bestimmt in erster Linie den Aufwand zusammen mit dem Frequenzgang (Zeitkonstanten). Die Konstanz und die Linearität muß häufig unter 1% Abweichung liegen. In Impulsverstärkern wird oft eine sehr große Übersteuerungsfähigkeit gefordert; übergroße Signale dürfen also nicht blockieren oder störendes Überschwingen verursachen.

Rauschen. Die oberste sinnvolle Grenze des Verstärkungsgrades ist durch das Rauschen des Verstärkereinganges (erste und unter Umständen zweite Stufe) gegeben. Jeder Widerstand und jede Röhre erzeugt eine bestimmte Rauschleistung N_r. Die an einem Widerstand R auftretende (thermische) Rauschleistung (= Rauschspannungsquadrat pro Hz Bandbreite b) ist durch die Nyquist-Formel

$N_r = \dfrac{U_r^2}{b} = 4\,k\,T_0\,R$ bestimmt $(k = 1.38 \cdot 10^{-23}\ \text{Wsec}/^\circ\text{K}\,;\ 4\,k\,T_0$
$= 1.6 \cdot 10^{-21}\ \text{Wsec bei } 20^\circ\,\text{C})$. R ist fast immer der Arbeitswiderstand der Signalquelle und kann auch der Realteil eines komplexen Widerstandes sein. Die stets vorhandene Parallelkapazität C bewirkt eine frequenzabhängige Verteilung der Rauschdichte (,,farbiges Rauschen''): $\dfrac{U_r^2}{b} = \dfrac{4\,k\,T_0\,R}{1 + (\omega RC)^2}$. Das Gesamtrauschen $U_r^2 = \dfrac{k\,T_0}{C}$ ist dagegen unabhängig von R. In der Praxis liegt jedoch hinter der Rauschquelle ein Verstärker mit unterer und oberer Frequenzgrenze (S. 59). Durch ihn wird der aus dem Rauschspektrum herausgeschnittene Teil mit wachsendem R reduziert (großes R verlagert die hohen Rauschdichten nach tieferen Frequenzen).

Das Röhrenrauschen setzt sich vorwiegend aus drei Anteilen zusammen. Der *Schroteffekt* verursacht eine Rauschleistung $\dfrac{U_{r1}^2}{b}$ $= 4\,k\,T_0\,R_\ddot{a}$, bei der das Röhrenrauschen auf einen vor dem Gitter liegenden ,,äquivalenten Rauschwiderstand'' $R_\ddot{a} \approx \dfrac{A}{S}$ (Triode) projiziert wird ($A = 2{,}5\cdots3$ bei Oxydkathoden, bei Modulator- bzw. Mischstufen ist A bis fünfmal größer). Bei Pentoden ist $R_\ddot{a} \approx \dfrac{A}{S}\,\dfrac{I_a}{I_k} +$ $+ B\,\dfrac{I_a}{S^2}\,\dfrac{I_{g2}}{I_k}$ (Verteilungsrauschen, $B \approx 20\ \text{V}^{-1}$). Den zweiten Anteil bildet das *Gitterstromrauschen* (vgl. S. 11), das bei sehr großem R überwiegt: $\dfrac{U_{r2}^2}{b} = \dfrac{2\,e\,I_g^+}{(\omega C)^2}$ ($e = 1.6 \cdot 10^{-19}$ Asec). Wenn $U_{r1} = U_{r\ \text{thermisch}}$, ist $R \cdot I_g^+ \approx 0.05$. Schließlich kann bei Frequenzen unter $20\cdots50$ kHz der *Funkeleffekt* stören. — Die Abhängigkeit von den Zeitkonstanten T_1 und T_2 (Abb. 47) kann wie oben angegeben werden: $U_{r1}^2 = k\,T_0\,R_\ddot{a}\,\dfrac{T_1}{T_2\,(T_1 + T_2)}$ bzw. $U_{r2}^2 = \dfrac{e \cdot I_g^+}{2\,C^2}\,\dfrac{T_1^2}{T_1 + T_2}$. Folgt eine zweite Verstärkerstufe, so läßt sich ihr Rauschen ebenfalls auf den Eingangsrauschwiderstand $R_\ddot{a}$ projizieren: $R_{\ddot{a}12} = R_{\ddot{a}1} +$ $+ \dfrac{R_{\ddot{a}2}}{V_1^2}$ ($V_1 = $ Verstärkungsgrad der ersten Stufe). Neben der Rechenweise mit Rauschwiderständen (an Stelle von Rauschspannungen oder -leistungen) hat sich der Begriff der Rauschzahl $F = \dfrac{U^2}{4\,k\,T_0\,R}$ eingebürgert, der angibt, wieviel die Rauschleistung (in Einheiten $k\,T_0$) größer als in einem rauschfreien Verstärker ($F = 1$) ist. Bei zwei Stufen ist $F_{12} = F_1 + \dfrac{F_2 - 1}{V_1}$, weitere Stufen können fast immer vernachlässigt werden, da das Signal genügend hoch über dem Rauschen liegt. Bei gleichbleibendem Signal/Stör-verhältnis braucht man $\sqrt{F}$ mal höhere Signalspannung, wenn F ansteigt.

Eine Gegenkopplung (bei konstanter Bandbreite) ändert das Signal/Störverhältnis nicht, dagegen bringen geeignete rauscharme Röhren Ergebnisse, die dem maximal möglichen Wert nahe kommen. Die in der Hf-Technik bewährte Cascode-Schaltung (Abb. 65 d) ist eine auch für Impulsverstärkereingänge günstige rauscharme Lösung. Stets ist anzustreben, daß das Rauschen des Signalquellen-widerstandes so hoch wie möglich über dem Rauschen des Ver-stärkereinganges liegt. Über Rauschprobleme und Rauschmessungen gibt es ausführliche Literatur, z. B. [*17, 25, 43, 56*].

Zeitkonstanten. Jeder Verstär-ker besitzt eine endliche Band-breite, oder allgemein: eine untere und obere Frequenzgrenze (ω_1 und ω_2). Im Sonderfall eines Gleichstromverstärkers (S. 82) ist $\omega_1 = 0$. Abb. 47 zeigt das Ersatz-bild eines Verstärkers, in dem das

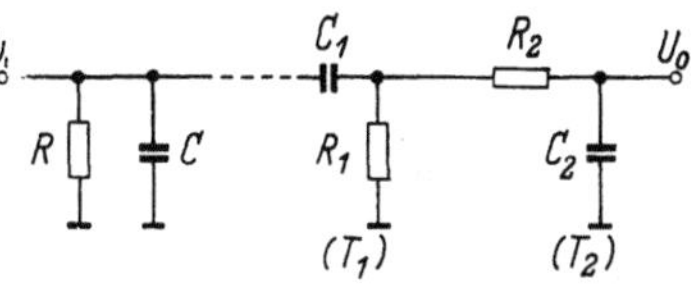

Abb. 47. Ersatzbild der Zeitkonstanten einer Signalquelle und anschließendem Verstärker

Differenzierglied R_1C_1 die untere und das Integrierglied R_2C_2 die obere Grenzfrequenz bestimmt. In R_1 bzw. R_2 ist dabei der Innen-widerstand der jeweiligen vorhergehenden Spannungsquelle ent-halten, dessen Wert sehr klein gewählt wird. Nach der üblichen

Definition ist $\omega_1 = \dfrac{1}{R_1\,C_1}$ und $\omega_2 = \dfrac{1}{R_2\,C_2}$. Bei diesen Grenzfre-quenzen fällt die mittlere Amplitude (um 3 db) auf den $1/\sqrt{2}$ Teil ab. Das Glied RC stellt die Signalquelle selbst dar, sei es ein Wandler (S. 21), ein Impulsgeber oder ein Strahlungsdetektor (S. 48). Durch R und C wird die primäre Signalform wesentlich bestimmt (Ampli-tudenverlauf, Anstiegs- und Abfallzeit).

Untere Grenzfrequenz. Das Glied R_1C_1 in Abb. 47 ist meist in der Form von Abb. 51 gegeben (R_gC_1). Der Abschwächungsfaktor

bei der Frequenz ω ist $\beta = 1/\sqrt{1 + \dfrac{1}{(\omega R_1 C_1)^2}}$. Der Phasenwinkel

beträgt $\cot\varphi = \omega R_1 C_1$; φ ist 45° bei ω_1. Sollen also Phasenver-schiebungen vermieden werden (einige Grad sind oszilloskopisch bereits sichtbar), muß ω_1 entsprechend tief gelegt werden. Häufig interessiert der Abfall des Plateaus eines Rechteckimpulses, das exponentiell mit R_1C_1 abfällt. Eine periodische Rechteckschwin-gung der Periode T erleidet bei jedem Plateau der Länge αT ($\alpha < 1$) einen Abfall von U_1 auf U_2: Abb. 48. Der Zusammenhang mit φ ist durch die Beziehung $\dfrac{U_2}{U_1} = e^{-2\pi a \tan \varphi}$ gegeben. Im Falle einer symmetrischen Rechteckschwingung $(a = 0,5)$ ist $\tan \varphi = \dfrac{-1}{\pi} \ln \dfrac{U_2}{U_1}$,

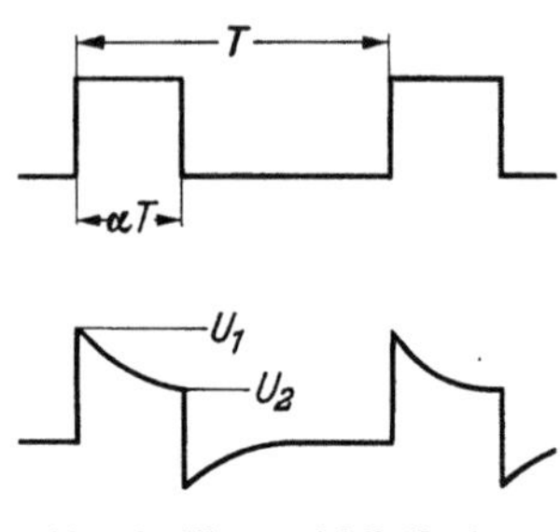

Abb. 48. Plateauabfall (Dachschräge) bei zu hoher unterer Grenzfrequenz

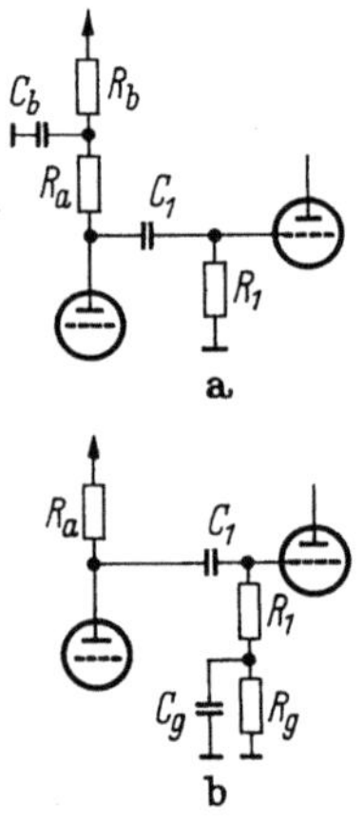

hierbei läßt sich U_1 und U_2 aus dem Oszillogramm sofort ablesen. Ferner haben auf ω_1 auch die Überbrückungskondensatoren an Kathode und Schirmgitter Einfluß. Eine einfache Methode der Kompensation der Zeitkonstanten $R_1 C_1$ (bzw. $R_k C_k$ und $R_{g2} C_{g2}$) bietet das Siebglied $R_b C_b$ in Abb. 49a, wenn die Bedingung erfüllt ist: $R_1 C_1 = C_b \dfrac{R_a R_b}{R_a + R_b} \approx R_a C_a$ (wenn $\omega R_b C_a \gg 1$). In mehrstufigen Verstärkern gilt entsprechend $\dfrac{1}{R_a C_b} = \dfrac{1}{R_1 C_1} + \dfrac{1}{R_1' C_1'} + \ldots$. Auch gitterseitige Kompensation ist möglich (Abb. 49b), wenn $R_1 C_1 \approx R_g C_g$ [*307*]. R_g kann ein Einstellpotentiometer sein.

Das Differenzierglied $R_1 C_1$ hat große Bedeutung bei dichter Signalfolge (hoher Zählrate). Bei großer Zeitkonstante T_1 (wie sie etwa zur Formerhaltung langsamer Signale nötig ist) tritt ein Aufstocken ein: Abb. 50a, das die mittlere Nullage und damit den Arbeitspunkt der folgenden Röhre erheblich verschieben kann (base line shift). In gewissen Grenzen kann man dies mit einem „schwimmenden" Kathodenfolger abfangen (z. B. Abb. 66a), besser ist jedoch die Wahl einer genügend kleinen Zeitkonstante, um die (von der Signalquelle R, C) gelieferte Treppenform (Abb. 50a) in kurze Impulse der Form (b) umzuwandeln. Auf Überschwingvorgänge (S. 63) muß dabei geachtet werden. Bei sehr hohen Zählraten zieht man zweimalige Differentiation vor

Abb. 49. Kompensation der Zeitkonstante T_1 (Abb. 47): (a) anodenseitig, (b) gitterseitig

[*135, 155*]. Die Signalform besteht dann etwa aus einer positiven und einer negativen Halbwelle, deren Flächen gleich groß sind und keine Nullpunktsverschiebung hervorrufen können. Differenzierstufen sind im Abschnitt 3.3.2 behandelt.

Obere Grenzfrequenz. Hier gilt die Schaltung in Abb. 51 an Stelle des Symboles $R_2 C_2$ in Abb. 47: C_1 kann vernachlässigt werden, und

R_2 setzt sich aus der Parallelschaltung von R_i, R_a und R_g zusammen: $\dfrac{1}{R_2} = \dfrac{1}{R_i} + \dfrac{1}{R_a} + \dfrac{1}{R_g}$. Die gesamte Parallelkapazität C_2 enthält vier Anteile: die Anodenkapazität C_a, die Eingangs- (C_e) und Gitter/Anodenkapazität (C_{ga}) der Folgeröhre, sowie die Schaltkapazität C_s; $C_2 = C_a + C_s + AC_e + BC_{ga}$. Dabei sind A und B Gewichtsfaktoren, die von der Art der folgenden Verstärkerstufe abhängen. Bei einem Kathodenfolger (S. 66) ist $A = (1 - V)$ und $B = 1$, während der Anodenverstärker (S. 66) die Werte $A = 1$ und $B = (1+V)$ verlangt ($V =$ Verstärkungsfaktor). Bei Pentoden ist statt C_{ga} hauptsächlich C_{g1g2} wirksam. Mit R_2 und C_2 ergeben sich die entsprechenden Werte $\beta = {}^1\!/\!\sqrt{1 + (\omega R_2 C_2)^2} = \cos\varphi$ und $\tan\varphi = -\omega R_2 C_2$ (meist sind maximal 10° tragbar). Die erwünschte Bedingung $\varphi = \mathrm{const}\ \omega$ ist bei hohen Frequenzen (im Gegensatz zu den tiefen) durchaus erfüllbar. Bei ω_2 ist $\varphi = -45°$. Häufig kann man $\dfrac{\omega_2}{2\pi} = f_2 = b$ (Bandbreite) setzen, wenn $\omega_1 \ll \omega_2$ ist. Das Impulsverhalten wird durch die *Anstiegszeit* beschrieben. Ein idealer Rechtecksprung erscheint hinter $R_2 C_2$ als exponentieller Anstieg mit einer Zeitdauer (zwischen 0,1 und 0,9 der Maximalamplitude) $t_r \approx 2,2\,R_2 C_2$. Die Grenzfrequenz $\omega_2 = \dfrac{1}{R_2 C_2}$ ist daher mit ihr durch die Beziehung verknüpft: $t_r \omega_2 \approx 2,2$ oder $bt_r \approx 0,35$, wobei die Bandbreite $b = f_2 - f_1 \approx f_2$ gesetzt wurde ($f_2 \gg f_1$). Allgemein hängt die Verstärkung $V = S\,R_2 = \dfrac{S}{C_2} \cdot \dfrac{1}{\omega_2} \approx \dfrac{S}{C_2} \cdot \dfrac{t_r}{2,2}$ nur noch vom Quotienten $\dfrac{S}{C}$ ab, der die Wahl der Röhre und die höchste mögliche Frequenzgrenze bestimmt, bei der V auf $V = 1$ abgesunken ist. Oft wird auch das Gütemaß $F = V\,b = \dfrac{S}{2\pi C_2}$ benützt ($S =$ Röhrensteilheit). Parallelschaltung verändert den Wert von S/C nicht. Bei n-stufigen Verstärkern wird $t_{rn} = \sqrt{n} \cdot t_r$ bei n gleichen Stufen, und $V = \left(\dfrac{2\pi t_r F}{\sqrt{n}}\right)^n$. Sind die Anstiegszeiten der durchlaufenen Stufen ungleich, ist $t_{rn} \approx \sqrt{t_{r1}^2 + t_{r2}^2 + \dots}$. Diese geometrische Addition ist bei oszillographischen Messungen der Anstiegszeit zu berücksichtigen: die auf dem Bildschirm erscheinende

Abb. 50. Wirkung eines Differenziergliedes auf eine Signalfolge

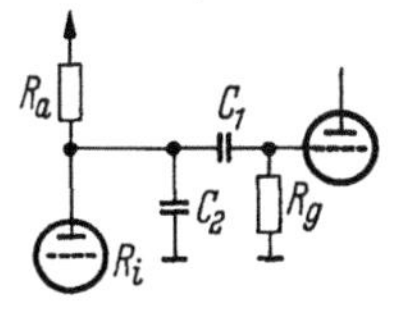

Abb. 51. Ersatzbild eines Anodenverstärkers bei sehr hohen Frequenzen

Anstiegszeit t_r' ist infolge des Verstärkereinflusses (t_{rv}) verlängert worden. Die tatsächliche Signalanstiegszeit beträgt dann etwa $t_r \approx \sqrt{t_r'^2 - t_{rv}^2}$.

Wird in Abb. 47 die (ideal gedachte) Verstärkung hinter die beiden Glieder R_1C_1 und R_2C_2 verlegt, also nur T_1 und T_2 in Betracht gezogen, so läßt sich das Verhalten eines Verstärkers gegenüber einem Eingangssignal mit der Anstiegszeit t_r berechnen [17] und eine Auflösezeit $t_a = \dfrac{U_e}{U_o} T_1$ definieren. Das Eingangssignal U_e erreicht am Ausgang die Amplitude $U_o < U_e$, der Reduktionsfaktor

$$\text{beträgt } \frac{U_o}{U_e} = \frac{T_1}{t_r} \cdot \frac{\left(e^{t_r/T_1} - 1\right)^{T_1/T_1 - T_2}}{\left(e^{t_r/T_2} - 1\right)^{T_2/T_1 - T_2}} \text{ , (vgl. ballistisches Defizit,}$$

z. B. [56]).

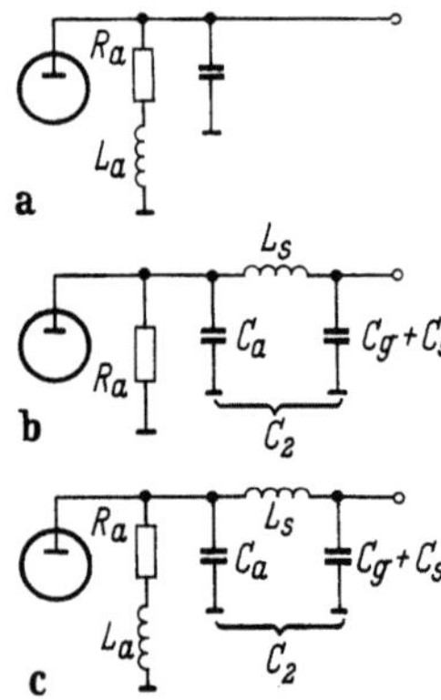

Abb. 52. L-Kompensation bei hohen Frequenzen

Die obere Frequenzgrenze bzw. die Anstiegszeit einer Verstärkerstufe läßt sich verbessern durch eine Kathodenkombination $R_k C_k = R_a C_2$ (vgl. Abb. 51), ferner durch induktive Kompensation der Streukapazität C_2. Abb. 52 zeigt die drei gebräuchlichen Formen: Shunt-, Serien- und kombinierte Kompensation. Dabei wird ein Gütefaktor $q = \dfrac{\omega_2 L}{R_a}$ frei gewählt. Ein Wert von $q = 0{,}25$ ergibt kritische Kompensation, $q = 0{,}414$ größte Bandbreite bei flachem Frequenzgang. Häufig wählt man $q = 0{,}5$, trotz des Überschwingens (etwa 7%), das in zunehmendem Maße bei Werten von $q > 0{,}25$ auftritt. Es ist in Breitbandverstärkern unerwünscht, stört oft in reinen Impulsverstärkern wenig (vgl. S. 57). In den drei Fällen von Abb. 52 lassen sich R_a und L berechnen zu: (a) $L_a = 0{,}5 \, C_2 R_a{}^2$, $R_a = \dfrac{1}{\omega_2 C_2}$; (b) $L_s = 0{.}67 \, C_2 R_a{}^2$, $R_a = \dfrac{1{,}5}{\omega_2 C_2}$; (c) $L_a = 0{,}12 \, C_2 R_a{}^2$, $L_s = 0{,}52 \, C_2 R_a{}^2$, $R_a = \dfrac{1{,}8}{\omega_2 C_2}$. Dabei ist im Fall (b) und (c) $C_g = 2 \, C_a$ angenommen [22]. Während die relative Verstärkung ohne Kompensation bei ω_2 den Wert $\dfrac{1}{\sqrt{2}} \approx 0{.}7$ annimmt, steigt sie im Fall (a) auf 1, in (b) auf 1,5 und in (c) auf 1,8 an, anders ausgedrückt: bei konstantem Wert für R_a erhöht sich entsprechend ω_2. R_a kann in den meisten Fällen gleich R_2 gesetzt werden. Der Feinabgleich von L im fertigen Gerät läßt sich an einem Rechtecksignal unter Beobachtung des Überschwingens leicht vornehmen. Bei der Shuntkompensation ist die Einstellung der Resonanzfrequenz $\omega_r = \sqrt{2} \cdot \omega_2$ mit Hilfe eines Griddip-Meters einfacher. R_a muß dabei mit einer genügend großen Kapazität kurzgeschlossen werden. Ausführliche Darstellungen, auch für besonders gleichmäßigen Phasen- oder Frequenzgang, bietet die Literatur [12, 15, 22, 42, 43, 129, 350]. Jede Kompensation stellt eine Diskontinuität im zu übertragenden Spektrum dar und bringt ein Überschwingen mit sich (Gibbs-Phasensprung), das am geringsten ist, wenn der hochfrequente Abfall einem Gauss-Kurvenverlauf folgt.

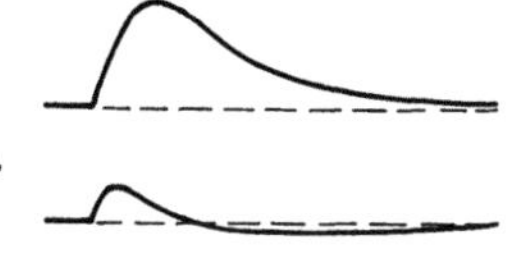

Überschwingen. Der oben beschriebene Differenzierprozeß in Impulsverstärkern (Abb. 47, R_1C_1) bringt zwangsläufig ein Über-(bzw. Unter-)schwingen mit sich, da sich die Ladungsänderung in C während des Signales wieder ausgleicht: Abb. 53a. Jedes weitere Differenzierglied fügt einen weiteren Nulldurchgang hinzu, so daß bei dicht aufeinanderfolgenden Signalen Amplitudenverfälschungen auftreten. Das

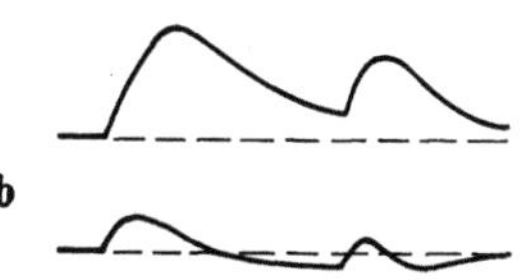

Abb. 53. Überschwingen eines Differenzrgliedes (a) und Überlagerung mit einem zweiten Signal (b)

Überschwingen der größten vorkommenden Signale darf bei den kleinsten (etwa dicht dahinter folgenden) Amplituden keine störenden Fehler ergeben (Abb. 53b). Mit der Impulsdauer τ und der Differenzierglied-Zeitkonstante $T_1 = R_1C_1$ ist das relative Überschwingen etwa $\ddot{u} \approx \dfrac{\tau}{T_1}$ $\left(\text{Spannungsverlauf } U_{\ddot{u}} \approx \dfrac{\tau}{T_1}\, e^{-\frac{t}{T_1}}\right)$ und bei zweimaligem Differenzieren innerhalb des Verstärkers (T_1 und T_1') etwa $\ddot{u} \approx \dfrac{\tau}{T_1}\dfrac{T_1'}{T_1}$. Günstig ist es, alle übrigen RC-Glieder um zwei oder mehr Größenordnungen über T_1 zu legen. Wird mit einem Kabel differenziert (S. 103), so gilt das gleiche. Jedoch hat man hier die Möglichkeit durch Anpassung der Kabeldämpfung nicht nur eigenes Überschwingen zu vermeiden, sondern auch vorhandenes zu kompensieren (Abschnitt 3.3.2). Auch mit schnellen Halbleiterdioden kann das Überschwingen abgekappt werden (Röhrendioden haben zu große Kapazitäten), mit besonders großer Wirksamkeit, wenn sie bereits verstärkte Amplituden erhalten, wie Abb. 54 zeigt [*252*].

Grundschaltungen

Abb. 55 zeigt schematisch die allgemeine Form eines Röhrenverstärkers, aus der sich die einzelnen Grundschaltungen durch Wahl der Basis und des Eingangs- und Ausgangspunktes ableiten lassen: Phasenumkehrstufe (*A*), Ano-

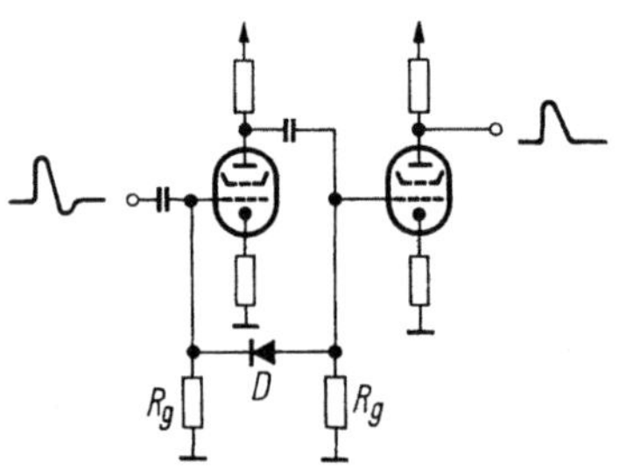

Abb. 54. Abkappen des Überschwingens mit Dioden (R_g einige 100 kΩ)

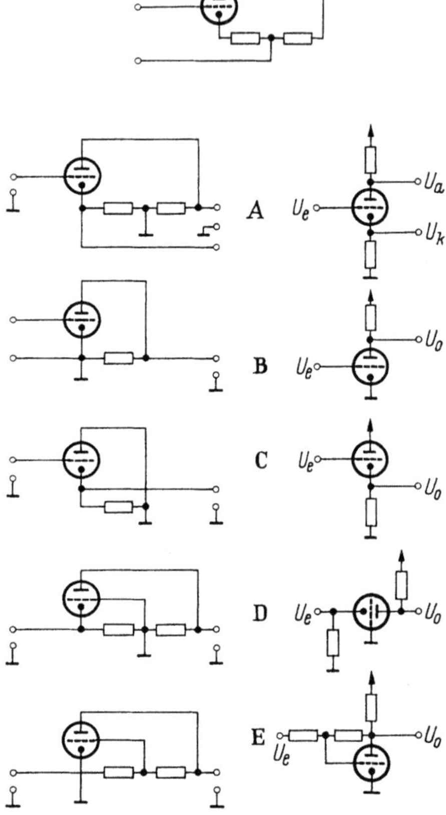

Abb. 55. Grundschaltung eines Verstärkers und Ableitung der bekannten Formen: A allgemeine Form (z. B. Phasenumkehrstufe), B Anodenverstärker, C Kathodenfolger, D Gitterbasisstufe, E operativer Verstärker

denverstärker (*B*), Kathodenfolger (*C*), Gitterbasisstufe (*D*) und operativer Verstärker (*E*)*. Die in der Praxis häufig benötigten Kenngrößen (Verstärkungsfaktor, Ausgangsimpedanz usw.) und die wesentlichen Eigenschaften werden im folgenden zusammengestellt. Die genauere Behandlung, namentlich die ausführliche Berechnung mit Hilfe der sehr nützlichen Ersatzschaltbilder, ist der umfangreichen Verstärkerliteratur [*17, 26, 40, 43, 129*] zu entnehmen. Die angegebenen Größen (U_a, I_k usw.) sind stets Signalwerte, also Wechsel-

---

* engl. operational amplifier. Als deutsche Bezeichnung dieser vorwiegend für mathematische Operationen verwendbaren Verstärkerstufe ist hier „operativer Verstärker" gewählt worden

stromgrößen, meist unter Vernachlässigung der Gleichstrom-
anteile.

A. Grundschaltung. Der allgemeine Fall einer *Verstärkerstufe*
mit Kathoden- und Anodenwiderstand besitzt zwei gegenphasige
Ausgänge an Anode und Kathode (Abb. 55 A). Die Verstärkung an
der Anode ist $V_a = \dfrac{U_a}{U_e} = \dfrac{-\mu\,R_a}{R_a + R_i + (\mu + 1)\,R_k} = \dfrac{-S\,R_a}{1 + \dfrac{R_a}{R_i} + S\,R_k}$.

Bei sehr großem Wert von R_i (Pentode) ist $V_a \approx -\mu\,\dfrac{R_a}{R_i} = -S\,R_a$,
während bei sehr kleinem R_i und R_k schließlich $V_a \to \mu$ wird. Um
bei Pentoden den Schirmgitterstrom zu berückschtigen, kann man
ansetzen: $V_a \approx -\dfrac{S\,R_a}{1 + S_k\,R_k}$ mit $S_k \approx S\left(1 + \dfrac{I_{g2}}{I_a}\right)$. Eine wichtige
Größe ist der Quellwiderstand (Blick auf die Anode), der parallel
zu R_a liegt, er beträgt $Z_a = R_i + (\mu + 1)\,R_k$. Die nachfolgende
Stufe sieht demnach die Parallelschaltung von Z_a und R_a, also den
Ausgangswiderstand $Z_{oa} = R_a\,\dfrac{R_i + (\mu + 1)\,R_k}{R_i + (\mu + 1)\,R_k + R_a}$.

Für die Verhältnisse an der Kathode gilt:
$$V_k = \frac{U_k}{U_e} = \frac{\mu\,R_k}{R_a + R_i + (\mu + 1)\,R_k} = \frac{S\,R_k}{1 + \dfrac{R_k}{R_i + R_a} + S\,R_k}\ .$$

Der Quellwiderstand $Z_k = \dfrac{R_i + R_a}{\mu + 1}$ erscheint am Ausgang parallel
zu R_k, also $Z_{ok} = \dfrac{R_i + R_k}{(\mu + 1) + \dfrac{R_i + R_a}{R_k}}$. Wird $R_a = R_k = R$ gewählt,

sind die beiden Ausgangsspannungen (bei einer Triode) gleich groß
(Gegentakt-Phasenumkehrstufe, phasesplitter) und die Verstärkung
wird $V = \dfrac{U_{ak}}{U_o} = \dfrac{2\,\mu\,R}{(\mu + 2)R + R_i} = \dfrac{2\,S\,R}{1 + SR + \dfrac{2\,R}{R_i}} \approx \dfrac{2\,S\,R}{1 + SR}$ (wenn

$R_i \gg R$), kann also höchstens den Wert 2 erreichen. Die Ausgangswiderstände (Z_{oa}, Z_{ok}) weichen stark voneinander ab. Die kapazitive
Symmetrie wird gewahrt, wenn etwa $C_k \approx C_a + 2\,C_{ga}$.

Die wirksame Eingangskapazität der Stufe C_e setzt sich aus den
von Anode und Kathode beeinflußten Anteilen C_{ga} und C_{gk} zusammen: $C_e = C_{ga}(1 + V_a) + C_{gk}(1 - V_k)$. Bei Pentoden kommt
der Wert von C_{g1g2} hinzu, dessen Gewicht bei festgehaltenem
Schirmgitter gleich 1 ist, bei an die Kathode gebundenem Schirmgitter aber $(1 - V_k)$. Sehr oft kann bei Pentoden C_{ga} vernachlässigt
werden.

Im Kennlinienfeld wird Arbeitspunkt und Aussteuerbereich mit
der Widerstandsgeraden $R_a + R_k$ (vgl. Abb. 3) bestimmt, die von
der Röhre gesehen wird. Die genaue Konstruktion folgt im Ab-

schnitt C (S. 70); dort läßt sich aus der I_a/U_e-Kurve auch die U_a/U_e-Kurve ableiten $\left(\text{Transformation}: \dfrac{I_a}{R_a} = U_a\right)$. Fehlt R_a oder R_k (bzw. ist einer von beiden Widerständen wechselstrommäßig kurzgeschlossen, also kapazitiv überbrückt), so ergibt sich der Kathodenbasis- (C), bzw. der Anodenbasisverstärker (D).

B. Anodenverstärker. Bei dem *Kathodenbasis-*(Anoden-)*Verstärker* (Abb. 55C) ist $R_k = 0$ oder R_k dient nur zur statischen Gitterspannungserzeugung und ist für Signale überblockt. Aus den obigen Gleichungen ergibt sich der Verstärkungsfaktor zu

$$V = -\frac{\mu R_a}{R_a + R_i} = -S\frac{R_a R_i}{R_a + R_i} = -S R'.$$

R' ist dabei die Parallelschaltung von R_a und R_i und wird bei Pentoden $R' \approx R_a$. Ferner rechnet man bei Pentoden zweckmäßig mit dem Wert $S R_i = \mu$ an Stelle von μ, da μ sehr groß und schlecht definiert ist. Der Ausgangswiderstand Z_{oa} ist $Z_{oa} = R'$. Zu beachten ist vor allem bei Trioden die (durch den Miller-Effekt vergrößerte) effektive Gitter/Anodenkapazität $C_{ga}' = C_{ga}(1+V)$, während bei Pentoden C_{ga} meist erheblich kleiner ist und von C_{g1g2} übertroffen wird.

C. Der Kathodenfolger (Anodenbasisverstärker) wird seiner Bedeutung wegen etwas ausführlicher behandelt. Hier ist $U_e = U_{gk} + U_k$, $V = \dfrac{U_k}{U_e}$ und $U_{gk} = U_e(1-V)$. Aus den Beziehungen $U_k = I_a R_k$ und $\mu U_{gk} = I_a(R_k + R_i)$ läßt sich die Gleichung

$$V = \frac{U_k}{U_e} = \frac{\mu R_k}{(1+\mu) R_k + R_i}$$

herleiten, die sich auch aus dem Fall B mit $R_a = 0$ ergibt. Bei Pentoden ist (mit $\mu = R_i S$) die Form

$$V = \frac{S R_k}{1 + SR_k + \dfrac{R_k}{R_i}}$$

günstiger. Wieder lassen sich oft Näherungen verwenden: mit $R_i \ll (\mu+1)R_k$ (Triode) wird $V \approx \dfrac{\mu}{\mu+1}$ (theoretisch höchste Leerlaufverstärkung, wenn $R_k \longrightarrow \infty$). Bei sehr großem R_i (Pentode) ist $V \approx \dfrac{S R_k}{1 + SR_k}$ oder $(1-V) = \dfrac{1}{1 + SR_k}$. Da $V = S Z_{ok}$, läßt sich der Quellwiderstand $Z_k = \dfrac{R_i}{\mu+1} \approx \dfrac{1}{S}$ bzw. der Ausgangswiderstand $Z_{ok} = \dfrac{R_i R_k}{R_i + (\mu+1) R_k}$ angeben, wie auch aus dem Fall B mit $R_a = 0$ ersichtlich ist. Zur schnellen Abschätzung genügt meist die Näherung $Z_{ok} \approx \dfrac{R_k}{1 + SR_k} \approx \dfrac{1}{S}$ (da $SR_k \gg 1$) und bei großem R_i wird $Z_{ok} \approx R_k(1-V)$. Soll der Wert von V, der stets $V < 1$ ist, dem Wert 1 möglichst nahe kommen, wird R_k sehr groß gewählt und durch Ableitung zu einer negativen Spannungsquelle (Abb. 59e) oder durch Mitführen [319] von einem zweiten Kathodenfolger her

(Abb. 56.) oder durch Ersatz durch eine Röhre (S. 75) der statische Arbeitspunkt des Kathodenfolgers hergestellt. Eine parallel zu R_k liegende Kapazität C_k geht nur mit dem Anteil $\frac{1}{S}$ in die Verstärkung ein:

$$V_c = 1 \Big/ \sqrt{\left(1 + \frac{1}{\mu} + \frac{1}{SR_k}\right)^2 + \left(\frac{\omega C_k}{S}\right)^2}.$$

Liegt in Serie mit R_k eine Induktivität L_k, erhält man

$$V_L = \frac{\left(1 + \frac{\omega L_k}{R_k}\right)}{\sqrt{\left(1 + \frac{1}{\mu} + \frac{1}{SR_k}\right)^2 + \left(\frac{\mu+1}{\mu} \cdot \frac{\omega L_k}{R_k}\right)^2}}.$$

Die Gitterkapazität C_{gk} wird auf den Betrag $C_{gk}' = C_{gk}(1-V)$ reduziert, da infolge der gleichphasig mitlaufenden Kathode der Ladungstransport Kathode/Gitter $Q_{gk} = C_{gk} U_{gk} = C_{gk} U_e(1-V)$ ist. Die effektive Eingangskapazität, die eine vorhergehende Stufe belastet, kann aus Fall B abgeleitet werden. Bei Trioden ist $C_e = C_{gk}(1-V) + C_{ga}$, bei Pentoden $C_e = (C_{gk} + C_{g1g2})(1-V) + C_{ga}$, wenn das Schirmgitter g_2 an die Kathode gebunden ist (Abb. 57). Der Eingangswiderstand R_e, den das Signal sieht, kann annähernd auf den $(1 + SR_k)$fachen Wert von R_g vergrößert

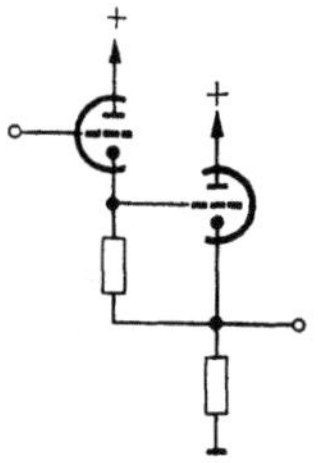

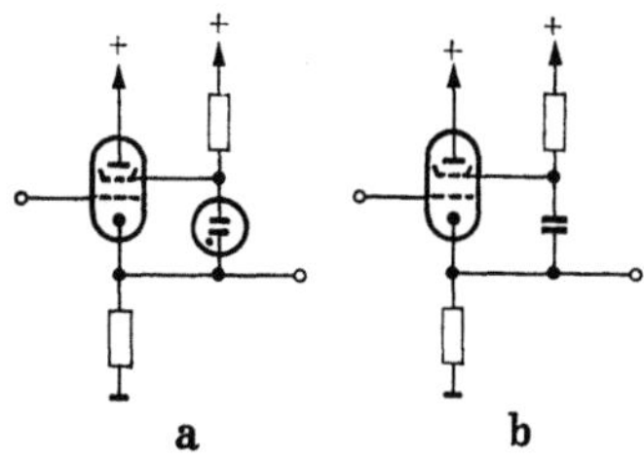

Abb. 56. Vergrößerung des Kathodenwiderstandes bei einem Kathodenfolger durch Mitführung aus einer zweiten Stufe

werden, wenn R_g an der Kathode liegt (Abb. 59b). Mit sehr hochohmigem R_g lassen sich Elektrometer-Eingangsschaltungen [229] aufbauen, die nur wenige Prozent der statischen Gitterkapazität besitzen.

Die Verwendung von Pentoden als Kathodenfolger verlangt konstante Spannung zwischen g_2 und k. Diese kann durch gesonderten (schwimmenden) Netzteil, einfacher durch eine Glimmstrecke (Abb. 57a) oder für kurze Signale mit einer Kapazität erreicht werden (Abb. 57b).

a   b

Abb. 57. Schirmgitterspannungs-Erzeugung bei einem Pentoden-Kathodenfolger

Ist U_{g2} konstant gegen Erde, arbeitet die Röhre wie eine Triode, kann aber häufig mit höherem Anodenstrom betrieben werden.

Zeitkonstanten. Die kürzeste Anstiegszeit, die der Kathodenfolgerausgang erreichen kann, ist durch die gesamte Lastkapazität C_k (parallel zu R_k) bestimmt: $t_r \approx 2{,}2\, C_k Z_{0k} \approx 2{,}2\, C_k R_k\,(1-V)$, sie ist also um etwa das $(1-V)$fache kürzer als die Zeitkonstante der Kathodenkombination $R_k C_k$ allein. Bei noch kürzeren

Anstiegszeiten des Eingangssignales sind zwei Fälle zu unterscheiden: positive Signale erscheinen mit dem Wert t_r, aber verminderter Amplitude am Ausgang (Abb. 58a); das schneller als die (langsam folgende) Kathode hochgerissene Gitter zieht Gitterstrom. Bei negativen Impulsen dagegen fällt die Kathode mit t_r nur so lange ab, wie die Röhre noch im Aussteuerbereich liegt. Bei großen Amplituden wird das Gitter rasch negativer als die (wiederum langsame) Kathode und die Röhre wird bei Erreichen des Sperrspannungswertes U_{gsp} (Abb. 58b) blockiert. Von diesem Zeitpunkt an fällt die Kathode mit ihrer eigenen Zeitkonstanten $t_k = R_k C_k$ ab. Negative schnelle Signale sind daher benachteiligt. Durch Wahl des Arbeitspunktes können die Bedingungen verbessert werden: Hochlegen des Gitters im Ruhepunkt (Abb. 59b, c, d) oder Speisung des Kathodenwiderstandes aus einer negativen Spannungsquelle (Abb. 59e). Analog zu den Anstiegszeiten t_r bzw. t_k läßt sich die obere Grenzfrequenz ω_2 definieren zu

$$\omega_2 = \frac{1}{C_k Z_{ok}} = \frac{R_i + (\mu + 1)R_k}{C_k R_k R_i} = \frac{1}{C_k R_k (1 - V)} \approx \frac{1 + S R_k}{C_k R_k}.$$

Umgekehrt kann ein erforderlicher Kathodenwiderstand bestimmt werden zu

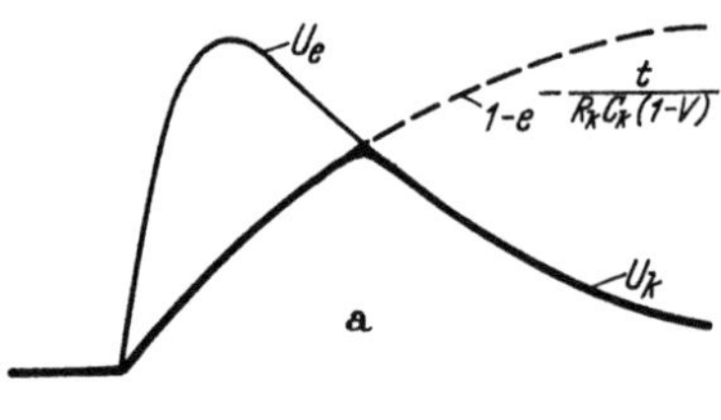

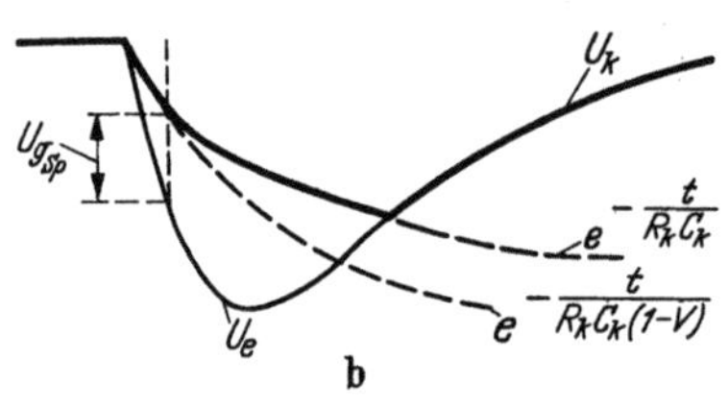

Abb. 58. Positives (a) und negatives (b) Ausgangssignal U_k bei einem Kathodenfolger

$$R_k = \frac{1}{\omega_2 C_k - S\left(\frac{\mu + 1}{\mu}\right)} \approx \frac{1}{\omega_2 C_k - S}.$$

Die untere Grenzfrequenz beträgt Null, wenn galvanische Kopplung vorliegt (bei RC-Kopplung vgl. S. 59). Während das Produkt V b (Verstärkung mal Bandbreite) beim Anodenverstärker und Kathodenfolger gleich groß ist, besitzt der Kathodenfolger einen größeren Wert für das Produkt Bandbreite mal maximaler Ausgangsspannung.

Arbeitspunkt. Für die Grundschaltung in Abb. 59a ergeben sich Arbeitspunkt und Aussteuerbereich folgendermaßen: Im I_a/U_a-Feld wird die Widerstandsgerade R_k gezogen, die die dynamische I_a/U_g-Kennlinie ergibt (S. 7). Auch in diesem Feld wird die R_k-

Gerade gezogen; sie bestimmt den Ruhepunkt P_0 (Abb. 60 b). Die Lage für P_0 ist begrenzt durch die maximale Anodenbelastung und/oder durch den maximalen Kathodenstrom. Ein Eingangssignal am Gitter (U_e) wird durch paralleles Verschieben der R_k-Geraden entlang der Abszisse dargestellt. Eine Verschiebung des Fußpunktes von O um den Betrag $+U_e$ nach rechts verlegt den Arbeitspunkt von P_0 etwa nach P_2. Die Grenze des Aussteuerbereiches für positive Signale liegt bei der Einsatzspannung (etwa —1,3 bis —1,5 V) für beginnenden Gitterstromfluß (P_2) oder beim maximal zulässigen Kathodenstromspitzenwert. Hierbei muß, ebenso beim kurzzeitigen Überschreiten der maximalen Anodenverlustleistung, auf das Tastverhältnis (Signal:Pause) geachtet werden; der Mittelwert darf im Interesse der Lebensdauer der Röhre die vorgeschriebenen Grenzwerte nicht überschreiten. $U_{e\,max} = f(I_g)$ läßt sich berechnen [124]. Negative Signale finden (in Abb. 60) einen wesentlich kleineren und weniger linearen Aussteuerbereich vor und werden durch den Kennlinienfuß (Röhre gesperrt) begrenzt. Der Fußpunkt der R_k-Geraden wandert dabei natürlich nach links. Unmittelbaren Aufschluß über Linearität, Aussteuerung und effektive Steilheit gibt die I_a/U_e-Auftragung in Abb. 60 c (stark ausgezogen). Die Ordinate kann durch die Transformation $R_k I_a = U_k$ umbenannt werden. Zweckmäßig vermeidet man dabei den Ruhestrom I_{ao} des Ruhearbeitspunktes P_0 und trägt sofort das Ausgangssignal U_0 auf, dessen Skalennullpunkt bei I_{ao} liegt.

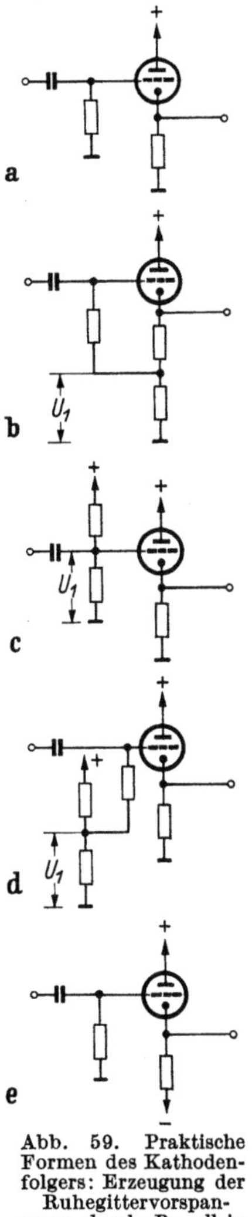

Um den Aussteuerbereich für negative Signale zu verbessern oder zu symmetrieren, gibt es zwei Möglichkeiten. Entweder wird das Gitter auf ein positives Ruhepotential U_1 gelegt, (Abb. 59 b, c, d), oder der Kathodenwiderstand führt zu einer negativen Spannungsquelle (Abb. 59 e). In beiden Fällen rückt der Fußpunkt der R_k-Geraden in Abb. 60 nach rechts zum Wert U_1, dem Nullpunkt für die Signalspannungen. Im Fall (c)

Abb. 59. Praktische Formen des Kathodenfolgers: Erzeugung der Ruhegittervorspannung durch R_k allein (a), durch Abgriff (b), durch Gitterspannungsteiler (c, d) und durch eine negative Spannungsquelle (e). Vgl. Abb. 60

ist der effektive Gitterwiderstand, den das Signal sieht, gleich
der Parallelschaltung der beiden Teilwiderstände des Gitterspannungsteilers, zum Fall (b) siehe S. 67.

Häufig muß zwischen statischem Arbeitspunkt (R_k) und der
Konstruktion der Arbeitskennlinie einer Kathodenlast $Z_k < R_k$
unterschieden werden, etwa wenn ein Lastwiderstand R_L (über eine

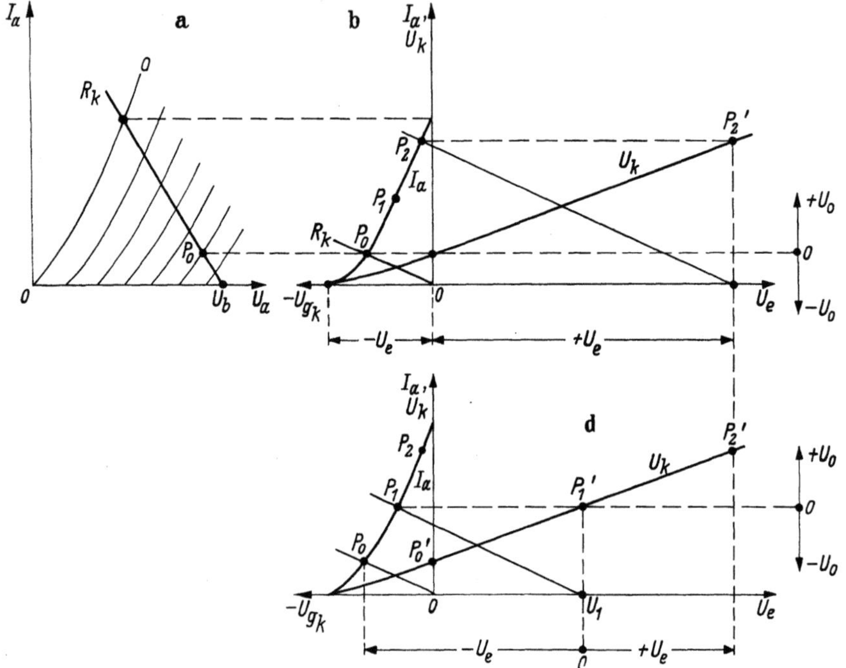

Abb. 60. Konstruktion des Arbeitspunktes beim Kathodenfolger (s. Text)

Koppelkapazität) parallel zu R_k gelegt wird. Der Aussteuerbereich
kann dadurch stark reduziert werden. Auf ähnliche Weise muß bei
der Reduktion der Betriebsspannung U_b durch einen (für Signale
abgeblockten) Vorwiderstand R_a (Abb. 61) erst der statische Arbeitspunkt P_0 durch die Gerade $R_a + R_k$ festgelegt und durch ihn
die R_k-Gerade gezogen werden. Einfacher ist es, die für Signale
gültige Betriebsspannung U_b' zuerst festzulegen und danach

$$R_a = \frac{U_b - U_b'}{I_{ao}} \text{ zu bestimmen.}$$

Eine andere Methode, im I_a/U_a-Kennlinienfeld den Aussteuerbereich zu übersehen, zeigt Abb. 62. Hier können die Schnittpunkte der (gegebenen) R_k-Geraden mit den Linien für $U_{gk} =$ const unmittelbar mit den Eingangs-Signalspannungen beziffert werden: $U_e = U_{gk} + U_k$ $= U_{gk} + I_a R_k$. Um auch für beliebige R_k-Geraden sofort die Aussteuerung verfolgen zu können, werden die Geraden $U_e =$ const gezogen. In beiden Fällen läßt sich das Ausgangssignal U_0 direkt vom Nullpunkt P_0 aus auftragen. — Die Linearität des Kathodenfol-

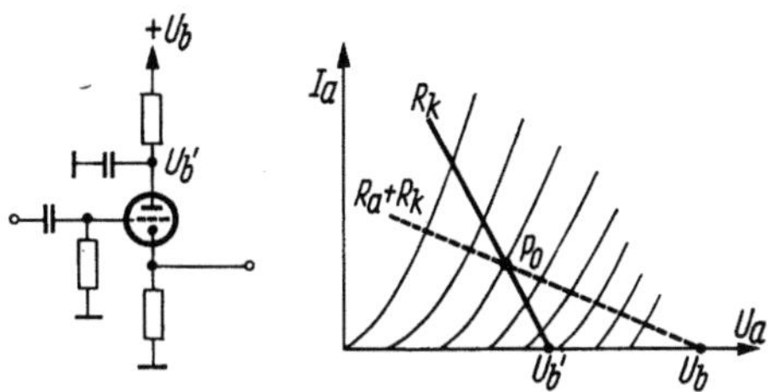

Abb. 61. Konstruktion des Arbeitspunktes eines Kathodenfolgers mit Vorwiderstand in der Anodenleitung

gers läßt sich nach der Definition auf S. 79 messen. Wird die Verstärkung des Kathodenfolgers (der ja die Gegen-

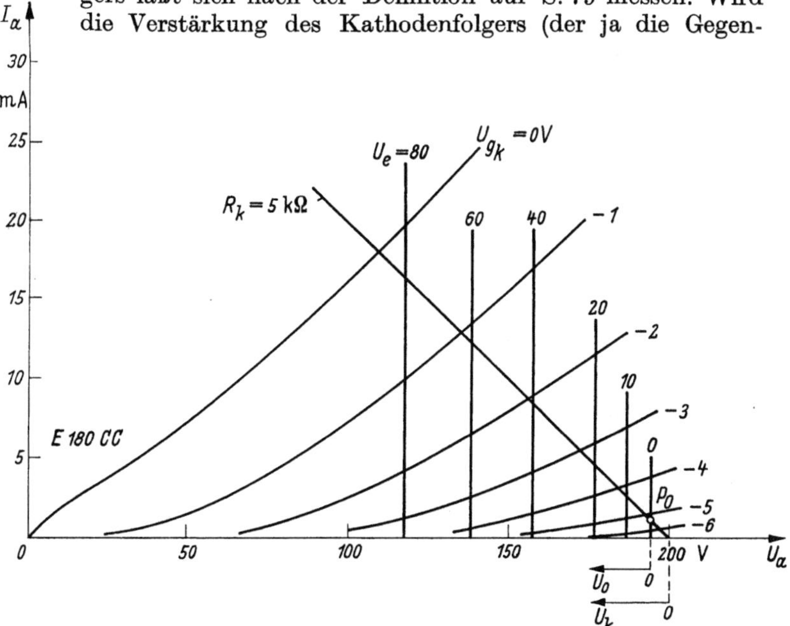

Abb. 62. Konstruktion der Arbeitskennlinien eines Kathodenfolgers im I_a/U_a-Feld

kopplung enthält) wie oben mit V bezeichnet und die Verstärkung ohne Gegenkopplung mit $V_{gk} = \dfrac{U_k}{U_{gk}} = \dfrac{V}{1-V}$, so ist die relative Abweichung der Verstärkung $\dfrac{\Delta V}{V} = \dfrac{\Delta V_{gk}}{V_{gk}} \cdot \dfrac{1}{1+V_{gk}}$.

Stabilität. Wird der Arbeitspunkt P_1 in Abb. 60 etwa nach Abb. 59c oder d erzeugt, so leuchtet ein, daß sich Änderungen der I_a/U_g-Kennlinien (Röhrenstreuung, Alterung) wesentlich weniger bemerkbar machen, als wenn P_1 nur durch einen einfachen Kathodenwiderstand (Abb. 59a) bestimmt wird (R_k-Gerade durch den Nullpunkt). Die Stabilität wächst mit steigendem Wert von R_k.

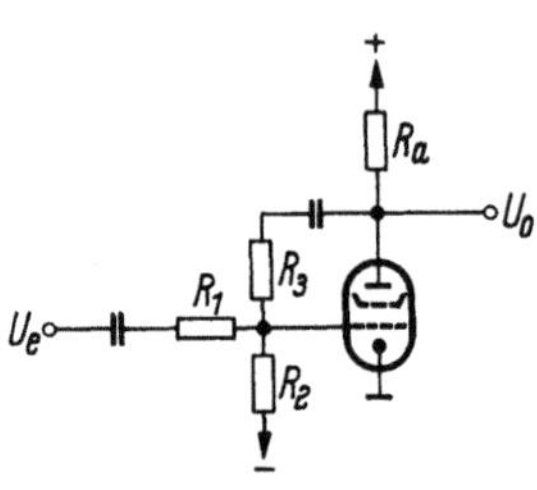

Abb. 63. Operativer Verstärker (R_1, R_3 siehe Text, R_2 nur zur Gitterableitung nach Null, kann in der Signalquelle enthalten sein, R_a je nach Röhre $10\cdots200$ kΩ)

Seiner besonderen Eigenschaften wegen hat sich der Kathodenfolger sehr eingebürgert, sei es als Impedanzwandler (Ausgangswiderstand sehr klein bei sehr hochohmigem Eingang), als Trennröhre oder als Hilfsröhre in vielen elektronischen Schaltungen. Für viele Röhren gibt es graphische Bemessungsunterlagen, z. B. [*231*].

D. Gitterbasisverstärker. Diese vor allem in der Hf-Technik viel verwendete Stufe (Abb. 55*D*) läßt sich an Stelle eines Transformators mit der ungefähren Übersetzung von $1:(\mu+1)$ verwenden.

Es ist $V = \dfrac{U_o}{U_e} = \dfrac{R_a}{R_i + R_a}\,(\mu+1) \approx S\,R_a$. Da der Eingangssignalstrom gleich dem Ausgangssignalstrom ist (bei höherer Spannung und größerem Quellwiderstand), muß Eingangsleistung aufgebracht werden. Bei dem niedrigen Triodenrauschen ist Ein- und Ausgang gegeneinander abgeschirmt, und der Eingangswiderstand $R_e = \dfrac{R_i + R_a}{\mu+1}$ ist ziemlich frequenzunabhängig. Häufig wird diese Stufe mit anderen kombiniert [*339*].

E. Operativer Verstärker (vgl. Fußnote S. 64). Die Schaltung nach Abb. 63 wird häufig für mathematische Operationen (Addition, Differentiation, Integration usw.) verwendet [*227*]. Die starke Gegenkopplung erlaubt nicht nur einen hohen Aussteuerbereich, sondern hält auch die Spannung am Gitter (bei hoher Röhrenverstärkung) nahezu konstant (virtuelle Erde). An diesem niederohmigen Punkt $R_g' = \dfrac{R_3}{1-V'}$ können daher viele Signalquellen nahezu rückwirkungsfrei zusammengeführt werden (Addierstufe, S. 111). Die Gesamtverstärkung ist

$$V = \frac{U_o}{U_e} = -\frac{R_3}{R_1}\cdot\frac{(SR_3-1)R}{\left[S\,R + (1+R+R_3)\dfrac{R_1+R_2}{R_1\,R_2}\right]R_3} = \frac{R_3}{R_1}\cdot\frac{\beta\,V'}{1+\beta\,V'}$$

$$= -\frac{R_3}{R_1}\cdot\frac{1}{1-\dfrac{1}{V'}\left(1-\dfrac{R_3}{R_1}\right)}\left(\approx -\frac{R_3}{R_1}\ \text{bei Pentoden}\right).$$

Dabei ist $R = \dfrac{R_a R_i}{R_a + R_i}$ und V' die Verstärkung der Röhre alleine (ohne R_3) und $\beta = \dfrac{R_3}{R_1 + R_3}$. Bei kurzen Signalen müssen R_1 (und eventuell R_3) kapazitiv kompensiert werden (S. 54), diese parallel gelegten Trimmer beeinflussen die Impulsform schneller Signale. Der (parallel zum Netzwerk liegende) Quellwiderstand ist $Z_a = \dfrac{1}{S}\left(1 + \dfrac{R_3}{R_1}\left[1 + \dfrac{R_1}{R_2}\right]\right)$. Bei großem R_2 und wenn $R_1 = R_3$ ist, nimmt Z_a den Wert $Z_a \approx \dfrac{2}{S}$ an, der etwa die doppelte Größe wie beim Kathodenfolger hat. Der auf S. 61 definierte Gütefaktor beträgt $F = \dfrac{S}{2\pi C} \cdot \dfrac{V}{V+1} = \beta \dfrac{S}{2\pi C} \cdot \dfrac{R_3}{R_1}$. Vorteilhaft wird zwischen Anode und R_3 ein Kathodenfolger gelegt. Der operative Verstärker hat (im Gegensatz zum Kathodenfolger) für positive und negative Signale am Ausgang gleiche Anstiegs- bzw. Abfallzeiten.

Der Ersatz von R_1 bzw. R_3 durch eine Kapazität oder Induktivität ergibt die bekannte Schaltung einer Reaktanzröhre. Differenzier- und Integrierstufen folgen auf S. 101 und 104.

Kombinierte Verstärkerstufen. Von den zahlreichen Möglichkeiten, zwei (unter Umständen verschiedenartige) Stufen hintereinander zu schalten, seien einige wichtige herausgegriffen.

Kathodenkopplung. Kombination von Fall *A* und *D* (Abb. 55) ergibt das kathodengekoppelte Paar (longtailed pair) in Abb. 64a. Bei gleichen Anodenwiderständen R_a ist

$$V = \frac{\mu R_a}{R_a + 2 R_i + \dfrac{R_i (R_i + R_a)}{R_k (\mu + 1)}} \approx \frac{\mu}{2} \frac{R_a}{R_a + R_i}$$

an einer Anode, von einer zur anderen Anode etwa doppelt so groß. Exakte Symmetrie der beiden Anodenspannungen ist jedoch nicht vorhanden. Sie wird um so besser, je größer $R_k \gg \dfrac{R_i + R_a}{\mu + 1}$ wird und läßt sich nur durch ungleiche Röhren oder Anodenwiderstände $R_{a2} > R_{a1}$ erreichen: $R_{a2} = R_{a1}\left(\dfrac{R_k (\mu_2 + 1) + R_{i2}}{R_k (\mu_2 + 1) - R_{a1}}\right)$. Die beiden Gitter liegen zweckmäßig auf positivem Ruhepotential, oder der Kathodenwiderstand führt an eine negative Stromquelle. Das eine (geerdete) Gitter ist frei verfügbar für Gegenkopplungsspannungen oder ähnliches. Charakteristisch für diese Verstärkerstufe ist die Gleichphasigkeit von U_e und U_{o2} sowie die Übersteuerungsfähigkeit. Bei genügend hohem R_k lassen sich sehr hohe positive Signale am Eingang ohne Gitterstromfluß verarbeiten. Werden beide Gitter (gegenphasig) gespeist und nur ein Ausgang abgegriffen, arbeitet die Stufe als *Differenzverstärker* (fälschlich oft „Differentialverstärker" genannt): Abb. 64b. Die Unterdrückung gleichphasiger Signale wird um den Faktor $\left(1 + \dfrac{R_a}{R_i}\right)$ verbessert.

Die Verstärkung $V = \dfrac{U_o}{U_{e1} - U_{e2}}$ läßt sich wie oben sinngemäß bestimmen. Mit einem Widerstand $R' = R_k$ zwischen Anode und Kathode der rechten Röhre wird sogar exakte Symmetrie erzielt. Dabei entfällt R_a der linken Röhre bzw. wird für Signale kapazitiv überbrückt, um den gleichen Arbeitspunkt (statisch) beizu-

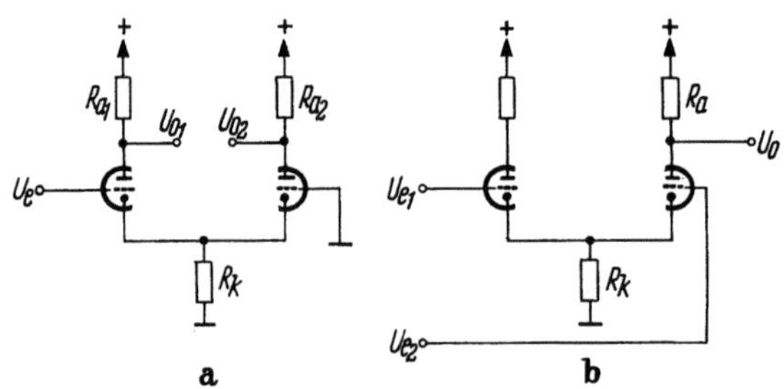

Abb. 64. Kathodengekoppelter (a) und Differenzverstärker (b), schematisch

behalten. An Stelle von R_k kann eine konstante Stromquelle (Pentode oder Triode mit R_k, S. 75) treten, dann wird $V = \dfrac{U_o}{U_{e1} - U_{e2}}$ $= \dfrac{\mu R_a}{2 (R_i + R_a)}$. Fehlt der linke Anodenwiderstand R_{a1}, dann wird $V = \dfrac{\mu R_a}{2 R_i + R_a}$. An beiden Eingängen auftreffende gleichphasige Signale (z. B. Netzbrummen) erscheinen nur sehr schwach, nämlich um den Faktor $\alpha = -\dfrac{R_i}{\mu R_k} = -\dfrac{1}{S R_k}$ reduziert am Ausgang. Von Anode zu Anode gesehen, wird $\alpha = -\dfrac{R_i + R_a}{\mu R_k}$. Der symmetrische Betrieb eliminiert auch sehr stark Schwankungen des Kathodenstromes, der durch Heizspannungsänderungen bedingt ist, ein Vorzug bei Gleichstromverstärkern.

Abb. 64a kann als Ersatz für einen Eintakt/Gegentakt-Transformator dienen, Form (b) für den umgekehrten Prozeß. Ferner läßt sich in (a) das rechte Röhrengitter von einem Spannungsteiler zwischen beiden Anoden mitsteuern, mit dem die Stufe auf exakte Symmetrie eingestellt werden kann, nähere Unterlagen bieten [*35, 48, 161*].

Röhre als Widerstand. R_a oder R_k einer Stufe kann durch eine weitere Röhre ersetzt werden. Arbeitet diese als konstante Stromquelle (S. 172), so lassen sich sehr hohe Werte für R_a bzw. R_k nachbilden: Abb. 65 (Hilfsröhre ist eine Pentode oder ein Kathodenfolgerquellwiderstand). In beiden Fällen sieht die Arbeitsröhre statt R_a bzw. R_k den (großen) Quellwiderstand $Z_a = R_i + (\mu + 1)\,R_k$ (vgl. S. 66), analog zu einer um den gleichen Faktor vergrößerten Betriebsspannung. Im Fall (a) und (b) ist R_k durch eine Röhre

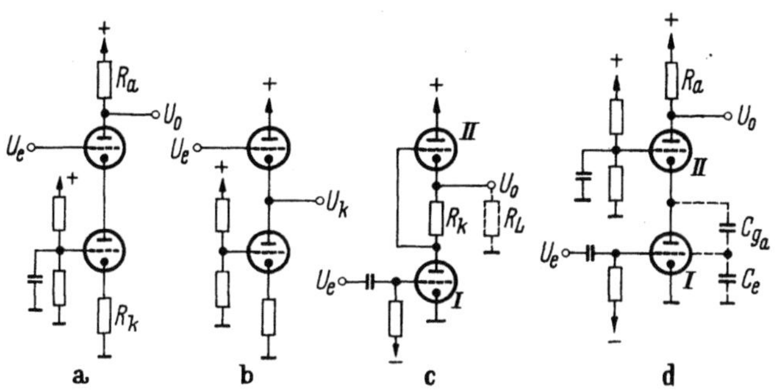

Abb. 65. Röhre als Ersatz für den Kathoden- (a, b) bzw. Anodenwiderstand (c, d) Cascode-Verstärker in (d)

ersetzt, in (c) und (d) R_a. Im Fall (c) liefern beide Röhren gleiche Signalstromanteile durch die Last R_L, wenn $R_k = \dfrac{1}{S} + \dfrac{2\,R_L}{\mu}$. Die Verstärkung ist $V = -\dfrac{\mu^2}{\mu + 1}\,\dfrac{R_L}{R_L + \dfrac{R_i}{2}} \approx -2\,S\,R_L$ (wenn $R_i \gg R_L$).

Im Leerlauf ($R_L = \infty$) ist $V = -\dfrac{\mu_1\,(R_{i2} + \mu_2\,R_k)}{R_{i1} + R_{i2} + (\mu_2 + 1)\,R_k}$ und $Z_0 = \dfrac{R_{i2}\,(R_{i1} + R_k)}{R_{i2} + R_{i1} + (\mu_2 + 1)\,R_k}$. Mit wachsendem R_k steigt V an und sinkt Z_0, die Ausgangsimpedanz. Wird der Ausgang an Anode 1 gelegt, so ist $V = -\mu_1\,\dfrac{R_{i2} + (\mu_2 + 1)\,R_k}{R_{i1} + R_{i2} + (\mu_2 + 1)\,R_k}$. Eine vorhandene Last R_L fügt jeweils im Nenner den additiven Term $(R_i + R_k)\,\dfrac{R_i}{R_L}$ hinzu. Die größte Aussteuerung erhält man, wenn $U_k \approx \dfrac{U_b}{2}$ und $R_k \approx \dfrac{1}{S}$ ist. V ist höher und Z_0 geringer als bei einer normalen Verstärkerschaltung (z. B. Abb. 55 B).

Abb. 65 d zeigt die sog. Cascode-Schaltung, bei der die untere (Arbeits-)Röhre nahezu konstante Anodenspannung behält. Die Verstärkung erreicht daher den Wert

$$V = \frac{-\mu_1\,(\mu_2+1)\,\dfrac{R_a{}^2}{R_{i1}\,R_{i2}}}{\left(\dfrac{R_a}{R_{i1}}+1\right)\left(\dfrac{R_a}{R_{i2}}+1\right)+\mu_2\,\dfrac{R_a}{R_{i2}}-1}\ ,$$

und bei gleichen Röhren $V = -\dfrac{\mu\,R_a}{R_i+\dfrac{R_i+R_a}{\mu+1}} \approx -S\,R_a$, kommt

also den Verhältnissen einer Pentode sehr nahe, besitzt aber nur das Rauschen einer Triode. Die Schaltung hat sich daher in der Hf-Technik eingebürgert, wird aber mit Vorteil auch für niederfrequente Signale verwendet, z. B. [295]. Trotz des kleinen Miller-Effektes (C_{ga}) spielen die Kapazitäten bei schnellen Signalen eine Rolle: es wird hierbei $V =$

$$\dfrac{-S\,R_a}{1+\dfrac{C_{ga}}{C_e}\left(1+\dfrac{R_a}{R_i}\right)}.$$

Da die Kathode 2 niederohmig ist, kann als Verbindungsleitung zwischen Anode 1 und Kathode 2 ein längeres Kabel gelegt werden.

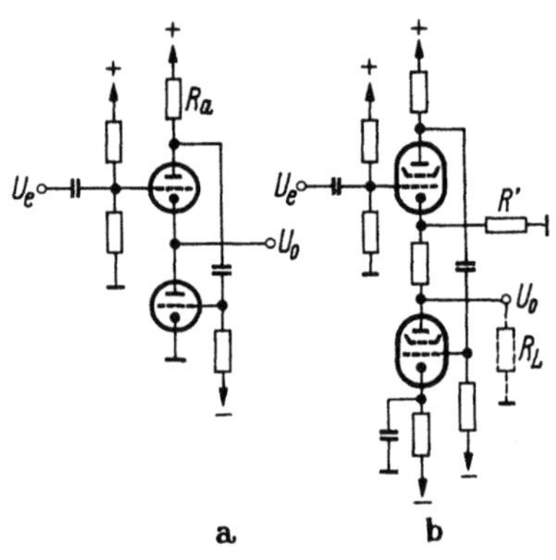

Abb. 66. White-Kathodenfolger (Mitsteuerung der Hilfsröhre in Abb. 65 d)

Wird die Zusatzröhre ebenfalls (an g_1) mitgesteuert, ergeben sich neue Eigenschaften. Aus Abb. 65 d läßt sich der White-Kathodenfolger ableiten [153, 267], dessen Kathodenwiderstand (= untere Röhre) gleichsinnig mit der Signalspannung gesteuert wird: Abb. 66 a. Der Ausgang ist dadurch besonders niederohmig, und eine Lastkapazität wird sehr rasch aufgeladen (Anstiegszeiten von $t_r < 100$ nsec bei 100 V-Signalen werden erreicht). Für R_a gilt die gleiche Formel wie für R_k in Abb. 65 c, und die

Verstärkung beträgt $V = \dfrac{2\,\mu^2\,R_L}{2\,R_L\,(\mu^2+\mu+1)+(\mu+1)\,R_i}$ (gleiche Röh-

ren vorausgesetzt), die Ausgangsimpedanz $Z_0 \approx \dfrac{R_{i1}}{\mu_1\,\mu_2}$. Einfügen

eines Anodenwiderstandes für die untere Röhre und Einfügen von R' (Abb. 66 b) kann die Verstärkung (je nach R') bis zu $V = 100$ anheben [287]. Pentoden eignen sich hierzu wegen des kleineren Wertes von C_{ga} besser als Trioden.

Beim Entwerfen mit Hilfe der Kennlinienfelder kann für unipolare Signale der Arbeitspunkt jeder Röhre an das jeweilige (entgegengesetzte) Ende des Arbeitsbereiches gelegt werden. Die Ruheanodenströme werden dann durch einen Hilfswiderstand zwischen $+ U_b$ oder $- U_b$ und der Verbindungsstelle der beiden Röhren abgeglichen.

Aus Abb. 65 d läßt sich durch Mitsteuerung der oberen Röhre Abb. 67 a herleiten: hier läuft U_a der unteren Röhre gleichphasig mit dem Signal und reduziert dadurch den effektiven Wert von C_{ga} um den Faktor $(1 - V_2)$. Es entsteht so ein Kathodenfolger mit sehr geringer Eingangskapazität (vgl. S. 67), die sich in weitem Frequenzbereich ganz

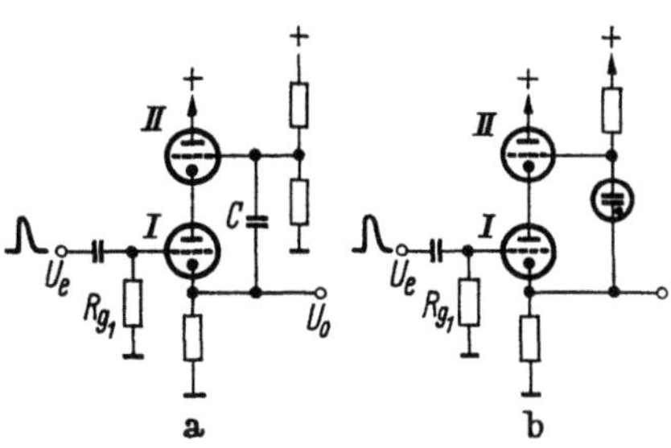

Abb. 67. Kathodenfolger mit sehr kleiner Eingangskapazität

kompensieren läßt, wenn (durch zusätzliche Verstärkung vor Röhre II) V_2 auf $V_2 > 1$ erhöht wird [*241*]. Auch eine Glimmstrecke kann an Stelle von C verwendet werden: Abb. 67 b. In beiden Fällen wird auch der lineare Aussteuerbereich des (unteren) Kathodenfolgers vergrößert, da er als „Bootstrap" (S. 42) seine eigene Anodenspannung mit hochzieht. Wird der (hochohmige) Gitterwiderstand R_{g1} an die Kathode I gelegt, vergrößert sich der Eingangswiderstand für das Signal um den Faktor $\dfrac{\mu_1 \mu_2 R_k}{R_k + \mu_2 R_{i1} + R_{i2}}$.

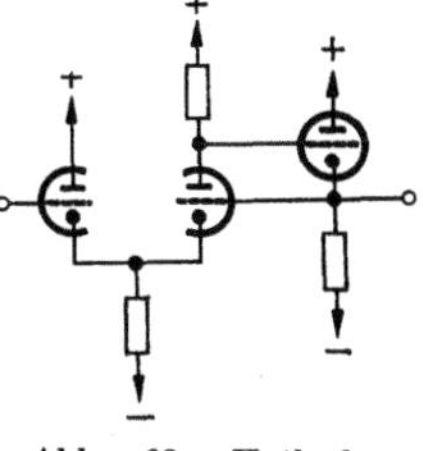

Abb. 68. Kathodengekoppelter Verstärker mit Ausgangskathodenfolger (schematisch)

Eine Kombination einer Verstärkerstufe mit einem Kathodenfolger erniedrigt den Ausgangswiderstand von $Z_{ok} \approx \dfrac{1}{S}$ auf $Z_{ok}' \approx \dfrac{1}{V_1 S}$ (V_1 Faktor der Verstärkerstufe, V_2 des Kathodenfolgers). Damit steigt die Gesamtverstärkung auf $V = 1 - \dfrac{1}{1 + V_1 V_2}$. Abb. 68 zeigt als Beispiel den kathodengekoppelten Verstärker mit Ausgangskathodenfolger, der auf das freie Gitter die Gegenkopplung legt und dadurch den Ausgang auf das Eingangs-Ruhepotential (Null) legt [*76*].

Aussteuerung. Je nach der Lage des Arbeitspunktes im linearen Teil der Arbeitskennlinie spricht man oft von A-Verstärkung

(Lage in der Mitte), B-Verstärkung (Lage in der Nähe des unteren Fußpunktes, üblich bei Gegentaktleistungsverstärkerstufen), C-Verstärkung (Lage am unteren Kennlinienknick, Gleichrichterschaltungen und einpolige Signalaussteuerung) und D-Verstärker (Lage im Gebiet negativer Sperrspannung, verwendet in Hf-Verstärkern und Diskriminatorschaltungen, S. 131). Der mit den Kennlinien festgelegte Aussteuerbereich kann durch die sog. Bootstrap-Schaltung erweitert bzw. die Linearität verbessert werden: in Abb. 69 zieht ein Kathodenfolger die Betriebsspannung der linken Röhre mit dem Signal hoch, so daß diese stets konstante Arbeitsbedingungen behält. Leicht lassen sich Ausgangssignale bis zu 200 V erzielen [*134, 135, 252*]. Häufig wird eine besondere Eigenschaft gefordert: *Übersteuerungsfestigkeit*. Die Anwesenheit von (sehr) hohen, aber nicht interessierenden Signalamplituden darf die Verstärkereigenschaften nicht beeinflussen. Natürlich ist der Verstärker (das gilt auch für viele andere Schaltungen) während eines übergroßen Signales blockiert, muß jedoch sofort nach dem Verschwinden des Signales wieder voll betriebsbereit sein. Die Wahl der Verstärkerstufen und ihre Zusammenschaltung muß dahin zielen, übergroße Amplituden zu begrenzen, ohne daß Gitterstrom

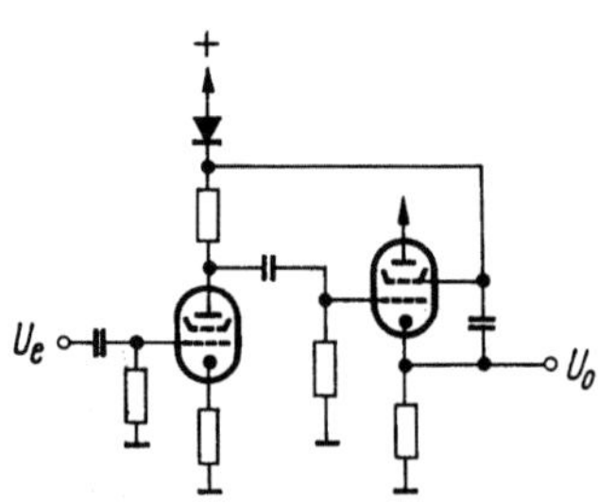

Abb. 69. Vergrößerung des linearen Aussteuerbereiches (Bootstrap)

auftritt (langzeitliches Blockieren) oder daß störendes (übergroßes) Überschwingen sich den folgenden Signalen überlagert.

Gegenkopplung. Die Fälle A, C und E in Abb. 55 sind gegengekoppelte Verstärkerstufen. Wird ein Teil β des Ausgangssignales zum Eingang hinzuaddiert, spricht man von Rückkopplung (gleichphasig, positive feedback) oder Gegenkopplung (gegenphasig, negative feedback). Während die Rückkopplung die Verstärkung erhöht aber zur Unstabilität neigt, wird die Gegenkopplung in großem Umfang zur Linearisierung, Stabilisierung und Vergrößerung des Aussteuerbereiches in Verstärkern angewandt. In der Technik hat sich die Definition $\beta > 0$ für Gegenkopplung eingebürgert, $\beta = 1$ entspricht 100% Gegenkopplung, $\beta = -1$ entspricht 100% Rückkopplung (Eigenerregung).

Bei *Spannungsgegenkopplung* (Beispiel: Kathodenfolger) wird der Bruchteil β der Ausgangsspannung U_o gegenphasig zum Eingangssignal U_e addiert (Abb. 70a): $U_e - \beta U_o = U_i$, $V' = \dfrac{U_o}{U_i}$, und die Verstärkung mit Gegenkopplung wird $V = \dfrac{U_o}{U_e} = \dfrac{V'}{1 + \beta\,V'}$ (V' ist die Verstärkung ohne Gegenkopplung). Ein vorhandener Lastwiderstand R_L am Ausgang ändert β nicht. Die Konstanz des Verstärkungsgrades wird durch Gegenkopplung um den Faktor $(1 + \beta V) > 1$ verbessert.

Bei der *Stromgegenkopplung* (Abb. 70b) ist die gegengekoppelte Spannung proportional dem Ausgangsstrom, also vom Arbeitswiderstand R_L abhängig. (Beispiel: Anodenverstärker mit Kathodenwiderstand.) Aus $U_e - I_o\,R = U_i$ und $U_o = V'\,U_i - I_o\,R$ ergibt sich $V = \dfrac{U_o}{U_e} = V' - \dfrac{I_o R}{U_e}\,(1 + V') = \dfrac{V'}{1 + \dfrac{R}{R_L}\,(V' + 1)}$. Ganz

allgemein verringern sich in gegengekoppelten Verstärkerstufen der Innenwiderstand R_i' (ohne Gegenkopplung) auf den Wert $R_i = \dfrac{R_i'}{1 + \mu\,\beta}$ und der Ausgangswiderstand Z_o' auf den Wert $Z_o = \dfrac{R_i\,R_a}{R_i + R_a\,(1 + \mu\,\beta)}$.

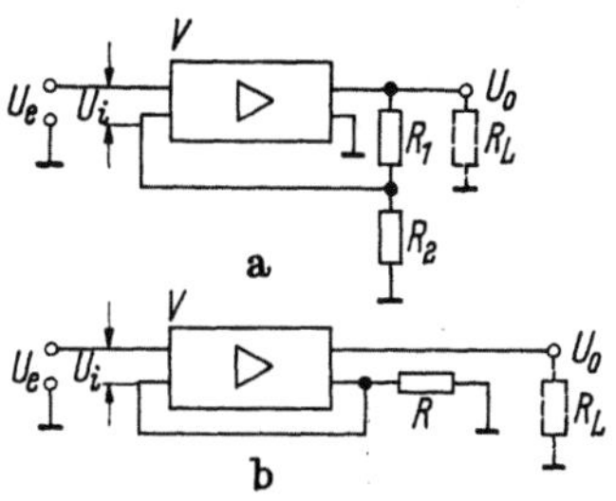

Abb. 70. Spannungs- (a) und Stromgegenkopplung (b)

Bei zwei Stufen wird entsprechend $V = \dfrac{V'_1 V'_2}{1 + \beta\,V'_1 V'_2}$, eine Verstärkungsänderung in der zweiten Stufe wirkt sich um den Faktor V'_1 weniger aus. Häufig wird die Nichtlinearität eines Verstärkers als die relative Abweichung der Verstärkung $\varDelta V$ vom Sollwert V definiert, die mit wachsender Aussteuerung zunimmt und sich bei Gegenkopplung auf den Wert $\dfrac{\varDelta V}{V} \approx \dfrac{\varDelta V'}{V'}\,\dfrac{1}{1 + \beta\,V'}$ verringert. Bei Sinussignalen wird der Gehalt an entstehenden Oberschwingungen auch als Klirrfaktor in Prozent angegeben.

Eine ausführliche Behandlung der Gegenkopplung muß in der Literatur [*2, 4, 15, 29, 33, 43*] nachgelesen werden. Gegenkopplungen über mehrere Stufen hinweg erzeugen leicht Phasendrehungen an den Frequenzgrenzen und können sich leicht in Rückkopplung verwandeln. Bei langzeitlichen Messungen ist die laufende Kontrolle der Konstanz des Verstärkungsgrades ratsam [*258*].

Bausteine für Verstärker

Die Planung eines Verstärkers, soweit er nicht industriell gefertigt wird, lohnt für Sonderfälle und muß die oben behandelten

Faktoren je nach Anwendung berücksichtigen. Es handelt sich
fast immer um eine Kombination von geeigneten Grundschaltungen. Für die zahlreichen Möglichkeiten können hier nur einige
Gesichtspunkte erwähnt werden. Bei nur einpoligen (positiven
oder negativen) Signalen liegt der Arbeitspunkt der Stufen mit
höheren Amplituden zweckmäßig am unteren bzw. oberen Ende
des linearen Aussteuerbereiches. Um bei großen positiven Signalen
das längere Blockieren infolge Gitterstromes (Aufladung der RC-
Glieder) zu vermeiden, koppelt man häufig galvanisch (Gleich-
stromkopplung), während negative Impulse über RC-Glieder ange-
koppelt werden. Die Anstiegszeit (obere Grenzfrequenz) läßt sich
auch bei mehrstufigen Verstärkern verbessern, wenn zwischen Anode
einer Röhre und dem Gitter der Folgestufe ein Kathodenfolger
eingeschaltet wird, der die Anode kapazitiv erheblich weniger belastet als ein normaler Verstärkereingang. Hohe Langzeitkonstanz des

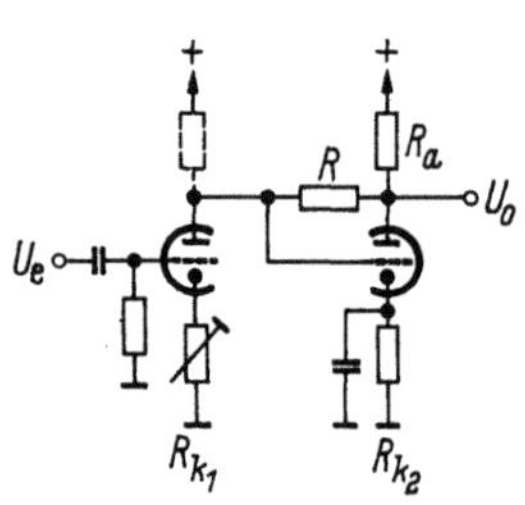

Verstärkungsgrades erreicht man durch
starke Gegenkopplung und mit Differenz-
verstärkerstufen. Einige bewährte Bausteine seien noch angeführt, die auch in
Serie geschaltet werden können. Vollstän-
dige Verstärkerschaltungen sind in der
jeweils angegebenen Literatur zu finden.

Das *gegengekoppelte Paar* (Abb. 71)
ist für negative Signale am Eingang ausgelegt (inverse feedback pair). Die zweite
Röhre kann infolge der starken Gegenkopplung nie in das Gitterstromgebiet

Abb. 71. Gegengekoppeltes Paar
(R und R_a = 5···50 kΩ,
R_k = 1···100kΩ)

gelangen, so daß ein Übersteuern gefahrlos ist [*54*] Bei kleinen
Amplituden verstärkt die Schaltung linear, bei großen und größten
Signalen nimmt der Verstärkungsgrad rasch ab, die Begrenzung
verläuft etwa exponentiell. Variation der Steilheit der rechten
Röhre erlaubt Verschiebung der oberen Grenzfrequenz. Eine genaue
Analyse, auch des stark unterdrückten Überschwingens, ist bei
[*43, 264*] zu finden.

Gegengekoppeltes Tripel. Eine ebenfalls nicht (durch Gitterstrom) blockierende Stufe mit zwei Verstärkerröhren und Kathodenfolgerausgang (Abb. 72) wird mit positiven Signalen gespeist,
die bei genügend hohem R_k in der ersten Röhre keinen Gitterstrom
ziehen können. Die (für hohe Frequenzen abgleichbare) Gegenkopplung sorgt für die notwendige Konstanz. Aus diesen Einheiten
ist der handelsübliche „A 1-Verstärker" [*212, 309*] zusammen-
gesetzt, der in vielen Varianten beschrieben wurde [*12, 134, 192,
252*] und bei rund 0,1 μsec Anstiegszeit bis 10^5fache Verstärkung

mit 100 V-Ausgang abgibt. Negative Eingangssignale werden nur
bis etwa 1 V linear verstärkt, bei Kaskadenschaltung mehrerer
Tripel (jedes hat etwa den Wert V = 100) muß eine Umkehrstufe
bereits bei kleinen Signalen für die richtige Polung sorgen.

Kathodengekoppelter Verstärker. Noch unempfindlicher gegen
extrem hohe Übersteuerungen und wegen ihrer Symmetrie besonders stabil ist die
schon in Abb. 64 ge-
zeigte Stufe, die sich
auch in neueren In-
dustriemodellen durch-
gesetzt hat [*95, 135,
285*]: V = $10^4 \cdots 10^5$,
t_r = 0,15 μsec, fünf
Baustufen.

*Verstärker mit sehr
kurzer Anstiegszeit*

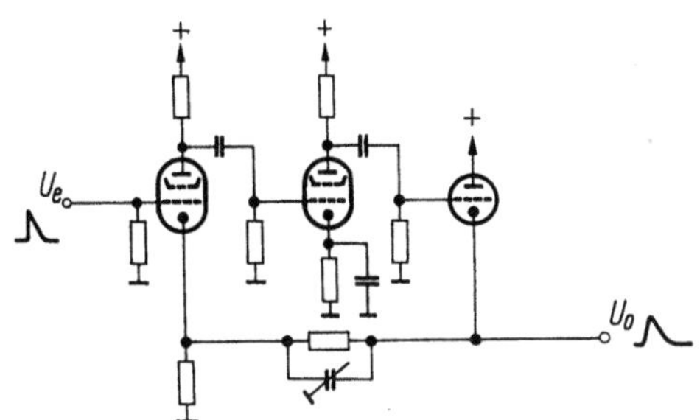

Abb. 72. Gegengekoppeltes Tripel

Die üblichen Schal-
tungen liefern auch mit den besten Röhren keine brauchbare Verstärkung mehr im Gebiet der Höchstfrequenzen bzw. im Nanosekundenbereich. Zwar
erlauben Sekundär-
emissionspentoden
(S. 38) mit ihrem hohen
$\frac{S}{C}$ -Wert den Bau von

Breitbandverstärkern
bis zu sehr hohen Fre-
quenzen [*26, 232, 268,
347*], haben sich aber
wegen ihres Aufwandes
und ihrer geringen
Langzeitkonstanz

Abb. 73. Kettenverstärker

nicht durchgesetzt gegenüber dem *Kettenverstärker* (distributed
amplifier): Abb. 73. Hier sind die Anoden- und Gitterkapazi-
täten Bestandteile je einer Laufzeitkette, die an beiden Enden
mit ihrem Wellenwiderstand (Z = R_a bzw. Z = R_g) abgeschlossen
sind. Eingehende Signale laufen mit gleicher Geschwindigkeit in
der Gitterkette und (additiv!) verstärkt in der Anodenkette entlang. Die Theorie liefert als Verstärkung einer Gruppe von n Röhren

(der Steilheit S) den Wert $V = n\,S\,\dfrac{R_a}{2} = \dfrac{nF}{f_2}\,\dfrac{C_a + C_e}{C_a} = \dfrac{2nF}{f_2}$, wenn $F = \dfrac{S}{2\pi\,(C_a + C_e)}$ der auf S. 61 definierte Gütefaktor ist, $R_a = \sqrt{\dfrac{L_a}{C_a}}$ und $f_2 = \dfrac{1}{\pi\,\sqrt{L_a\,C_a}}$ die Grenzfrequenz ist. Die Gruppenverstärkung v steigt nur mit n S (bei konstanter Anstiegszeit), also additiv mit der Röhrenzahl. Um hohe Verstärkung zu erreichen, schaltet man m Gruppen in Serie. Die Gesamtverstärkung ist dann $V = v^m = \left(\dfrac{2\,nF}{f_2}\right)^m$. Die Röhrenzahl m n wird ein Minimum bei m = ln V, v = e und $n = \dfrac{e}{2}\,\dfrac{f_2}{F}$ [167, 198]. Häufig können C_a oder C_g entfallen und durch die Röhrenkapazitäten alleine ersetzt werden. Der Phasen- und Frequenzgang kann durch zusätzliche Maßnahmen verbessert werden, etwa durch ohmsche Widerstände [64] und kleine Geschwindigkeitsunterschiede in den beiden Laufzeitketten [146, 305]. Zahlreiche Modelle wurden veröffentlicht (z. B. [126, 132, 189, 219, 280], Übersicht in [26]), und industriell hergestellt. Eine Weiterentwicklung dieses Prinzips mit Hilfe der Travelling Wave-Röhre wird die erreichten Grenzen erweitern [323].

Gleichspannungsverstärker

Die direkt (galvanisch) gekoppelten Gleichstrom- (oder -spannungs)verstärker werfen das Problem der Nullpunktskonstanz auf, sei es, daß sie als Breitbandverstärker bis zur unteren Frequenzgrenze Null konstante Verstärkung besitzen sollen, sei es, daß sie extrem kleine Gleichspannungen (Ladungen) oder -ströme verstärken müssen. Drei Möglichkeiten, an Stelle der RC-Kopplung direkt die Gleichspannungskomponente zu übertragen, zeigt Abb. 74. Im Fall (a) liegt die zweite Kathode entsprechend höher ($R_{k2} > R_{k1}$, oder an Stelle von R_{k2} eine Glimmstrecke oder Zener-Diode, S. 161), in (b) wird durch Spannungsteilung das folgende Gitter wieder heruntergezogen (die Verstärkung pro Stufe muß jedoch größer als die Spannungsteilung sein), und in (c) wird eine Glimmstrecke als Kopplungselement benützt. Von einer weiteren Möglichkeit, jede Stufe mit eigenem Netzteil auszurüsten, wird wegen des großen Aufwandes selten Gebrauch gemacht. Das Wandern des Nullpunktes muß durch starke Gegenkopplung so weit wie möglich reduziert werden, unter Umständen über mehrere Stufen hinweg. Da bei hochverstärkenden Gleichstromverstärkern oft nur eine beschränkte Bandbreite verlangt wird, lassen sich phasendrehfreie Gegenkopplungszweige leichter beherrschen. Sehr günstig arbeiten Gegentaktverstärker (d), die sich heute allgemein durchgesetzt haben. Änderungen der Betriebsspannungen und Röhreneigenschaften wirken sich in jeder Stufe gleichsinnig aus, daher ist die Konstanz besser. Hier können die einzelnen Röhrenpaare sogar vom gleichen Anodengleichstrom durchflossen werden (Kaskadenschaltung an einem Netzteil). Eine von außen bedienbare Nullpunktsregelung ist in jedem Falle unumgänglich. Auch

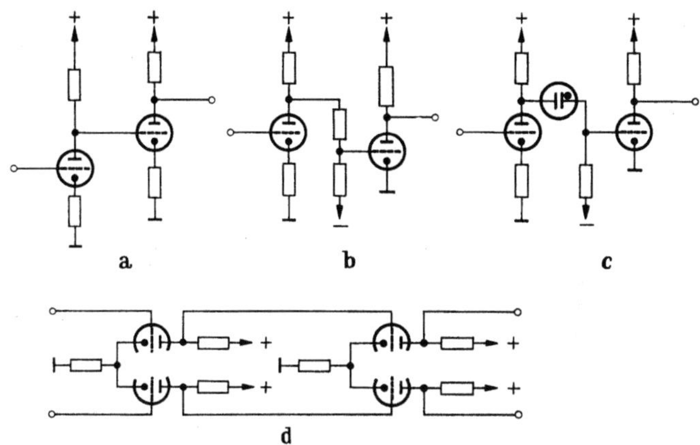

Abb. 74. Gleichspannungsverstärker, Kopplungsarten: (a) direkt, (b) Spannungsteiler, (c) Glimmstrecke, (d) Gegentaktschaltung

Servo-Anordnungen sind möglich, die periodisch eine Nullabweichung über eine Schaltvorrichtung zurückstellen.

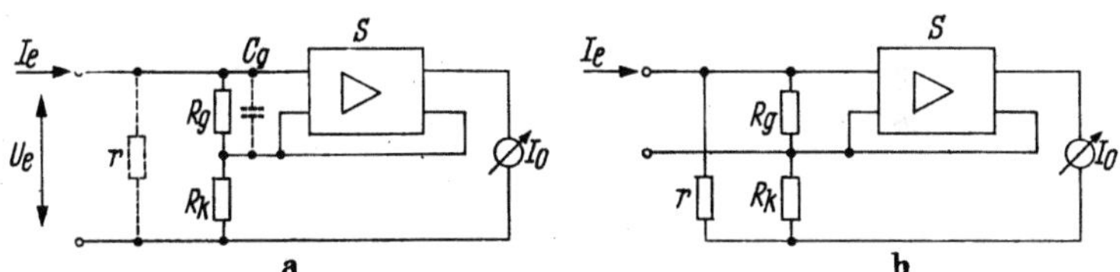

Abb. 75. Gleichspannungs- (a) bzw. Gleichstromverstärker (b) mit starker Gegenkopplung

Ein extrem hochohmiger Eingang wird bei der Messung kleinster Ströme (bis 10^{-15} A) gefordert. Elektrometerröhren erzeugen sehr geringen Gitterstrom, verstärken aber nur wenig. Kathodenfolgerschaltungen (S. 67) besitzen einen um den Faktor $(1 + S R_k)$ vergrößerten Eingangswiderstand, der sich in stark gegengekoppelten Verstärkerstufen sogar bis auf ∞ kompensieren läßt: Abb. 75. Hier sind zwei Varianten der Prinzipschaltung gezeigt

[*125*]. In (a) (ohne r) kann am Ausgang der Strom I_0 abgenommen werden: $I_0 \approx S\, U_e\, \dfrac{1}{1 + S\,R_k}$ (oder die Ausgangsspannung U_0 an R_k). Die Gegenkopplung beträgt fast 100%, die an R_g verbleibende Restspannung wird zum Steuern des Verstärkers benötigt. Die Belastung des Meßobjektes durch den Eingangswiderstand $R_e = = R_g\,(1 + S\,R_k)$ ist sehr klein, ebenso durch die wirksame Eingangskapazität $C_e = C_g\, \dfrac{1}{1 + S\,R_k}$. Zur Strommessung wird ein kleiner Meßwiderstand $r \ll (1 + S\,R_k)\,R_g$ an den Eingang gelegt: $I_0 = \dfrac{r}{R_k} \times$

$\times\, \dfrac{S\,R_k}{1 + S\,R_k}\, I_e \approx \dfrac{r}{R_k}\, I_e$. Hier steuert I_0 die Anordnung, bis U_0 etwa gleich der Spannung an R_g ist und $I_e \rightarrow O$ wird ($R_e \rightarrow \infty$). Im Fall der Abb. 75b kann der zu messende Strom auch an R_g gelegt werden ($r \ll R_k$), dabei wird der Eingangswiderstand $R_e = \dfrac{U_e}{I_e}$

$= \dfrac{r}{1 + S\,R_k}$. Weitere Verbesserungen und praktische Formen finden sich bei [*31, 125*]. Von einigen Millivolt Empfindlichkeit an aufwärts lassen sich extrem hohe Stabilität und Verstärkung erzielen.

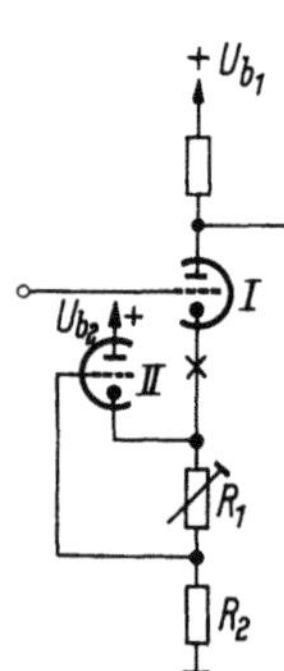

Abb. 76. Kompensation von Heizspannungs-Schwankungen

In vielen Fällen kann man die Schwierigkeiten der reinen Gleichspannungsverstärkung umgehen, indem man die zu verstärkenden Größen in Wechselspannungen umformt (moduliert). Als Modulatoren kommen mechanische (Zerhacker, Kohle, Quarz), optische (Photowiderstände) oder rein elektrische Wandler (Schwingkondensator — z. B. [*243*] — Dioden-, Transistoren- und Magnetwandler) in Frage, eine Übersicht gibt [*263*]. Nach Verstärkung (in Wechselspannungsverstärkern) erhält man nach (eventuell phasenrichtiger) Gleichrichtung der Trägerfrequenz die Gleichspannungsgröße wieder zurück, ohne die übliche Nullpunktswanderung bekämpfen zu müssen.

Schwankungen der Heizspannung können auch bei Eintaktverstärkerstufen stark verringert werden, wenn (bei Pentoden) g_1 und g_2 an einem gemeinsamen Spannungsteiler liegen [*83*], oder wenn nach Abb. 76 eine zweite Röhrenhälfte mit zusätzlichem Kathodenwiderstand R_1 hinzugenommen wird. Hier ist die Änderung der Heizspannung äquivalent einer gedachten Spannungsquelle bei X. Die Wahl von $R_2 = \dfrac{1}{S_{II}}$ (S_{II} Steilheit der Röhre II, bei $I_{aI} \ll I_{aII}$) erlaubt Abgleich der Kompensation mit R_1 auf das Maximum von I_{aI} [*246*].

Besonders wichtig ist praktische Erfahrung beim Aufbau von Gleichspannungsverstärkern; peinliche Sauberkeit (Isolation), gealterte Widerstände und Röhren (vgl. S. 11) und gute Wärmeabfuhr sind Voraussetzungen für stabiles Arbeiten. Oft muß störendes einfallendes Licht verhindert werden, insbesondere bei Arbeiten unter 10^{-10} A Meßgröße. Aus der umfangreichen Literatur über Gleichstromverstärker sind einige in [*89, 190, 194, 222, 277, 453*] herausgegriffen, die sehr häufig als Stromintegratoren bei sehr kleinen zu messenden Ladungen verwendet werden. Theoretische Behandlung findet sich bei [*43, 50, 78, 214, 338*], eine ausführliche Darstellung in [*358*].

3. Umpolung

Die sehr einfache Operation der Signalumkehr kann von jeder passenden Verstärkerstufe vorgenommen werden, allerdings sind je nach Anforderungen die strenge Linearität und die Zeitkonstanten

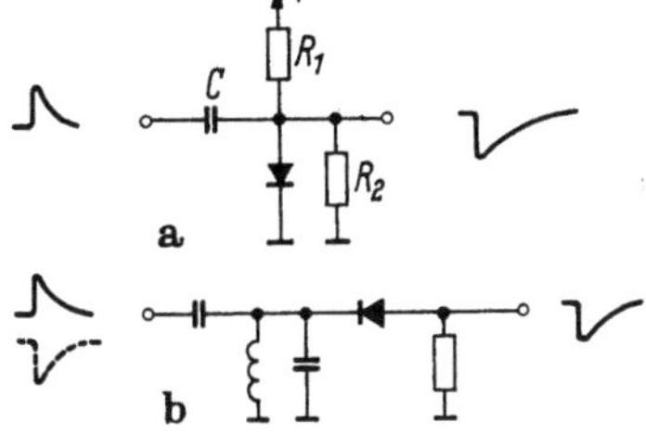

Abb. 77. Signalumpolung, (a) mit Diode, (b) mit Schwingkreis und Diode

zu beachten, namentlich bei hohen Amplituden. Muß das Signal und seine Umpolung gemeinsam verwendet werden, etwa in Gegentakt- oder Koinzidenzanlagen, darf die unterschiedliche Laufzeit nicht unbeachtet bleiben, ebenso wie neu entstehende Verzerrungen. In diesen Fällen ist die Phasenaufspaltung nach Abb. 55A ($R_a = R_k$) vorzuziehen. Sehr günstige Eigenschaften hat auch der operative Verstärker (S. 72), dessen Verstärkung leicht auf $V = -1$ eingestellt werden kann und der Amplituden über 100 V linear verarbeiten kann. Wenn dagegen die Signalform und zeitliche Verzögerungen keine Rolle spielen, läßt sich eine sehr einfache Impulsumkehr auch nach Abb. 77 erreichen: in (a) lädt das positive Eingangssignal über eine Diode den Kondensator C auf. Diese leitet in Ruhe (durch R_1) und schließt den Ausgang kurz. Sowie das Signal wieder abfällt, wird die Diode blockiert, und das Signal erscheint amplitudengetreu aber negativ am Ausgang. Die Abfallflanke des Ausgangsimpulses wird durch C und R_2 bestimmt. Negative Signale lassen sich ebenso verarbeiten, wenn Diode und Vorspannung umgepolt werden. Im Fall der Abb. 77b wird ein Schwingkreis angestoßen der (unabhängig von der Polung des

Eingangssignales!) stets gleichpolige Ausgangsimpulse von der Länge einer Halbwelle abgibt [*298*] ein Verfahren, das gleichzeitig eine Signalformung vornimmt.

3.1.2 Nichtlineare Amplitudenänderung

Nichtlineare Beeinflussung von Signalen kann entweder stetig durch Änderung des linearen Verstärkungsganges mit der Amplitude geschehen oder durch unstetige Begrenzung der Amplituden.

1. Stetige Änderung eines Amplitudenspektrums kann nach Abb. 78 vorgenommen werden. Hier sind die Signalamplituden (Ausgangs- gegen Eingangssignal) aufgetragen: Kurve A zeigt zum Vergleich die normale Linearverstärkung, während Kurve B *Expansion* und Kurve C *Kompression* des Amplitudenspektrums darstellt. Meist wird ein exponentieller Zusammenhang gewählt: $\ln U_o = S \ln U_e$, wobei $S = 1$ den Linearfall, $S > 1$ Expansion und $S < 1$ Kompression ausdrückt, ausführliche Literatur gibt [*255*]. Sehr ausgedehnte Amplitudenspektren werden oft nach Kurve C verarbeitet (logarithmischer Verstärker). Die Verstärkereinheit nach Abb. 71 hat bei großen Amplituden etwa exponentiellen Verlauf.

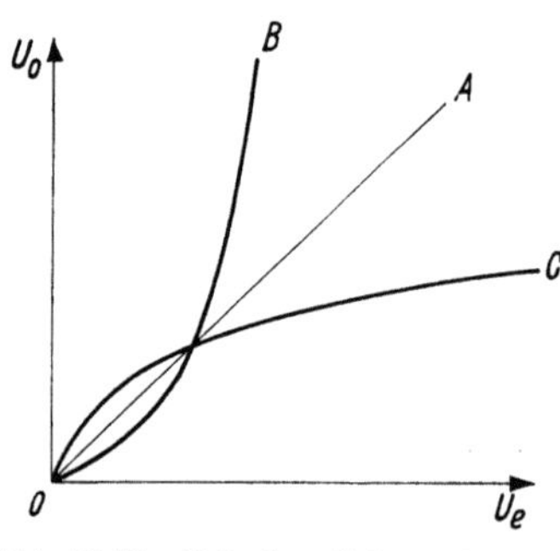

Abb. 78. Verstärkerkennlinien: *A* linear, *B* Expansion und *C* Kompression des Amplitudenspektrums

Beliebig genaue Annäherung an gewünschte Kurven erlauben **Funktionsnetzwerke,** wie sie in Analogrechenmaschinen verwendet werden, mit Widerstandsnetzwerken [*313*] oder Dioden. Sie lassen sich als Superposition von linearen Kennlinien mit verschiedener Steigung und verschiedenen Einsatzpunkten darstellen. Je nach positiver oder negativer Krümmung müssen Shunt-Dioden sukzessiv aus- oder eingeschaltet werden, wenn das Signal die einzelnen Spannungswerte durchläuft. Auch Trioden lassen sich verwenden [*201*] (dort auch weitere Literatur). Abb. 79 zeigt die beiden Fälle einer nach oben bzw. nach unten gekrümmten Kurve. Für die Kurve A ist ein Netzwerk in Abb. 80 dargestellt, Kurve B entsteht bei umgepolten Dioden. Das Eingangssignal wird an den Ausgang über einen Spannungsteiler geführt, dessen einer Widerstand ϱ ist und dessen zweiter (Shunt-)Zweig durch die über Dioden angeschalteten Widerstände r_n gebildet wird. Da dynamisch als Shunt-Widerstand die Parallelschaltung von R_n und r_n wirksam ist, gilt die Beziehung $W_n = \dfrac{r_n\,R_n}{r_n + R_n}$. Die beiden Kurven sind auf den Grenzfall $U_o = U_e$ normiert, wenn keine Diode leitet. Bei Erreichen einer Spannung U_1, die die erste Diode öffnet, verringert sich die Transmission auf $U_o = \alpha_1\,U_e$, und so fort, bis die n^{te} Diode den Transmissionsfaktor

$$\alpha_n = \frac{1/\varrho}{1/\varrho + \Sigma\,\dfrac{1}{W_n}}$$

er-
zeugt. Die α_n erhält man aus der vorgege-
benen Kurve, die im gekrümmten Teil in n Abschnitte $U_1 \cdots U_n$ aufgeteilt wird, aus denen sich die Bedingung $U_n = \dfrac{W_n}{R_n}\,U_b$ ergibt. Damit lassen sich die beiden Un-
bekannten R_n und r_n bestimmen: $W_u =$
$\dfrac{\alpha_{n-1}\cdot\alpha_n}{\alpha_{n-1}-\alpha_n}\,\varrho$, $R_n =$

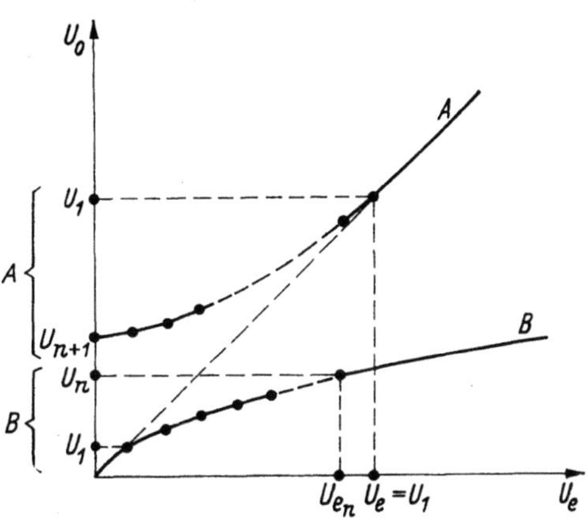

Abb. 79. Konstruktion eines Funktionsnetzwerkes nach Abb. 80 (s. Text)

$W_n\dfrac{U_b}{U_n}$ und $r_n = \dfrac{R_n\,W_n}{R_n - W_n}$. Die Definition der α_n richtet sich nach dem Kurventyp und ist aus Abb. 79 ersichtlich: aus Kurve A ergibt sich $\alpha_n = \dfrac{U_n - U_{n+1}}{U_{1/n}}$ und aus Kurve B erhält man $\alpha_n = \dfrac{U_{n+1} - U_n}{U_{en/n}}$. U_b wird zweckmäßig stabilisiert. In beson-
deren Fällen, etwa bei para-
bolischem [92], hyperboli-

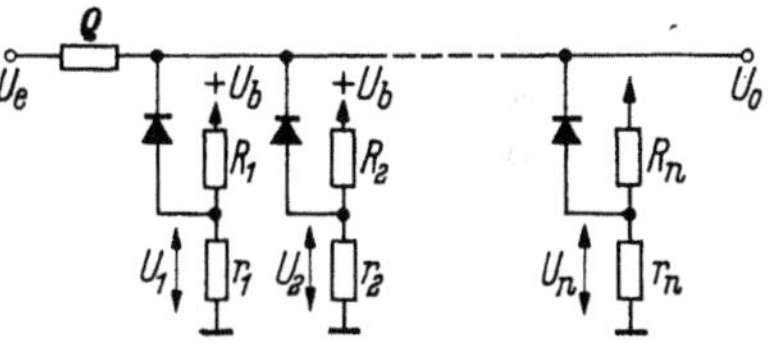

Abb. 80. Funktionsnetzwerk mit Dioden

schem [244] oder logarithmischem Verlauf, lassen sich die Werte für U_n recht einfach festlegen [108, 256]. Die Zahl n der Dioden richtet sich nach der verlangten Genauigkeit und der Kurvenform, n kann zwischen 5 und 30 liegen. Sehr günstig arbeitet der operative Verstärker (S. 72), in dessen Gegenkopplungszweig das Diodennetz-
werk gelegt wird [92]. Mit ähnlich aufgebauten Diodennetzwerken lassen sich beliebig geformte Signale auch in (Treppen-)Stufenform „quantisieren" [69].

Innerhalb eines bestimmten Bereiches sind Kennlinien von geeigneten (Regel-)Röhren oder Dioden zur Herstellung exponentieller Charakteristiken geeignet [188, 199]. Manche Kristalldioden haben über einige Zehnerpotenzen hinweg einen logarithmischen I/U-Zusammenhang. Auch die exponentielle Entladung eines RC-Gliedes kann als linear/logarithmischer Converter benützt werden [274]. Die Steuerung einer passenden Röhre an zwei Gittern mit dem gleichen Signal ergibt eine quadratische Charakteristik. Auch das Anlaufstromgesetz $U_a \sim \ln I_a$ liefert im Bereich kleiner Anodenspannungen ($\pm$ einige Volt) über $5\cdots10$ Zehnerpotenzen hinweg eine logarithmische Kurve [175], Spezialröhre in [82 a].

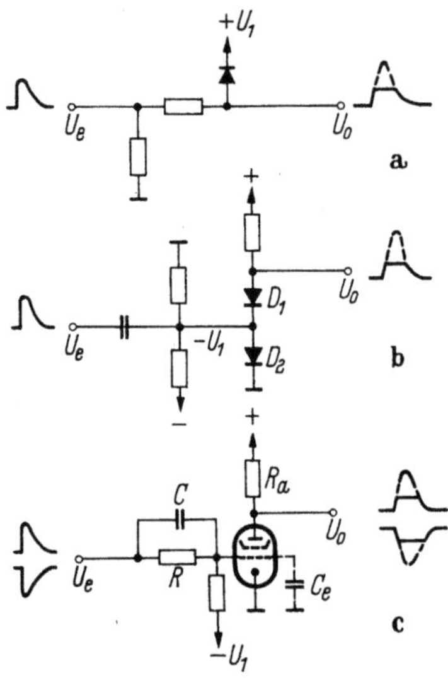

Abb. 81. Begrenzer (Clipper) mit Diode (a, b) und Röhre (c)

2. Unstetige Änderungen werden dann vorgenommen, wenn das Ausgangssignal entweder einen bestimmten Amplitudenwert nicht über-(unter-)schreiten soll, oder sogar bei allen Eingangsamplituden konstant bleiben muß. Im Falle einer oberen (unteren) Schwelle spricht man von *Begrenzung (Diskriminierung)*.

Eine Begrenzerstufe (auch: Clipper) wird etwa in einen Verstärker — möglichst weit vorne — gelegt, wenn dieser vor übergroßen Amplituden geschützt werden soll. Andererseits läßt sich eine Begrenzung „von unten her", also eine Diskriminierung gegen kleine Amplituden, um so wirksamer vornehmen, je höher die Signalamplituden liegen. In Abb. 81a werden alle positiven Amplituden oberhalb der Spannung U_1 gekappt, für negative Signale ist die Diode und U_1 umzupolen. Häufig soll das Begrenzerniveau auf Nullpotential liegen. Die nötige Verschiebung der Signalnullinie auf $-U_1$ besorgt die Schaltung in Abb. 81b: D_1 leitet, D_2 sperrt. Erreicht das Signal die Amplitude $|U_1|$, hält D_2 den Ausgang auf Nullpotential. Eine analoge Umpolung arbeitet bei negativen Signalen. Begrenzung durch eine Röhre (c) kann bei positiven oder negativen Signalen angewendet werden: negative Signale sperren die Röhre gemäß der Schärfe des unteren Kennlinienknickes, positive ziehen Gitterstrom, der das Gitter etwa auf

0 V hält. C muß bei sehr kurzen Signalen zur Kompensation von C_e zugefügt werden (vgl. S. 54). Wie Abb. 2 (S. 6) zeigte, läßt sich die Grenzkennlinie R_{iL} zur Begrenzung des Anodenstromes ausnützen. Die Gerade für R_a schneidet die R_{iL}-Gerade bei einer Gitterspannung, die die obere Begrenzung der Eingangsamplitude festlegt. Bei Pentoden kann dieser Wert je nach R_a noch im Bereich negativer Werte von U_{g1} liegen, es fließt also kein Gitterstrom, so daß R in Abb. 81c entfallen kann. Bei Trioden wird man dagegen R_{iL} nur mit höherem Gitterstrom erreichen, daher ist die Begrenzung mit Hilfe von R vorteilhafter. Im Gegensatz zu Diodenbegrenzern verstärken Röhrenstufen unterhalb der Grenzschwelle. Negative Signale können auch durch die Kathode einer steilen Röhre begrenzt werden, deren Gitter etwas unter dem Grenzpotential U_1 liegt. Unterschreitet die Signalamplitude (und damit die Röhrenkathode) U_1, so leitet die Röhre und verhindert weiteres Absinken. Solche Klammerschaltungen (clamp circuits) werden auf S. 162 behandelt. Als wirksamer Begrenzer erweist sich (nach beiden Seiten) auch der kathodengekoppelte Verstärker (Abb. 64), der bei richtig gewähltem Arbeitspunkt die Signalquelle nicht mit Gitterstrom belastet [*171*].

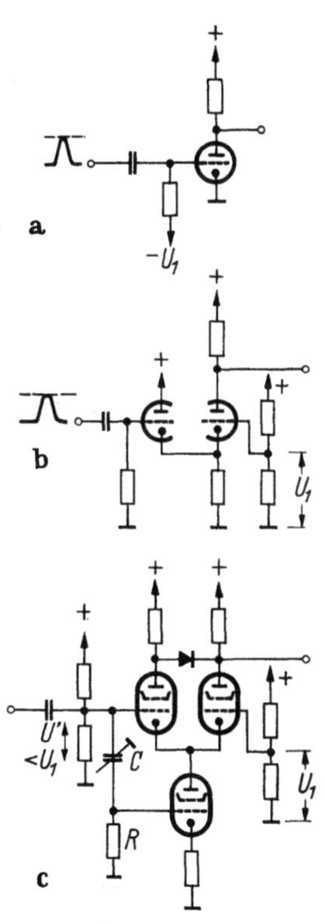

Abb. 82. Diskriminatoren, (a) vorgespannte Röhre, (b) kathodengekoppelter Verstärker, (c) mit zusätzlicher Verschärfung des Einsatzknickes durch eine Diode

Bei einem **Diskriminator** muß das Signal erst eine Schwelle U_1 überschreiten, ehe es weitergeleitet wird. Eine vorgespannte Röhre oder eine Diode sorgt für Sperrung unterhalb dieser Schwelle.

Im Beispiel Abb. 81a ist $U_1 < 0$ (bzw. bei negativen Eingangssignalen $U_1 > 0$, mit umgepolter Diode). Röhrendiskriminatoren nach Abb. 82a sind infolge ihres nicht idealen unteren I_a/U_g-Kennlinienknickes nur für geringere Ansprüche brauchbar, die kathodengekoppelte Schaltung nach (b) gibt schärfere untere Begrenzung, die durch eine Diode zwischen den Anoden (c) noch verbessert wird. In (b) und (c) ist die linke Röhre gesperrt; erst beim

Überschreiten von U_1 gelangt das Signal an den Ausgang. Im Ruhezustand (c) leitet die Diode und sperrt erst, wenn die linke Röhre gerade Strom zu ziehen beginnt und ihre Anodenspannung gegenüber der rechten Anode absinkt. Ferner ist in (c) der Kathodenwiderstand durch eine Röhre ersetzt, die nicht nur den gemeinsamen Kathodenstrom konstant hält (Linearisierung der Arbeitskennlinie, sondern über das Glied R-C den kapazitiven Signaldurchgang bei gesperrter Stufe kompensiert. Weitere Einzelheiten folgen im Abschnitt 4.3.1. Bei kurzen Signalen spielen auch hier wieder die Zeitkonstanten eine wesentliche Rolle, sie sind im Abschnitt 2.3.1 (S. 24) behandelt.

Bei einer wichtigen Gruppe von Amplitudenformern wird bei jedem eintreffenden Signal ein konstantes Ausgangssignal abgegeben. Da hierbei nicht nur die Amplitude äqualisiert wird, sondern auch die Signalform verloren geht, erscheinen diese *Triggerstufen* im Kapitel 2 (z. B. Schmitt-Triggerkreis u. a.). Schließlich sei noch die Umpolung im nichtlinearen Bereich erwähnt, die sich im Grenzfall darauf beschränkt, konstante Rechtecksignale umzukehren. Dabei kann (etwa in Rechenmaschinen) auch das obere bzw. untere Gleichspannungsniveau mit übertragen werden.

Durch Fortführung dieses Prinzips der Einfügung nichtlinearer Glieder in Rück- und Gegenkopplungszweige läßt sich ein linearer Verstärker mit scharfem unteren Knick (bei etwa 0,1 V) aufbauen [204], der im Ruhezustand (ohne Schaltimpulse am Ausgang) von außen gesperrt oder geöffnet werden kann.

3.2 Zeitliche Änderung

Unter Zeitformern mögen solche Stufen verstanden werden, die an der Amplitudeninformation nichts ändern, wohl aber den Zeitpunkt bzw. den zeitlichen Ablauf des Signales beeinflussen. Hierher gehört das Verzögern eines Signales ebenso wie das zeitliche Dehnen. Die Definition des „Zeitpunktes" eines Signales (vgl. S. 20) ist hiervon unabhängig.

3.2.1 Verzögerung

Ein Signal soll oft später an einer Stelle eintreffen als der Zeitpunkt seiner Entstehung in der Signalquelle (delay). Hierzu können Laufzeitketten (LC-Glieder, S. 18) verwendet werden, die namentlich bei sehr langen Laufzeiten am wenigsten Raum beanspruchen. Eine höhere Güteziffer $\frac{T}{t_r}$ (Laufzeit zu Anstiegszeit) besitzen Kabel, entweder Koaxialkabel normaler Bauart oder spezielle Laufzeitkabel. Bei ihnen ist der Wellenwiderstand Z stets vorgegeben, während bei Ketten Z in gewissen Grenzen wählbar ist und die Güteziffer etwa mit $n^{\frac{2}{3}}$ ansteigt (n = Gliederzahl). Der Abschlußwiderstand wird zweckmäßig auch am primären Ende der Verzögerungsleitung gleich Z gewählt, insbesondere, wenn steilflankige Signale möglichst reflexionsarm verzögert werden sollen.

Je steiler die Flanken, desto niedriger muß bei Kabeln Z gewählt werden, um Reflexionen des höheren Anteils des Fourier-Spektrums zu unterdrücken. Häufig verbessern einige passend gewählte L-C-Glieder nach Abb. 12 zwischen Kabel und Abschlußwiderstand die Anpassung. Der primärseitige Abschluß hängt auch von den Bedingungen der speisenden Röhre ab. Ist ein Anodenverstärker (Abb. 83a) die Signalquelle, so kann $R_a = Z$ sein, wenn die Röhre im Impulsbetrieb arbeitet (in Ruhe gesperrt ist), andernfalls ist der vom Kabel gesehene Ausgangswiderstand zum Zeitpunkt des Eintreffens etwaiger Reflexionen zu bestimmen. Das gleiche gilt für den Kathodenfolger (Abb. 83b), dessen statische Bedingungen aber oft nicht so gewählt werden können, daß sein Ausgangswiderstand passend liegt. In diesen Fällen muß ein Amplitudenverlust in Kauf genommen werden: Anpassung geht vor Verstärkung (vgl. S. 18).

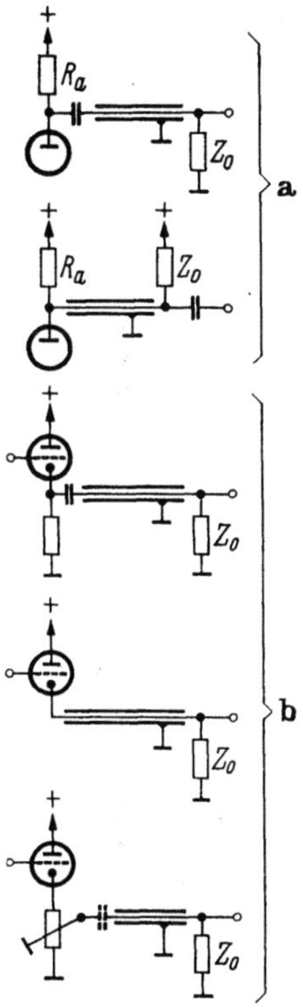

Verzögerungsleitungen werden häufig in mehrkanaligen Meßanlagen benötigt, um die unterschiedlichen Laufzeiten einzelner Stufen auszugleichen. Pro Röhrenstufe kann man im allgemeinen mit einer Signalverzögerung von der Größenordnung 10···50 nsec rechnen (bei Triggerstufen vgl. S. 46). Ein genauer Abgleich ist nur oszilloskopisch möglich.

Abb. 83. Anschluß eines (Laufzeit) Kabels an Anode (a) und Kathode (b)

Eine andere wichtige Maßnahme ist die reine Zeitpunktverzögerung unter Verlust der Amplitudeninformation. Hierzu zählen alle Triggerstufen (S. 100), die durch das Signal ausgelöst werden und nach Beendigung ihres Zyklus ein (konstantes) Signal weitergeben. Man spricht dann von Signalverzögerung, obgleich das Eingangs- und das Ausgangssignal nicht mehr identisch sind. Der Prototyp des Univibrators (S. 33) erzeugt einen Rechteckimpuls, dessen abfallende Flanke differenziert und weitergegeben wird. Durch Änderung der Eigenzeit erreicht man eine variable Verzögerung. Für Präzisionsmessungen, namentlich bei längeren Zeiten (bis zu Minuten) wird der Miller-Integrator (Phantastron, S. 44) wegen seiner geringeren Streuung (jitter) bevorzugt. Die stufenweise oder kontinuierlich regelbare Verzögerungszeit (Regelung von R, C, oder auch einer Spannung) läßt sich zuverlässig eichen; Präzisionspotentiometer (Helipot) sind empfehlenswert.

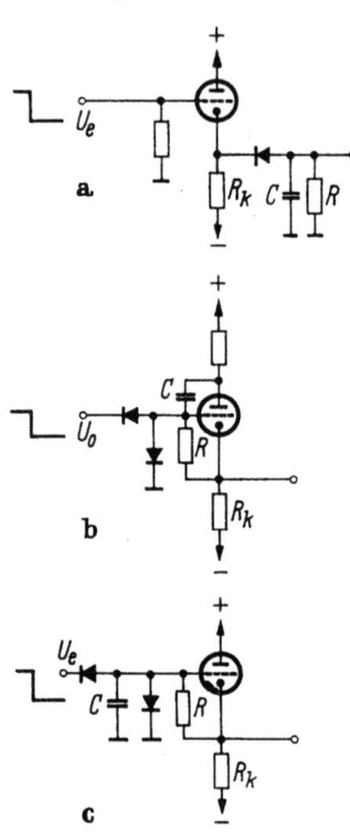

Abb. 84. Aufladung einer Speicherkapazität C, (a) über Kathodenfolger, (b) als Miller-Kapazität, (c) direkt über Diode

3.2.2 Impulsdehnung

Die genaue Ausmessung der Amplituden von impulsförmigen Signalen macht besonders bei kurzzeitigen Amplitudenspitzen Schwierigkeiten, die durch zeitliche Dehnung der Impulsmaxima behoben werden (stretcher). Die Signale werden dadurch in Rechteckimpulse verwandelt, deren Amplituden gleich denen des Eingangsspektrums sind. Die zeitliche Länge dieser neuen Impulse richtet sich nach der höchsten vorkommenden Zählrate und der Meßzeit für jede Amplitude. Im Prinzip wird jeweils eine Kapazität auf den Spitzenwert aufgeladen (Abb. 84). Die Aufladezeitkonstante t_a ist in (a) $t_a =$

$$\frac{R\,R_k\,C}{R\,(1 + S\,R_k) + R_k} \approx \frac{C}{S}, \text{ in (b) } t_a \approx R_a C.$$

Während die Entladung in (a) normal exponentiell vor sich geht $(t_e = R\,C)$, ist in (b) $t_e = \mu\,\dfrac{R\,(R_a + R_k)}{R_a + R_i + R_k}\,C$ und in (c) $t_e \approx \mu R\,C$

(R ist also auf das μfache vergrößert). Die Entladung wird jedoch meist rasch durch einen elektronischen Schalter ausgeführt: Abb. 85a. Eine (niederohmige) Signalquelle lädt C über die Diode D_1 bis zum Scheitelwert auf, der solange bestehen bleibt, bis der Schalter S den Ladekondensator C wieder entlädt. Eine praktische Ausführung zeigt Abb. 85b. D_1 ist eine Röhrendiode, deren Sperrwiderstand vernachlässigt werden kann. D_2 kompensiert als Aus-

gleichdiode (vgl. S. 164) jede Ladungsänderung des Kopplungskondensators C_2. Die Entladeröhre, die in Ruhe leitet und C_2 kurzschließt, wird bei Eintreffen eines Signales vom Univibrator UVi

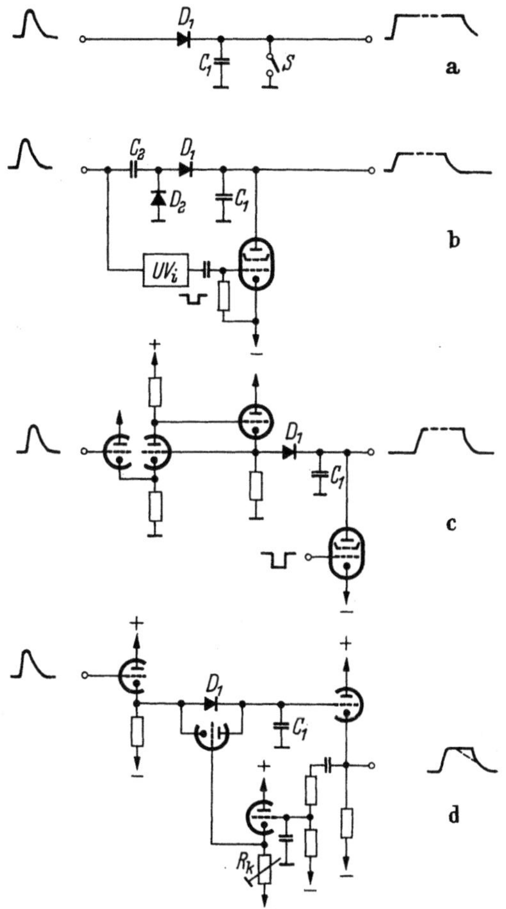

Abb. 85. Impulsdehner: (a) Prinzip, (b) mit Lösch-Univibrator,
(c) hinter einem Differenzverstärker, (d) selbstlöschend

für eine konstant bleibende Zeitdauer gesperrt. Notfalls muß das
auf die Ladekapazität geführte Signal etwas verzögert werden,
damit die Entladeröhre rechtzeitig gesperrt ist. Parallel zu C_1
liegende Widerstände (z. B. Isolationswiderstand von C_1, Kathode/

Heizfaden-Widerstand von D_1 usw.) bewirken einen Plateauabfall. Je nach dessen erlaubter Größe müssen diese Widerstände einen Mindestwert besitzen. So wird das Signal an C_1 über einen Kathodenfolger ausgekoppelt und der Heizkreis der Diode nicht an Erde gelegt, sondern entweder freigelassen oder über einen eigenen Kathodenfolger mit dem Potential an C_1 mitgeführt. Zeiten bis zur Länge von Minuten lassen sich erzielen [278]. — Eine verbesserte Form (c) verwendet einen Differenzverstärker, der C_1 solange auflädt, bis die Eingangsspannung und das Potential an C_1 gleich sind. Als Diode D_1 kann auch die Gitter-Kathodenstrecke einer Triode dienen, deren Innenwiderstand noch unter dem Wert der üblichen Dioden liegt. Im nsec-Bereich läßt sich die Auf- oder Entladung mit der Dynode einer Sekundäremissions-Pentode sehr stark verkürzen [94, 286], auch Blocking-Oszillatoren (S. 27) eignen sich hierfür. Die Sperrung des Einganges für weitere Impulse während des Dehnungsvorganges ist bei hohen Zählraten empfehlenswert [152]. Kürzeste Erholzeiten erhält man, wenn die Löschröhre in Ruhe leitet und nur während der Signaldauer gesperrt wird. Die Empfindlichkeit des Sperrunivibrators muß der kleinsten zu verarbeitenden Signalamplitude entsprechen. Als Entladeröhre wird eine steile Röhre mit kleinem statischem Innenwiderstand gewählt. Das Beispiel in Abb. 85 arbeitet bei positiven Signalen, bei negativen müssen D_1 und die Entladeröhre umgepolt werden, oder die Entladung wird durch die Dynode einer Sekundäremissions-Pentode besorgt. Schließlich zeigt Abb. 85d eine Abart des Falles (c), bei der kein getrennter Lösch-Univibrator benötigt wird [82]: die parallel zu D_1 liegende Triode ist in Ruhe gesperrt und wird über einen eigenen Kathodenfolger so (vom Ausgangskathodenfolger) gesteuert, daß ihre Gitterspannung — nur während des Signalabfalles — langsam das Kathodenpotential erreicht und dann C_1 entlädt. Mittels R_e läßt sich die Zeitdauer der Dehnung etwas variieren.

Zeitdehnung wird etwa bei der Amplituden-Spektroskopie angewendet oder bei hellgetasteten oszillographischen Registrierverfahren (z. B. Graukeilmethode, S. 146).

Eine besonders einfache Impulsdehnung zeigt Abb. 86a [262], die von 0,1 bis 10 μsec brauchbar, jedoch zählratenabhängig ist. Auch die Gitterkapazität in Verbindung mit einer Diode [273, 303] ist imstande, sehr kurze Impulse zu verlängern (Abb. 86b). Die in Abb. 77 gezeigte Umkehrstufe ist ebenfalls in der Lage, Impulse zu dehnen, da die Abfallflanken entsprechend der Größe von C_1, R_1 und R_2 langsam abfallen. Günstiger arbeitet eine erweiterte Form, die in Abb. 86c dargestellt ist (z. B. [355] u. a.). Sie eignet sich besonders für Sägezahnimpulse mit raschem Abfall. Während der Anstiegszeit wird C_1 (über die Diode) negativ aufgeladen, die Röhre sperrt. Während des (kurzen) Abfalles behält C_1 seine Ladung so lange, bis C_2 sich wieder entladen hat, die Röhre leitet und C_1 entlädt. Die Zeitkonstante $R_3 C_3$ ist groß.

In besonderen Fällen von größeren Anlagen können bereits vorhandene Bausteine zusätzlich so miteinander verkoppelt werden, daß Signalamplituden länger auf ihrem Scheitelwert gehalten werden als die Primärsignale selbst. Als Beispiel zeigt Abb. 87, wie durch den Anodenwiderstand R_a, der dem Differenzverstärker (Diskriminator) und dem Ausgangskathodenfolger gemeinsam ist, die Maximalamplitude auf die Dauer der Kabelformierzeit verlängert wird [*343*].

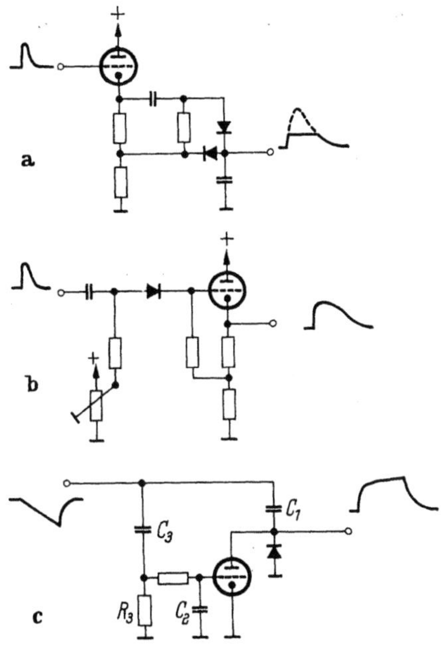

Abb. 86. Einfacher Impulsdehner, (a) hinter Kathodenfolger, (b) für sehr kurze Impulse, (c) für Sägezahnimpulse

3.2.3 Zeittransformation

Durch Anwendung des Laufzeitprinzips (im Kettenverstärker, S. 81) gelingt eine zeitliche Dehnung der Signal*form*, die aber dabei erhalten bleibt. Wird ein Kettenverstärker (Abb. 73) mit Gitter- und Anodenkette von verschiedenen Laufzeiten ausgerüstet,

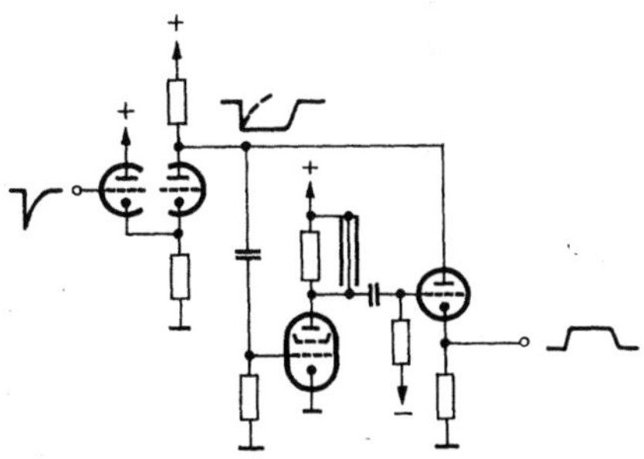

Abb. 87. Impulsdehner mit Laufzeitkabel

dann erscheinen die an der Gitterkette entlanglaufenden Signale nicht jeweils zur gleichen Zeit an den Anoden, sondern mehr oder weniger beschleunigt oder verzögert. Je nach der Signalform bzw. -breite gibt die am Ausgang erscheinende Einhüllende das Eingangssignal amplitudentreu aber zeitlich transformiert wieder. Auch mit dem Chronotronprinzip (S. 122) läßt sich ähnliches erreichen, vgl. auch [*279, 353*]. Eine andere Art der Zeittransformation nimmt der stroboskopische Oszillograph (sampling oscilloscope) vor (S. 178). Schließlich kann man eine Zeittransformation erreichen, wenn man ein zu messendes Kurzzeitintervall dadurch auf ein Vielfaches seiner Zeit transformiert, daß Start- und Stopimpuls des Intervalles je einen Schwingkreis anstoßen, von denen einer um p Prozent gegen den andern verstimmt ist. Die Periodendauer der resultierenden Schwebung ist damit um das p-fache verlängert worden und läßt sich mit großer Genauigkeit in ihrer Phase ausmessen (S. 123).

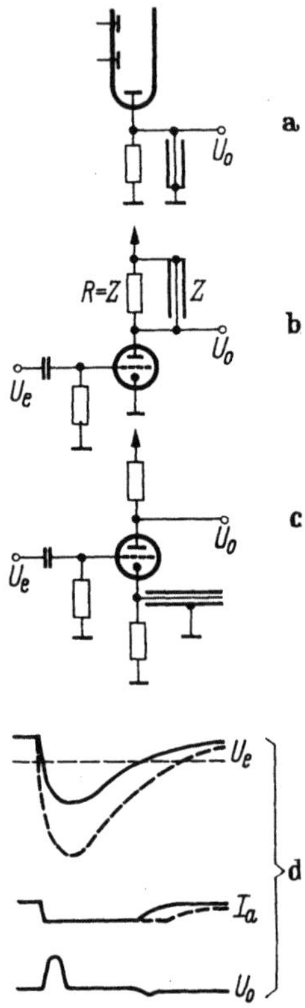

3.2.4 Kabelformer

Eine sehr beliebte Änderung einer Signalform, auch unter Beibehaltung von Zeit- und Amplitudeninformation, besteht in der Anwendung eines Laufzeitkabels (S. 16), ähnlich dem Differenzierprozeß (Abschnitt 3.3.2). Abb. 88a zeigt das Beispiel eines Photomultipliers (S. 49) und (b) das einer Verstärkerstufe. In beiden Fällen liegt an der Anode ein am Ende kurzgeschlossenes Kabelstück, das vom Eingangssignal das nach doppelter Laufzeit reflektierte Signal subtrahiert und dadurch eine Verkürzung des Signales bewirkt (cable clipping). In (c) liegt das Kabel an der Kathode [*346*] und ist nicht abgeschlossen. Das positiv reflektierte Signal addiert sich an der Kathode zum Eingangssignal (vgl. Abb. 14). Die Wirkung an der Anode ist die gleiche wie in (a) und (b). Durch Anpassung der Kabeldämpfung an den Signalabfall (oder umgekehrt) läßt sich ein Überschwingen vermeiden (S. 104).

Abb. 88. Impulsformung mit Laufzeitkabel an der Anode eines Photomultipliers (a) oder Verstärkerröhre (b, c)

Soll nur die zeitliche Aussage gewonnen werden (z. B. für Koinzidenzstufen), wird häufig eine Methode angewandt, die aus Abb. 88b, c ersichtlich ist: hier wird die (steile, bei möglichst kleinen

Gitterspannungen blockierbare) Röhre durch das negative Signal gesperrt und erzeugt im Anodenkreis mit dem Impulsformerkabel einen kurzen Impuls von stets gleichbleibender Form. Da die Röhre zugetastet wird, fließt kein Gitterstrom, die Stufe ist also übersteuerungssicher. Der Zeitpunkt der Differentiation ist sehr früh, möglichst nahe am Fußpunkt des Eingangssignales zu wählen, um die zeitliche Dispersion (S. 47) vernachlässigen zu können. Jedoch ist ein Kompromiß zu schließen zwischen dem Störspiegel (Rauschen usw.) und dem gewünschten Teil des Amplitudenspektrums. Abb. 88d zeigt die so erhaltenen Impulsformen. Im Interesse eines tiefliegenden Differenzierzeitpunktes wird man das Amplitudenspektrum möglichst groß wählen. Bei nicht zu steilen Flanken kann dies ein Verstärker besorgen, im Nanosekundengebiet (Signale von einigen nsec) verschmiert bereits ein Kettenverstärker die unteren Signalfußpunkte. Vielstufige (14 und mehr Stufen) Photomultiplier sind hier günstiger, da sie bereits hohe Amplituden liefern, die keine Nachverstärkung mehr nötig haben. Die Röhre in Abb. 88b ist im Ruhezustand voll leitend, muß daher innerhalb ihrer Grenzwerte betrieben werden. Der vom primären Signalabfall herrührende kleine Nachimpuls von entgegengesetzter Polung kann oft vernachlässigt werden, bei sehr hohen Zählraten (Superpositionsgefahr) läßt er sich durch eine (schnelle) Abkappdiode (S. 164) oder durch Vorformung des Eingangssignales im Gitterkreis verhindern (Kabelanpassung, S. 104). Eine ausreichende Diskriminierung gegenüber dem Untergrundstörspiegel kann vor der Röhre nach einer der beschriebenen Methoden (S. 89) eingesetzt werden, oder ein Verstärker mit passend gewählter unterer und oberer Schwelle übernimmt diese Funktion.

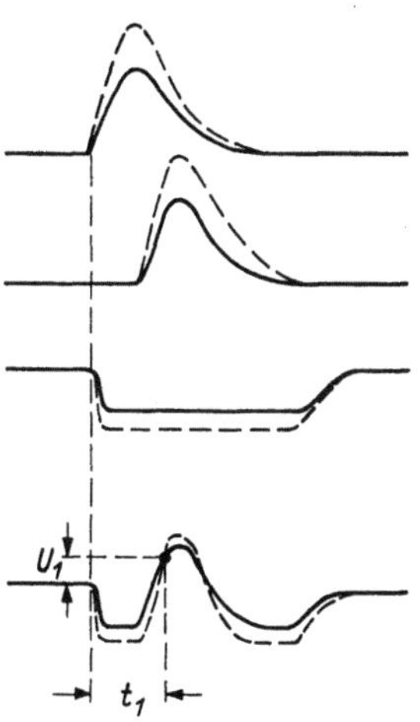

Abb. 89. Amplitudenunabhängiger Triggerzeitpunkt durch Podestbildung

3.2.5 Amplitudenunabhängiger Signalzeitpunkt

Im Abschnitt 2.3.3 wurde auf die Amplitudenabhängigkeit eines Signalzeitpunktes hingewiesen, der durch die Ansprechschwelle einer (stets folgenden) Röhrenstufe bedingt ist (Abb. 35). Diese Abhängigkeit läßt sich auf zweierlei Arten vermeiden. Ein

Verfahren [*208, 344*] leitet aus jedem Signal ein ihm amplituden-proportionales Podest ab (Signaldehner), das vom (etwas ver-zögerten) Signal selbst so subtrahiert wird, daß sich ein zeitlich konstanter Schnittpunkt bei allen Amplituden ergibt: Abb. 89. Durch den Schnittpunkt wird das Triggerniveau U_1 der folgenden Stufe gelegt. Eine zweite Methode leitet einen exakten Zeitpunkt für ein Signalspektrum (mit konstanter Anstiegszeit) durch Differenzieren her. Grundsätzlich läßt sich bereits durch einmalige RC-Differentiation eines Signals (Abb. 90a) ein Nulldurchgang (Überschwingen, S. 63) erzeugen (b), der bei allen Amplituden konstante zeitliche Lage hat. Günstiger ist zweimaliges Diffe-renzieren (Laufzeitkabel, S. 103) mit jeweiliger Unterdrückung des Überschwingens. Abb. 90c zeigt die erste, (d) die zweite Differentiation. Der Nulldurch-gang ist ein exakt definierter für das Signal typischer Zeitpunkt, dessen zeitliche Verzögerung t_1 gegenüber dem ersten Signal-fußpunkt einmal durch die Si-gnalanstiegszeit selbst bestimmt ist, außerdem durch die doppelte Kabellaufzeit (S. 103) — in Abb. 90 etwa $^3/_4$ der primären An-stiegszeit. Ein gegebenes Im-pulsspektrum mit konstanter Anstiegszeit (in erster Näherung etwa aus einem Szintillations-zähler) läßt sich so auf einen festen Zeitpunkt normieren.

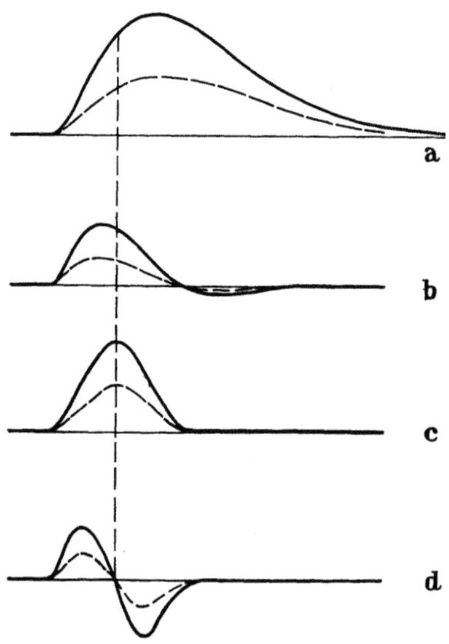

Abb. 90. Amplitudenunabhängiger Null-durchgang durch Differentiation: Signal (a) nach RC-Differentiation (b) und nach erster (c) und zweiter (d) Kabeldifferentiation

Der Nulldurchgang läßt sich nicht direkt zum Antriggern einer Kippstufe verwenden, sondern muß auf das Triggerniveau trans-formiert werden, wie etwa Abb. 91 zeigt [*320*], bei der das doppelt differenzierte Signal (ähnlich wie oben) mit einem Podest zusammen zum Zeitpunkt t_1 des Nulldurchganges die Triggerschwelle passiert. Eine andere Lösung, die größere Langzeitkonstanz besitzt und keine mit den Nachteilen von Gleichstromkreisen behaftete Podest-bildung verlangt, nützt die Hysterese des Schmitt-Triggers (S. 37) aus. Abb. 92 zeigt zwei (doppelt differenzierte) Signale, die einen Schmitt-Kreis beim Amplitudenniveau N_1 antriggern. Das

Rückkipp-Niveau N_0 wird genau auf die Nullinie gelegt, so daß zwar das Ankippen mit der amplitudenabhängigen Zeitdispersion behaftet ist, das Rückkippen aber exakt im konstanten Nulldurchgang stattfindet. Die Rückkippflanke wird differenziert und für die weiteren Aufgaben verwendet. Dieses Verfahren ist praktisch frei von Zeitdispersion und gestattet auch bei langsamen Signalen (t_r bis über $1\,\mu$sec) noch sehr hohe Koinzidenzauflösung [*183*]. Ein Impulsformerkabel an der Anode der Ausgangsröhre des Schmitt-Kreises kann unmittelbar brauchbare Signale an Koinzidenzstufen liefern (Halbwertsbreite einige 10 nsec).

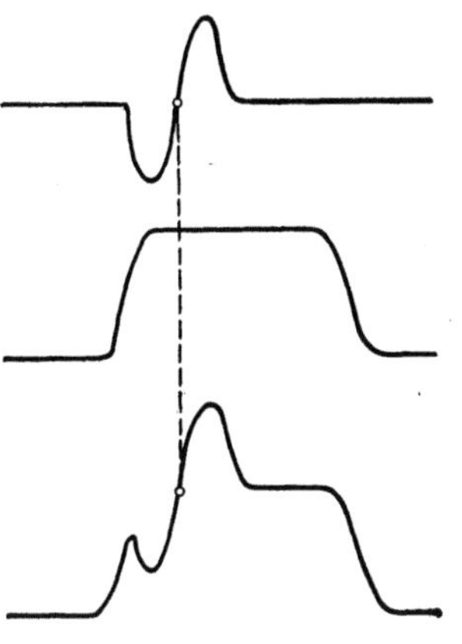

Abb. 91. Amplitudenunabhängiger Triggerzeitpunkt durch Podestbildung und zweifache Differentiation

Das doppelt differenzierte Signalspektrum von der Form nach Abb. 90 d eignet sich auch sehr gut zur Weiterverstärkung, da bei exakter Symmetrie der beiden Halbwellen keine Nullpunktwanderung bei hohen Amplituden auftritt [*135*] (vgl. Abschnitt 3.1.1). Ferner lassen sich nach der letzten Methode Spektren mit verschiedenen Anstiegszeiten trennen, die etwa von verschiedenen Teilchensorten in einem Kristall oder bei der Phoswichmethode (S. 52) geliefert werden.

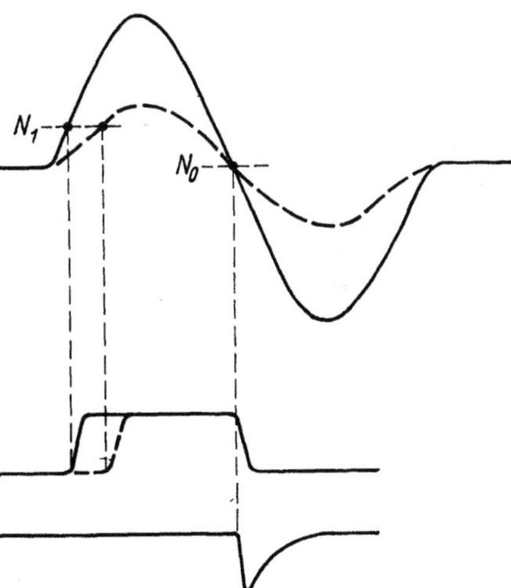

Abb. 92. Amplitudenunabhängiger Triggerzeitpunkt durch zweifache Differentiation und Schmitt-Triggerkreis

3.3 Formänderung

Die für manche Zwecke günstige Änderung des zeitlichen Ablaufes eines Primärsignales wird als Formänderung im engeren Sinne in den folgenden vier Abschnitten besprochen.

3.3.1. Triggerstufen

sind monostabile Kippstufen, die nach dem Antriggern nach Ablauf einer bestimmten, für sie typischen Zeit in den Anfangszustand zurückkippen. Jeder getriggerte Signalgenerator „ändert" die Signalform insofern, als die eintreffenden Signale nur dazu dienen, einen neuen Vorgang auszulösen: am Ausgang erscheint ein völlig neues Signal von stets gleichbleibender Form (Dauer und Amplitude). Aus einem Amplitudenspektrum wird eine Folge konstanter Signale (pulse equalizing), die nur noch zeitlich mit den Pri-

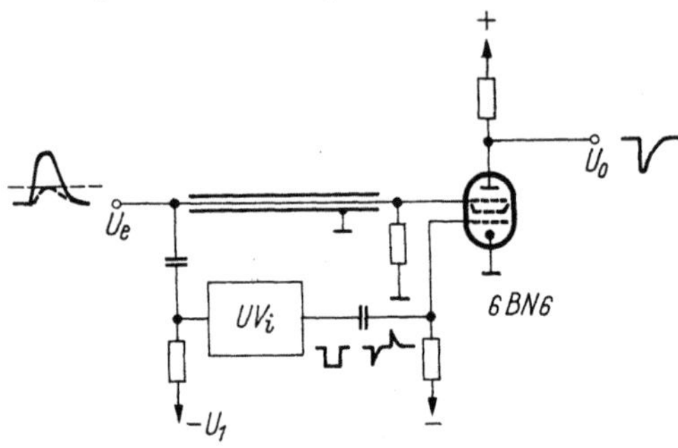

Abb. 93. Scharfer Triggereinsatz mit einer Torschaltung

märsignalen korreliert sind (Zeitpunkt bzw. Zählrate), während die Amplitudeninformation verloren geht. Alle Zählvorrichtungen (S.147) arbeiten sicherer mit uniformen Signalen, daher geht ihnen meist ein getriggerter Oszillator voraus. Auf die Amplitudenabhängigkeit des Triggerzeitpunktes geht der vorige Abschnitt ein, während die verschiedenen Signalgeber selbst im Kapitel 2 behandelt werden.

An dieser Stelle sei auf die Möglichkeit hingewiesen, durch Einfügen weiterer nichtlinearer Glieder den Knick in der Triggercharakteristik zu „verschärfen". Ein Beispiel zeigt Abb. 93, in der ein Univibrator UVi (Schwellenwert U_1) mit einer Koinzidenzstufe (S.120) kombiniert ist [254]. Das (verzögerte) Signal wird mit der differenzierten Abfallflanke des UVi-

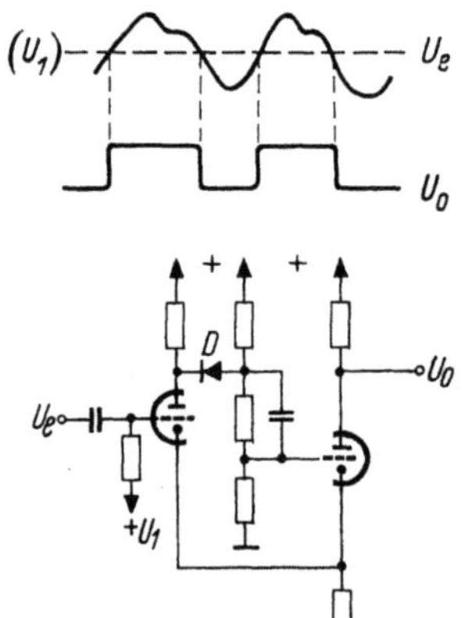

Abb. 94. Scharfer Triggereinsatz in einem Schmitt-Kreis durch Diode

Impulses in der Koinzidenzstufe gemischt, so daß die Anordnung eine besonders scharfe Triggerschwelle besitzt. Eine einfachere Möglichkeit zeigt Abb. 94. Hier ist ein Schmitt-Kreis (S. 37) durch die Diode D erweitert worden, deren zusätzlich wirkender

Kennlinienknick ebenfalls eine Verschärfung des Triggereinsatzes bewirkt [*141, 183*]. Die Schaltung dient häufig zur Umwandlung einer Sinusschwingung in Rechteckimpulse, etwa bei Ableitung von Impulsen aus einem Quarzsteueroszillator oder ähnlichem. Sie hat sich neben den beschriebenen Begrenzermethoden (S. 88) als wesentlich wirksamer (und wirtschaftlicher) erwiesen. Abb. 94 zeigt die Umwandlung eines periodischen beliebigen Signales in eine Folge von Rechteckimpulsen (squaring circuit). Durch Wahl des Umschlagniveaus läßt sich Zahl und Phase der Kippprozesse entsprechend den Durchgängen des Signales durch das Niveau und in Abhängigkeit von der Signalform festlegen.

3.3.2 Differenzierstufen

Die elektrische Differentiation eines Signales läßt sich am einfachsten mit einem RC-Glied annähern (Hochpaß, Abb. 95a). Es ist $U_e = \dfrac{Q}{C} + I\,R = \dfrac{Q}{C} + U_0$ oder $I \approx C\,\dfrac{d\,U_e}{d\,t}$ und

$U_0 \approx R\,C\,\dfrac{d\,U_e}{d\,t}$. Die Näherung ist um so besser, je kleiner die Spannung an R gegenüber der an C ist ($U_R \ll U_C$), eine Forderung die sich in der Praxis leicht erfüllen läßt, jedoch häufig Nachverstärkung erfordert.

Ein sinusförmiges Signal $U_e = U \sin \omega\, t$ erleidet durch das RC-Glied eine Phasenverschiebung von $\tan \varphi = \dfrac{1}{\omega\,R\,C}$ unter gleichzeitiger Abnahme der Amplitude um den Faktor $\dfrac{1}{\sqrt{1 + \left(\frac{1}{\omega\,R\,C}\right)^2}}$.

Exakte Differentiation ($\varphi = 90°$) ist mit einem einzigen RC-Glied nicht zu erreichen (Grenzfall R oder C = 0), hierzu sind zwei Glieder nötig. Bezogen auf hohe Frequenzen ($\omega \gg \omega_1$) ist bei der unteren Grenzfrequenz $\omega_1 = \dfrac{1}{R\,C}$ (vgl. S. 59) der Phasenwinkel $\tan \varphi = \dfrac{\omega_1}{\omega}$.

Die Differentiation eines rechteckigen Stufenimpulses ergibt (infolge der endlichen Werte von R und der Anstiegszeit t_r) einen

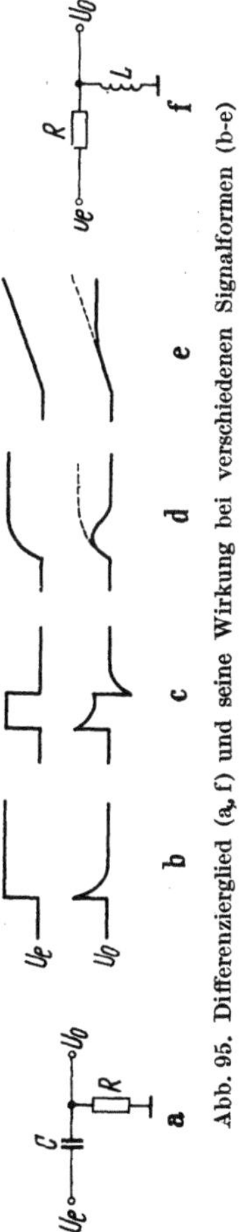

Abb. 95. Differenzierglied (a, f) und seine Wirkung bei verschiedenen Signalformen (b-e)

schmalen Impuls, der sich mit sinkendem R und t_r der nadelförmigen Idealform (Dirac-Impuls) nähert. Je nach Größe von R und C ergibt sich ein Anstieg, der etwa der primären Anstiegszeit t_r entspricht, an den sich ein exponentieller Abfall $U_o = U\,e^{-\frac{t}{RC}}$ anschließt (Abb. 95 b). Ist das Eingangssignal ein Rechteckimpuls von der Dauer T, so fällt das Plateau des differenzierten Impulses mit der gleichen Zeitkonstante R C ab, bis die Rückflanke erscheint und den Signalverlauf $U_o = U\left(e^{-\frac{T}{RC}} - 1\right)e^{-\frac{t-T}{RC}}$ erzeugt (c). Dieses sehr bedeutungsvolle (hier negative) Überschwingen spielt bei der Impulsverstärkung eine große Rolle (S. 63).

Ein exponentieller Signalanstieg (d) $U_e = U\left(1 - e^{-\frac{t}{t_e}}\right)$ erscheint hinter dem RC-Glied wieder exponentiell, aber mit kleinerer Maximalamplitude, die mit sinkendem RC-Produkt abnimmt:

$$U_o = \frac{a}{a-1}\,U\left(e^{-\frac{\vartheta}{a}} - e^{-\vartheta}\right),\ (a \neq 1)\ \text{bzw.}\ U_o = \vartheta\,U\,e^{-\vartheta},\ (a = 1),$$

wobei $\vartheta = \dfrac{t}{t_e}$ und $a = \dfrac{R\,C}{t_e}$ auf die Anstiegszeitkonstante des Primärsignales t_e normiert sind.

Schließlich ergibt ein linearer Signalanstieg (e) $U_e = K\,t$ ein nach kurzem Anstieg konstantes Ausgangssignal $U_o \approx K\,R\,C$. Der Anfangsanstieg läuft zunächst parallel mit U_e, bleibt aber dann unterhalb des Verlaufes von U_e, und zwar nach genügend langer Zeit t etwa um den Betrag $U_e - U_o \approx K\,(t - R\,C)$. Anstiegsverläufe lassen sich auf diese Weise unmittelbar durch Differentiation messen.

Die Nachverstärkung des differenzierten Signales kann beim operativen Verstärker (S. 72) als Differenzierstufe entfallen. In Abb. 63 wird dabei $R_1 = C$, R_3 bleibt reell und geht in den Differenzierprozeß nur mit dem Wert $\dfrac{1}{1-V'}$ ein. Damit sinkt die effektive Zeitkonstante von R und C auf den $\dfrac{1}{1+V'}$ fachen Wert, bzw. der Ausgang ist V' mal größer als bei dem einfachen RC-Glied von Abb. 95. Gelegentlich muß eine zweimalige Differentiation ausgeführt werden (z. B. S. 60). Hierzu wird zweckmäßig zwischen die beiden RC-Glieder eine Röhrenstufe gelegt. Von besonderem Interesse ist der Fall in Abb. 95e (linear ansteigendes Eingangssignal). Mit den beiden Zeitkonstanten $T_1 = R_1 C_1$ und $T_2 = R_2 C_2$ und dem Röhrenverstärkungsfaktor V erscheint am Ausgang entweder das Signal $U_o = K|V|\dfrac{T_1\,T_2}{T_2 - T_1}\left(e^{-\frac{t}{T_2}} - e^{-\frac{t}{T_1}}\right)$ bei $T_2 \neq T_1$, oder $U_o = K|V|t\, e^{-\frac{t}{T}}$ bei $T_1 = T_2 = T$. Der Verlauf des Ausgangssignales ist also wieder ein Impuls.

An Stelle von C kann auch eine Induktivität L treten: Abb. 95f. Die Zeitkonstante der R-L-Kombination ist $T = \dfrac{L}{R}$. Da Induktivitäten nicht so leicht verlustarm herzustellen sind und leicht Streufelder produzieren, gibt man meist dem RC-Glied den Vorzug. Gelegentlich lassen sich Röhren als Blindwiderstände verwenden (S. 19).

Eine ganz andere Annäherung an die Differentiation kann durch ein Laufzeitkabel (S. 17) erreicht werden. Wird nach der Zeit 2 T (Hin- und Rücklauf im Kabel mit der Laufzeit T) das (gegenphasig)

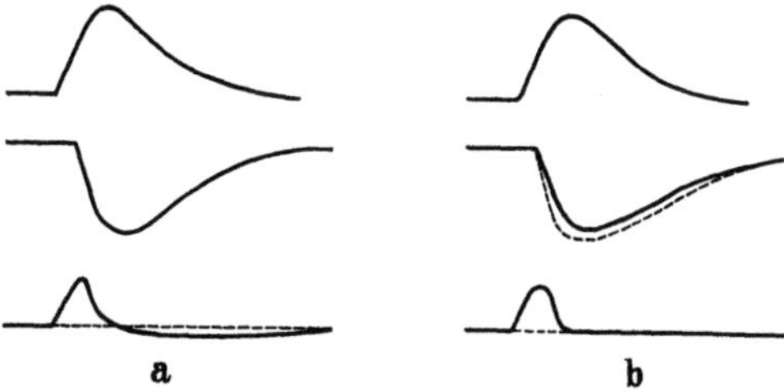

Abb. 96. Verhindern des Überschwingens (a) nach einer Differentiation durch passende Kabeldämpfung (b)

reflektierte Signal zum Eingangssignal U_e addiert (vgl. Abschnitt 1.2.3), so ergibt sich das neue Signal $U_o(t) = U_e(t) - U_e(t-2T)$, das der Differentiation von U_e umso näher kommt, je mehr $2T \longrightarrow O$ geht. Oft ist an streng mathematischer Differenzierung weniger gelegen, als an einer geeigneten neuen Signalform (vgl. auch Abb. 14a). Im einfachen Fall eines rechteckigen Stufensignals ergibt sich ein Rechteckimpuls von der Breite 2 T. Der häufige Fall eines exponentiellen Primärsignales (Abb. 95d) mit langsam abfallender Flanke ist in Abb. 96a gezeigt (etwa Impulse eines Strahlungsdetektors). Ein (bei kurzen Stücken nahezu dämpfungsfreies) Kabel erzeugt ein negatives Überschwingen, da sich das reflektierte Signal zu der bereits abgefallenen oder abfallenden Primäramplitude addiert. Man kann dies jedoch vermeiden, indem man entweder den Signalabfall der Kabeldämpfung anpaßt (dies erfordert oft unerwünscht lange Abfallzeiten) oder die Kabeldämpfung so erhöht, daß das reflektierte Signal gerade soweit abgeschwächt wird, daß kein Überschwingen auftritt (Abb. 96b). Ist die Kabeldämpfung d (pro Längeneinheit), die Kabellänge a und die den Signalabfall bestimmende Zeitkonstante $R\,C$, so kann die Amplitude der primären Abfallflanke $U_e = U\,e^{-\frac{t}{R\,C}}$ zur Zeit $t = 2\,T$ (doppelte Kabellaufzeit) gleich der Amplitude des reflektierten Impulses $U_r = -\,U\,e^{-2\,\mathrm{ad}}$ gemacht werden: $U_e\,(2\,T) = -\,U_r$ oder $R\,C = \dfrac{T}{\mathrm{ad}}$. Praktisch läßt sich d leicht vergrößern, indem entweder das Kabelende mit $r \neq O$ ($O < r < Z$) abgeschlossen oder vor das Kabel ein kleiner Dämpfungswiderstand r gelegt wird. Ein abgleichbares Trimmpotentiometer etwa von der Größe des Wellenwiderstandes Z genügt: Abb. 97. Im zweiten Fall ist jedoch zu berücksichtigen, daß r einen Teil des primären Abschlußwiderstandes darstellt. Diese künstliche Dämpfung bzw. Fehlanpassung kann auch ein schon primär vorhandenes Überschwingen kompensieren.

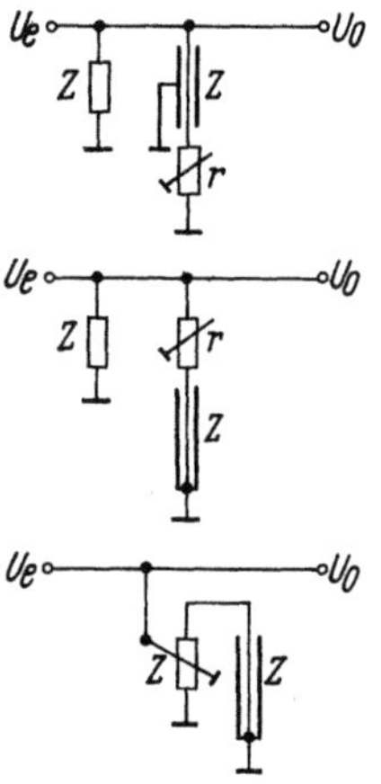

Auch eine zweimalige Differentiation läßt sich mit Laufzeitgliedern durchführen: Abb. 98 schlägt drei Beispiele vor. In (a) wird die übliche Kaskadenform, in (b) eine einstufige Kombination verwendet, bei der an der Anode ein kurzgeschlossenes und an der Kathode ein offenes Kabel liegt, und (c) zeigt einen Differenzverstärker, dessen beide Eingänge an einem einzigen Kabelstück liegen und der unter bestimmten Bedingungen doppelt differenziert und auch gleichzeitig als Begrenzer wirken kann.

Abb. 97. Künstliche Kabeldämpfung zur Kompensation des Überschwingens

Wie schon erwähnt, ist jeder Differenzierprozeß mit Amplitudenverlust verbunden, der notfalls durch zusätzliche Verstärkung wettgemacht werden muß.

3.3.3 Integrierstufen

Mit dem RC-Tiefpaß in Abb. 99a läßt sich elektrisch eine Integration annähern. Hier ist $U_e = I\,R + \dfrac{Q}{C} = I\,R + U_0$ und damit $U_0 \approx \dfrac{1}{R\,C}\displaystyle\int U_e\,dt$, wenn C sehr groß bzw. $\dfrac{dQ}{dt}$ sehr klein ist. Wie bei der Differentiation lassen sich auch hier die verschiedenen Signalformen behandeln. Ein Sinussignal erleidet die Phasenverschiebung $\tan\varphi = -\,\omega\,R\,C$ bei einem Amplitudenverlust auf den Wert $\dfrac{1}{\sqrt{1 + (\omega\,R\,C)^2}}$. Auch hier läßt sich der Wert $\varphi = 90°$ nur mit

zwei Gliedern erreichen. Die obere Grenzfrequenz liegt bei $\omega_2 = \dfrac{1}{RC}$.
Ein Rechtecksprung U_e erscheint am Ausgang als exponentieller
Anstieg $U_o = U_e \left(1 - e^{-\frac{t}{RC}}\right)$ mit dem Wert $t_r \approx 2,2\ RC = \dfrac{2,2}{\omega}$
(Abb. 99b). Bei einem Recht-
eckimpuls der Dauer T wird der
Anstieg nach der Zeit T unterbrochen und ein exponentieller Abfall
von gleicher Zeitkonstante schließt
sich an (c), das gleiche gilt für
periodische Impulse. Je größer RC
ist, desto stärker werden die Impulse
verflacht und zu einem zeitlichen
Mittelwert „ausgebügelt".

Ein (d) exponentiell (mit der
Zeitkonstante t_e) ansteigendes Si-
gnal $U_e = U\left(1 - e^{-\frac{t}{t_e}}\right)$ ergibt
$\left(\text{wie oben mit } \vartheta = \dfrac{t}{t_e} \text{ und } a = \dfrac{RC}{t_e}\right)$
am Ausgang $U_o =$
$$U\left(1 + \frac{1}{a-1}e^{-\vartheta} - \frac{a}{a-1}e^{-\frac{t}{RC}}\right),$$
wenn $RC \neq t_e$, bzw. mit $RC = t_e$
wird $U_o =$
$$U\left[1 - (\vartheta + 1)\,e^{-\vartheta}\right].$$

Endlich erscheint ein linear
ansteigendes Signal $U_e = K\,t$ am

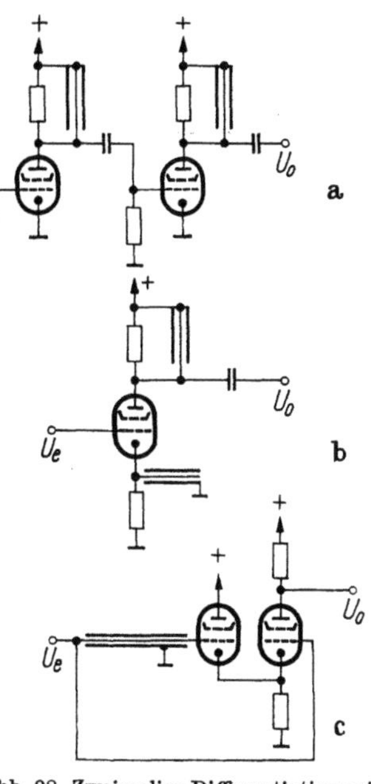

Abb. 98. Zweimalige Differentiation mit
Laufzeitkabeln

Ausgang mit $U_o = K\left[t - RC\left(1 - e^{-\frac{t}{RC}}\right)\right]$ und bleibt von etwa
einer RC-Zeit ab um den Betrag $U_e - U_o \approx K\,RC$ unterhalb der

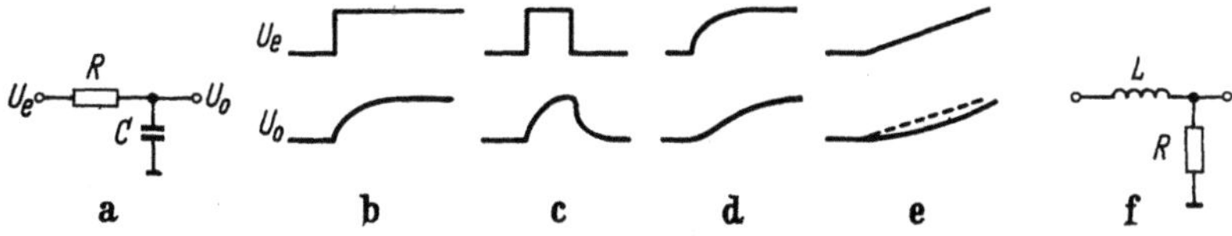

Abb. 99. Integrierglied (a, f) und seine Wirkung bei verschiedenen Signalformen (b—e)

Eingangsamplitude, erscheint also gewissermaßen um den Betrag
RC verzögert (Abb. 99e). Praktische Formen von Integrationsstufen enthält der Abschnitt 5.2.2.

Auch beim Integriervorgang ist Nachverstärkung nötig. Wiederum bewährt sich wegen seiner Stabilität der operative Verstärker (S. 72) bei dem R_1 reell bleibt (Abb. 63) und an Stelle von R_3 der Kondensator C tritt. Auf diese Weise entsteht der Miller-Integrator (S. 42), bei dem C auf den $(1 + V')$fachen Wert effektiv vergrößert wird. Die Ausgangsspannung hat die Form

$$U_o = -\frac{R_3}{R_1} U_e = -\frac{U_e}{j\,\omega\,R\,C} = -\frac{1}{R\,C}\int U_e \; dt.$$ Ein praktisches Beispiel bringt etwa [246]. Analog zur Differentiation läßt sich auch die Integration mit einem RL-Glied ausführen (Abb. 99f). Über Stromintegration siehe S. 142 und z. B. [113].

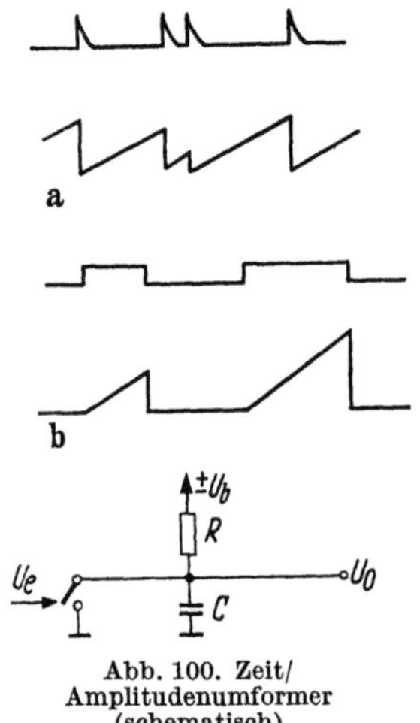

a

b

Abb. 100. Zeit/Amplitudenumformer (schematisch)

3.3.4 Zeit/Amplituden-Transformation

Viele Meßeinrichtungen erfordern eine Umwandlung der Amplitudeninformation in eine zeitliche oder umgekehrt die Transformation eines Impulslängenspektrums in ein Amplitudenspektrum. Dabei muß die zeitliche Information (etwa Impulslängen oder -abstände) und die Amplitudenverteilung einander (i. A. linear oder logarithmisch) proportional sein.

Zeit-Amplituden-Converter. Ein zeitlicher Signalinhalt läßt sich leicht in eine Amplitudeninformation (Spektrum) verwandeln, wobei die primären Amplituden ohne Bedeutung sind (vgl. S. 98). Die gewonnenen Zeitmarkenimpulse können nach Abb. 100 die Auf- oder Entladung einer Kapazität vornehmen. Der Schalter S symbolisiert hier eine Entladevorrichtung, die bei jedem Signal kurzzeitig C kurzschließt. Der anschließende Spannungsanstieg erreicht den Wert U_1, wenn das nächste Signal nach der Zeit t_1 eintrifft. Man erhält so eine Folge von Sägezahnimpulsen, deren Amplituden den Zeitintervallen proportional sind (a). Ebenso kann S in Ruhe geschlossen bleiben und von jedem Steuersignal für eine bestimmte Zeitdauer geöffnet werden (b). Abb. 101 zeigt drei praktische Formen: (a) eine einfache Kurzschlußröhre, (b) und (c) zwei Formen eines Miller-Integrators. Wird linearer Zusammenhang gefordert, müssen die Sägezähne linearen Anstieg haben. Die Bedingungen hierfür sind in Abschnitt 2.3.2 besprochen.

Eine ähnliche Methode definiert die zu messenden Zeitintervalle durch zwei Impulse. Impuls*längen* können in Impuls*paare* (bei Rechtecksignalen) umgewandelt werden, wenn Anstiegs- und Abfallflanken differenziert werden (S. 92). Oft liegen die Impulspaare schon primär vor, etwa bei Kurzzeit- und Flugzeitmessungen. Der Abschnitt 4.2.7 geht auf diese Gruppe der Zeit/Amplitudenumformer ein. Das Hauptanwendungsgebiet dieser Converter ist die Messung von Amplitudenspektren in Vielkanaldiskriminatoren (S. 158).

Schließlich können reziproke Zeitintervalle gebildet werden [*244*]. Die wie oben aus den gegebenen Zeitintervallen abgeleiteten

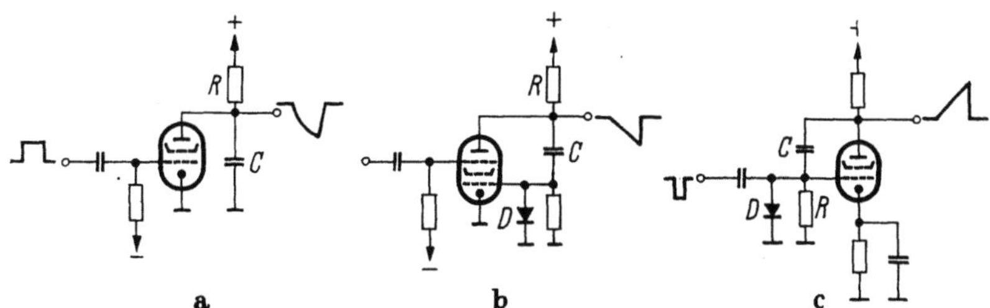

Abb. 101. Zeit/Amplitudenumformer (praktisch): (a) Entladepentode, (b) und (c) Miller-Röhre

Sägezahnamplituden werden umgepolt auf einen Verstärker mit hyperbolischer Kennlinie gegeben, dessen Ausgangsimpulse dann proportional $\frac{1}{t}$ sind. Die dazu notwendige Kennlinie muß durch ein Funktionsnetzwerk gebildet werden (S. 86).

Amplituden-Zeit-Converter. Die Transformation eines Amplitudenspektrums in eine Zeitmodulation läuft auf ein Öffnen eines Rechteckgenerators hinaus, dessen aktive Zeit proportional zur Eingangsamplitude ist. Eine Lösung der Aufgabe bietet der Schmitt-Kreis (S. 37), dessen Brauchbarkeit jedoch von der Signal*form* und ihrer Konstanz abhängt. Beliebig geformte Signale können nach Abb. 102 linear transformiert werden [*354*]. Hier wird C über eine Trenndiode D_1 auf den Scheitelwert des Signales aufgeladen und entlädt sich anschließend mit einer Zeitdauer, die von der Anfangsamplitude abhängt. Da C als Miller-Kapazität eines Miller-Integrators (S. 42, vgl. auch Abb. 33) geschaltet ist, verläuft die Entladung linear bis zum relativ scharfen Ende des Sägezahnprozesses. Am Schirmgitter läßt sich ein Rechteckimpuls abgreifen, dessen Länge gleich dem Entladungsvorgang von C und damit proportional der Eingangsamplitude ist. D_2 sorgt für rasche Aufladung von C während der Signalanstiegsflanke. Als Signalquelle ist ein niederohmiger Zweipol, etwa ein Kathodenfolgerausgang ratsam, dessen Kathode auf die gleiche Spannung wie der (niedrige) Ruhewert der Miller-Röhre gelegt wird, damit D_1 in Ruhe stromlos ist. Die Entladungszeitkonstante RC muß größer als die Signalabfallflanke sein, damit nach Erreichen des Spitzenwertes die Signalquelle durch D_1 von C abgetrennt wird.

Ein zweites Verfahren, das z. B. bei Vielkanaldiskriminatoren, z. B. [206], üblich ist (S. 158), besteht darin, zu Beginn des (zeitlich gedehnten) Signales einen linearen Sägezahnanstieg zu starten. Sowie dieser die Amplitude des Signales erreicht, wird (etwa über einen Differenzverstärker) ein Stop- und Rückstellsignal erzeugt. Auch hier wird die Zeitdauer des Sägezahns als Ausgangsinformation abgenommen.

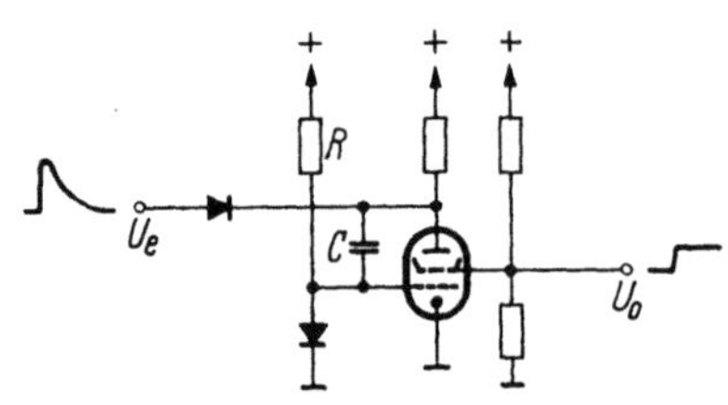

Abb. 102. Amplituden/Zeitumformer mit Miller-Röhre

Gelegentlich wird kein linearer sondern logarithmischer Zusammenhang gefordert, etwa um große Amplitudenbereiche erfassen oder dehnen zu können. Hierzu wird wiederum eine Kapazität auf den Scheitelwert des Eingangssignales aufgeladen und über einen festen

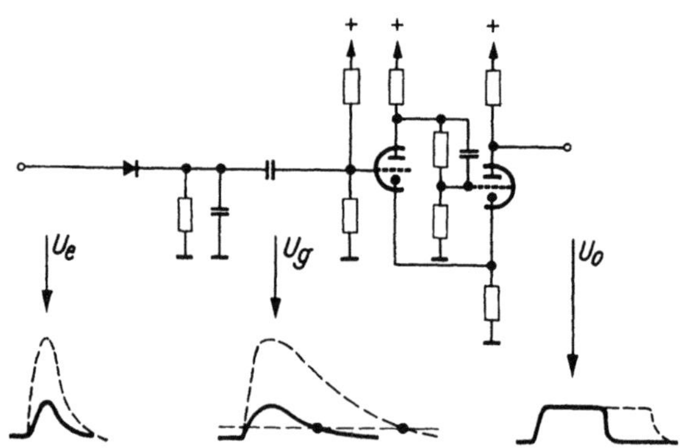

Abb. 103. Amplituden/Zeitumformer (logarithmisch)

Widerstand entladen. Steuert man mit dem entstehenden Spannungsverlauf einen Schmitt-Kreis (S. 37) an, so kippt dieser für eine Zeitdauer θ um, solange das Signal oberhalb der Schwellenspannung U_t liegt (Abb. 103). Wenn man die Anstiegszeit gegenüber dem Abfall vernachlässigen kann, dann wird das Trigger-niveau U_t nach der Zeit θ wieder unterschritten: $U_t = U_e\, e^{-\frac{\theta}{RC}}$ oder $\theta = R\,C \ln \frac{U_e}{U_t}$. Die Breite des abgegebenen Rechtecksignales ist damit der Eingangsamplitude logarithmisch proportional [176]. Da die Ausgangsimpulse von Abb. 102 und 103 konstante Amplitude besitzen, können sie unmittelbar einen Integrator (S. 143) steuern.

Das Prinzip der Amplituden/Zeitumformung wird hauptsächlich dann gewählt, wenn *analoge* in *digitale* Information umgewandelt werden muß, etwa bei digitalen Röhrenvoltmetern oder für den Anschluß von Lochkarten- oder Rechenmaschinen. Für die Dauer eines (amplitudenproportionalen) Rechteckimpulses wird ein Tor (S. 135) geöffnet, durch das periodische Impulse auf eine Zählvorrichtung durchgelassen werden. Nach dieser Methode arbeitet auch ein Vielkanal-Diskriminatortyp [354].

4. Signalkombination

Sehr häufig müssen zwei oder mehr Signale in irgendeiner Weise kombiniert, verglichen oder in bestimmter gegenseitiger Abhängigkeit registriert werden. Neben der Amplituden- und zeitlichen Kombination wird eine besondere Gruppe (Inspektoren) behandelt, die das auszuwertende Signal mit einem vorgegebenen Vergleichssignal kombiniert. Auf die Behandlung der Modulationsarten muß verzichtet werden, sie ist in der Hochfrequenzliteratur zu finden.

4.1 Amplituden-Kombination

Die Amplituden verschiedener (meist exakt gleichzeitiger) Signale können auf mehrere Arten *linear* kombiniert werden: gebräuchlich sind *Addition* und *Subtraktion*, dazu kommt die *Mischung* mehrerer Signale auf einen Ausgang (wobei keine Addition stattfindet, sondern die jeweils größte oder kleinste Signalamplitude erscheint). Abb. 104a zeigt die drei Fälle bei gleichzeitigen und gleich langen Signalen, (b) bei zeitlich nicht genau koinzidenten Signalen. *Nichtlineare* Kombinationen erfordern gekrümmte Kennlinien (z. B. S. 86), eine Anwendung bringt der Abschnitt 4.2.

4.1.1 Addition

Das einfachste Addiernetzwerk ist in Abb. 105a dargestellt. Je größer das Verhältnis $\frac{R_e}{R_o}$ ist, und je niederohmiger die Signalquellen sind, desto linearer und rückwirkungsfreier findet die Addition statt. Ein mehr oder weniger großer Amplitudenverlust muß dabei in Kauf genommen werden.

Wird das Netzwerk von Kathodenfolgern gespeist, setzen die Kathodenwiderstände und die nicht konstanten Ausgangsimpe-

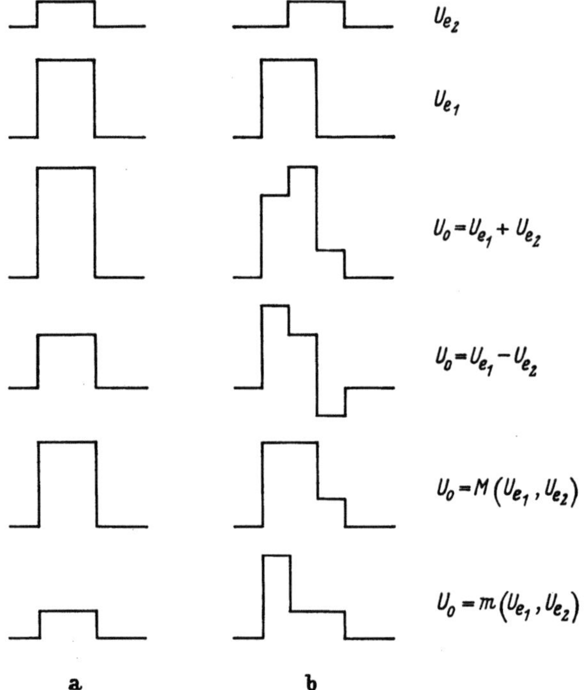

Abb. 104. Verschiedene Kombinationen zweier Rechtecksignale: (a) gleichzeitig, (b) mit zeitlicher Differenz

danzen (S. 86) dem Verhältnis $\frac{R_e}{R_o}$ eine untere Grenze ($\geq 10 \cdots 20$). Bei sehr kleinem Innenwiderstand der Signalquellen ($R_i \ll R_e$) shunten jeweils die übrigen $(n-1)$ Widerstände R_{en} den Ausgang, daher empfiehlt sich die Wahl von $\frac{1}{R_o} \gg \sum_n \frac{1}{R_{en}}$, namentlich bei ungleichen R_{en}. Sind die R_{en} ungleich, können den einzelnen Kanälen verschiedene Gewichte zugeordnet werden (z. B. S. 154). Nahezu rückwirkungsfrei und ohne Verstärkungsverlust arbeitet der operative Verstärker (S. 72), der den Wert von R_0 virtuell auf den Wert $\dfrac{R'}{1-V'}$ verkleinert: Abb. 105b. R_{en} bzw. R' müssen bei schnellen Signalen kapazitiv kompensiert werden (S. 54), häufig genügt ein Trimmer parallel zu R_e. Die Ausgangsspannung ist $U_0 \approx - R' \sum\limits_n \dfrac{U_{en}}{R_{en}}$.

Nach Abb. 105c können ferner Kathodenfolger mit gemeinsamem Kathodenwiderstand als Addierstufe arbeiten, wenn durch passenden Abgriff die Gitterableitungen für die Mitführung der Arbeitspunkte sorgen.

Innerhalb eines begrenzten Aussteuerbereiches arbeiten auch parallel gelegte Röhren auf einen gemeinsamen Anodenwiderstand additiv, wie Abb. 105d erläutert. Dabei muß $R_a \ll R_i$ sein, sonst addieren sich infolge des Durchgriffes die Anodenströme nicht linear. Pentoden sind besonders bei Werten von $R_a > 1 \cdots 5\,k\Omega$ günstiger als Trioden. Diese Form (d) erscheint als „Rossi-Stufe" (nicht linear) auf S. 118. Die Ausgangsspannung bei n gleichen Röhren ist

$$U_0 = S\,(\Sigma\,U_e)\,Z_a = S\,(\Sigma\,U_e) \cdot \frac{R_i\,R_a}{R_i + nR_a}$$

$$\approx S\,R_a\,\Sigma\,U_e \quad \text{(bei Pentoden)}.$$

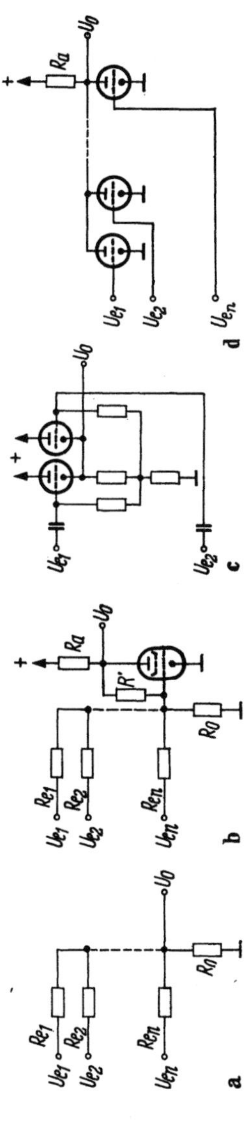

Im Nanosekundenbereich muß auf den Kettenverstärker (S. 81) zurückgegriffen werden. Hierbei entfällt die Gitterlaufzeitkette, stattdessen werden die einzelnen Signale über (der Anodenkette entsprechende) Laufzeitkabelstücke an die einzelnen Röhrengitter geführt [91]. Die Breitbandigkeit bleibt so erhalten.

Abb. 105. Addierstufen: (a) Widerstandsnetzwerk, (b) mit operativem Verstärker, (c) Kathodenfolger, (d) Rossi-Röhren ($R_a \lesseqgtr 1 \cdots 5\,k\Omega$)

4.1.2 Subtraktion

Ganz analog zur Addition läßt sich die Subtraktion ausführen, wenn das entsprechende Signal umgepolt wird (S. 85). Dabei muß auf den linearen Aussteuerbereich der Röhren Rücksicht genommen werden, notfalls muß er durch hochgelegtes Gitter (S. 69) vergrößert werden; Beispiel: Abb. 106a. Aus Gründen der Symmetrie und der Stabilität wird der Umkehrstufe eine Pufferstufe für das zweite Signal als Partner beigegeben (entsprechend mehr bei mehr Kanälen). Auch die Laufzeiten bei sehr kurzen Signalen bleiben auf diese Weise in allen Kanälen etwa gleich. Eine zweite Möglichkeit (b) bietet der Differenzverstärker (S. 74), dessen Ausgang dem Wert $U_o = (U_{e1} - U_{e2})$ umso näher kommt, je besser die Symmetrie der Verstärkung beider Röhren ist $(R_{a2} > R_{a1}$, sehr großer Wert von R_k oder Substitution durch eine Röhre, usw.). Die Verstärkung braucht nicht notwendig $V = 1$ zu sein. Der große Vorteil

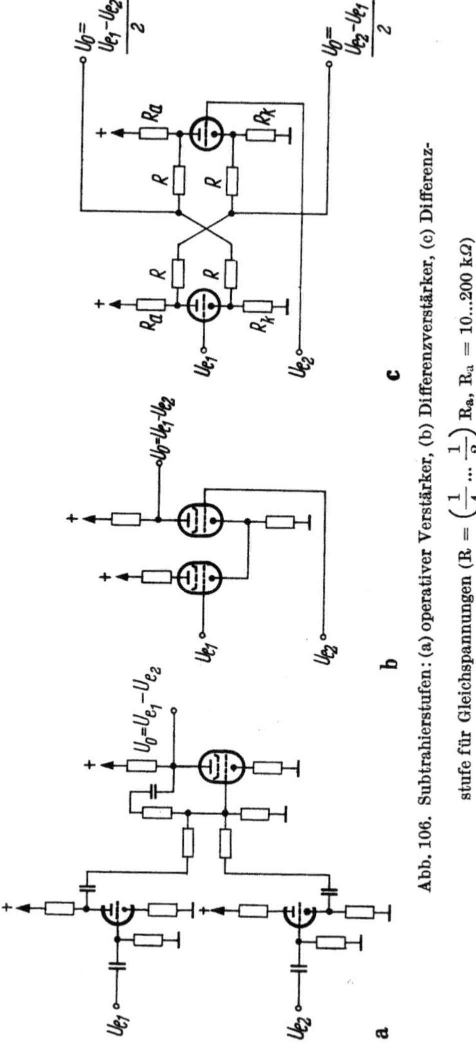

Abb. 106. Subtrahierstufen: (a) operativer Verstärker, (b) Differenzverstärker, (c) Differenzstufe für Gleichspannungen $(R = \left(\frac{1}{4} \dots \frac{1}{2}\right) R_a, R_a = 10 \dots 200 \text{ k}\Omega)$

ist die starke Unterdrückung von gleichphasigen Eingangssignalen.

Schließlich zeigt (c) eine symmetrische Schaltung mit „positiver" und „negativer" Differenz an den Ausgängen. Sie wird wegen der (durch die Röhrenarbeitsbedingungen vorgegebenen) hochohmigen Widerstände vorwiegend für langsame Signale und Gleichspannungen verwendet. Kapazitiver Abgleich ist wegen der verschiedenen Ausgangswiderstände an Anode und Kathode nur beschränkt möglich.

4.1.3 Mischstufen

Sollen mehrere Signale rückwirkungsfrei auf einen Ausgang geführt werden, ohne daß ausdrücklich eine Addition stattfinden soll, so bedient man sich einer Mischstufe (ODER-Gatter). Eine einfache Form bringt Abb. 107a für positive Impulse, bei negativen werden die Dioden umgepolt. Trifft mehr als ein Signal gleichzeitig ein, so erscheint am Ausgang jeweils die größte Amplitude $M(U_{e1}, U_{e2})$ (vgl. Abb. 104), während die übrigen Kanäle durch die Dioden so lange abgetrennt werden. Umgekehrt wird in Abb. 107b das jeweils kleinste Signal $m(U_{e1}, U_{e2})$ an den Ausgang weitergegeben, da alle höheren Signalamplituden ihre zugehörigen Koppeldioden absperren. Ähnlich wirken in Abb. 108a die Kathodenfolger (für positive Signale), und in (b) die (in Ruhe gesperrten) Rossi-Röhren (S. 118), bei denen um so weniger ein Additionseffekt eintritt, je größer $R_a \gg R_i$ ist. Eine Kombination aus den Abb. 107a und 108a zeigt die Form 108c, bei der die Sammelleitung über Dioden gespeist wird,

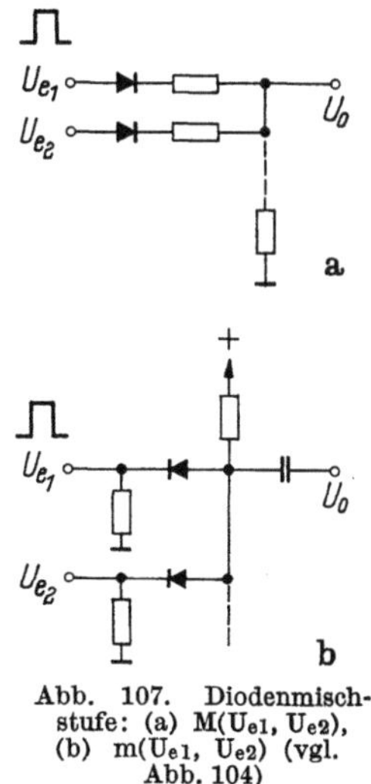

Abb. 107. Diodenmischstufe: (a) $M(U_{e1}, U_{e2})$, (b) $m(U_{e1}, U_{e2})$ (vgl. Abb. 104)

die mit Hilfe von R auf einen unteren Schwellenwert vorgespannt werden können. Gleichheit von Dioden und Kathodenspannungen (durch R_k abgleichbar) ist notwendig. Ein weiterer Vorschlag (d) zieht die übrigen Kathodenfolger mit jedem Signal hoch [*114*]. Schließlich lassen sich bedingt auch Schaltröhren mit zwei (drei) Gittern verwenden (e), die in Ruhe voll geöffnet sind und durch negative Signale gesteuert werden. Jedoch ist eine teilweise Addition oder eine gewisse nichtlineare Kombination hierbei kaum zu vermeiden.

Derartige Mischstufen arbeiten in Rechenmaschinen als ODER-Bausteine. Weitere Formen mit Begrenzern (Klammerdioden) folgen im Abschnitt 6.1.2.

4.1.4 Summen-Koinzidenz-Verfahren

Eine besondere Stellung nimmt die zeitliche *und* amplituden-mäßige Signalkombination ein, bei der die lineare Summe koinzidenter Signale (eventuell aus statistischen Folgen) einen vorgegebenen Wert (nicht) erreichen soll, um das Ereignis zu registrieren. Ein nachgeschalteter Amplitudendiskriminator (S. 130) sucht die gewünschten Ereignisse heraus (Beispiel bei [*197*]).

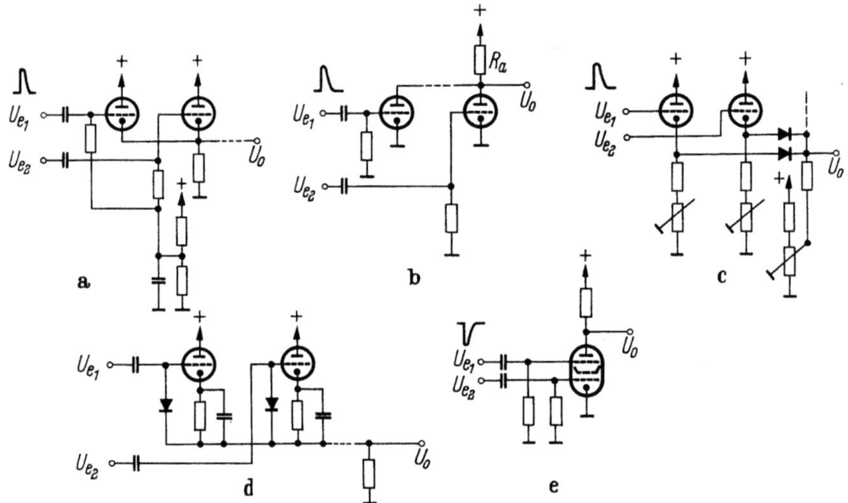

Abb. 108. Mischstufen: (a) Kathodenfolger, (b) Rossi-Röhren, (c) Diodenentkopplung der Sammelschiene, (d) mitlaufende Kathodenfolger

4.1.5 Multiplikation

Zur Bildung des Produktes zweier Amplituden läßt sich die logarithmische Addition der Signale anwenden (vgl. Abschnitt 3.1.2). Die Genauigkeit wird durch die logarithmische Kennlinie bestimmt. Ein anderes Verfahren [*355*] bildet aus den zu multiplizierenden Amplituden U_{e1} und U_{e2} einen Rechteckimpuls, dessen Höhe der ersten und dessen Breite der zweiten Signalhöhe proportional ist. Seine (das Produkt darstellende) Fläche wird von einem Miller-Integrator (S. 42) integriert, der eine dem Produkt proportionale Ausgangsimpulsamplitude abgibt. Abb. 109 zeigt das Schema: U_{e1} lädt eine Miller-Kapazität auf, dessen Entladezeit linear mit der Signalamplitude steigt und (etwa durch einen übersteuerten Verstärker) in einen zeitproportionalen Rechteckimpuls verwandelt wird, der zwei Aufgaben hat. Einmal öffnet er während seiner Zeitdauer den Impulsdehner (S. 92), der vom zweiten Signal U_{e2} gespeist wird und einen Rechteckimpuls erzeugt. Dieser ist dem Wert von U_{e2} amplitudenproportional und seine Länge wird von U_{e1} bestimmt. Zum zweiten öffnet der Rechteckimpuls des ersten Kanales den folgenden Miller-Integrator, der den Produktimpuls in einen (flächenproportionalen) Ausgangsimpuls umwandelt. Vor die beiden Eingänge werden zweckmäßig zwei Tore gelegt, die nur bei Koinzidenz von U_{e1} und U_{e2} geöffnet werden.

Eine andere Art der Produktbildung wird in Rechenmaschinen benützt. Nach der Gleichung $U_{e1} \cdot U_{e2} = \frac{1}{4} (U_{e1} + U_{e2})^2 - (U_{e1} - U_{e2})^2$ läßt sich aus Summe und Differenz der beiden Signale, die in einem Verstärker mit parabolischer Kennlinie (S. 87) quadriert wurden, durch erneute Differenzbildung schließlich das gesuchte Produkt herstellen [*82* a, *92*].

4.2 Kombination von Signalzeiten

4.2.1 Übersicht

Eine sehr wichtige Gruppe von elektronischen Bausteinen spricht auf zeitlich koinzidente Signale an **(Koinzidenzstufen)**, in der Rechenmaschinentechnik als UND- bzw. NICHT UND-Gatter bekannt. Dabei kommt es in erster Linie auf den *Zeitpunkt* des Signales (Definition S. 20) und nicht auf die Amplituden an. Die Addition der Impulshöhen soll vielmehr möglichst nichtlinear sein, damit mit großer Sicherheit zwischen einzelnen eintreffenden und echten koinzidierenden Signalen unterschieden werden kann. Genauigkeit und Wirkungsgrad sollen möglichst unabhängig von einem vorhandenen Amplitudenspektrum sein. Aus diesem Grunde müssen die Signale erst auf eine Einheitsform gebracht werden, ehe sie in der Koinzidenzstufe kombiniert werden.

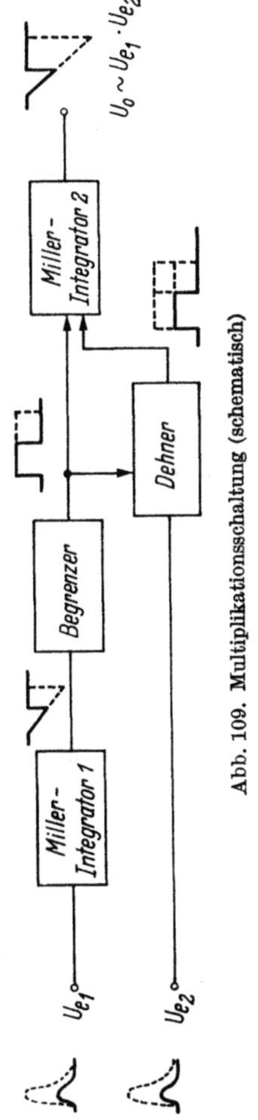

Abb. 109. Multiplikationsschaltung (schematisch)

Zwei Verfahren haben sich eingebürgert: getriggerte Standard-Impulsgeber und Laufzeitkabel-Impulsformer. Der erste Gruppe ist bei Signalflanken bis zu einigen 10 nsec herunter brauchbar, wobei die Amplitudenabhängigkeit des Triggerzeitpunktes ausgeschaltet werden muß (S. 97). Geeignete Triggerstufen (Abschnitt 2.3.2) liefern Impulse bis zu Halbwertsbreiten von 10···20 nsec herab. Nach dieser Methode lassen sich Einheitsimpulse beliebiger Länge erzeugen, wie sie etwa für Torschaltungen, langsame und schnelle Koinzidenzstufen u. a. m. gebraucht werden. Kommt es aber auf extrem hohe Auflösung, also auf Zeiten in der Gegend um 1 nsec an, muß man die koinzidenten Signale auf eine Einheitsform von der gleichen Größenordnung umformen (die Signale selbst dürfen nicht wesentlich langsamer bzw. länger sein). An Stelle der nicht günstigen Originalform von Primärsignalen (etwa aus Photomultipliern) benützt man einen zeitlichen „Bruchteil" des Signales an der Stelle der größten zeitlichen Änderung, d. h. man differenziert an dieser Stelle (meist der Anstiegsflanke). Dieser durch Laufzeitkabel ein- oder zweimal [*276*] differenzierte Anstieg wird durch eine Begrenzerstufe gleichzeitig in koinzidenzfähige Impulsform konstanter Amplitude und Länge umgeformt. Oft ist es günstiger, den Differentiationsprozeß zu einem sehr frühen Zeitpunkt unmittelbar am Fuß der Anstiegsflanke vorzunehmen und daraus einen Einheitsimpuls abzuleiten (S. 96).

Die koinzidenten Signale können natürlich vom gleichen Ereignis herrühren, dessen Identität in verschiedenen Detektoren, etwa an verschiedenen Orten, registriert werden soll. Die Signale können statistisch verteilt oder periodisch sein; auf verschiedene Laufzeiten in den einzelnen Kanälen muß geachtet werden. Mit einem Laufzeitglied in einem Kanal können auch **verzögerte Koinzidenzen** verarbeitet werden. Die komplizierte, aber aufschlußreiche Auswertung solcher Ereignisse muß der Literatur [*55,66,115*] entnommen werden, wo sich auch eine Übersicht über verschiedene Verfahren findet. **Antikoinzidenzstufen** geben gerade dann *kein* Signal ab, wenn zu einem oder mehreren Signalen ein gleichzeitiger Antikoinzidenzimpuls tritt. Alle im folgenden behandelten Koinzidenzkreise lassen sich durch Wahl von Vorspannung und Signalpolung darauf umstellen. Drei charakteristische Größen bestimmen eine Koinzidenzstufe:

Koinzidenzauflösung. Zwei Signale der Breite τ erzeugen nur während der Zeit ihrer Überlappung ein Koinzidenz-Ausgangssignal: Abb. 110a. Die Auflösungszeit, innerhalb der ein Koinzidenzimpuls abgegeben werden kann, ist im Idealfall (bei Rechtecksignalen) gleich 2τ. Bei den tatsächlich vorliegenden endlichen

Anstiegszeiten wird die Auflösung durch Auftragen der Koinzidenzzählrate gegen die (künstlich eingefügte) Verzögerung zwischen den beiden Signalen bestimmt: Abb. 110b. Zweckmäßig werden die Primärimpulse dabei so schmal gemacht, daß das Plateau der Auflösekurve 3 gerade verschwindet (Kurve 2) und etwa Gauss-Form annimmt. Eine mögliche Definition der Auflösezeit gibt die Breite der Kurve in der Höhe an, in der die Koinzidenzrate auf $1/e$ abgesunken ist. Man spricht von schnellen Koinzidenzstufen, wenn etwa $2\,\tau \lesssim 0,1\ \mu\mathrm{sec}$ ist, während langsame Stufen Werte von Mikrosekunden und mehr besitzen können. Sind die koinzidierenden Primärimpulse verschieden lang, kann durch besondere Maßnahmen ein Zählausfall verhindert werden [234]. Über die Messung von Zeitdifferenzen gibt Abschnitt 4.2.7 Auskunft.

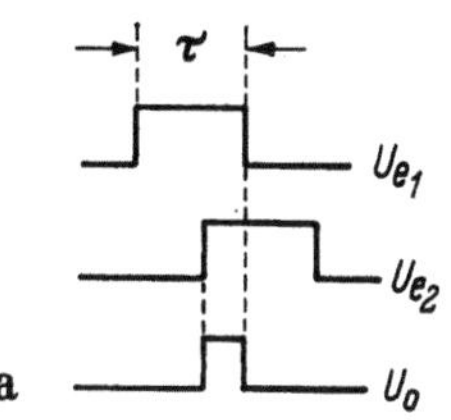

Koinzidenzwirkungsgrad. Werden von echten Koinzidenzen nicht alle, sondern nur der Bruchteil η registriert, so ist der Wirkungsgrad unter den Wert 1 abgesunken. Die Ursache kann in zu geringer Empfindlichkeit der Koinzidenzstufe gegenüber zu kleinen Signalamplituden liegen oder von zeitlichen Schwankungen der Primärsignale herstammen, die größer als die Breite τ der geformten primären Signale sein können. Die Zeitkonstante der Koinzidenzstufe selbst darf nicht zu groß sein, sonst sinkt der Wirkungsgrad

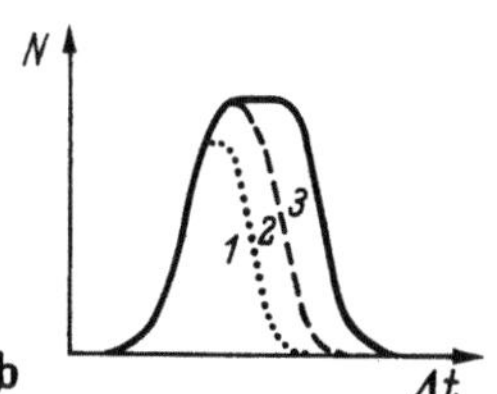

Abb. 110. Koinzidenzstufe
(schematisch):
(a) Impulsformen,
(b) Auflösekurve

der Stufe ebenfalls: in Abb. 110b sind in Kurve 1 die Primärsignale zu kurz gegenüber der Verarbeitungsgeschwindigkeit der Koinzidenzstufe. Man ist bestrebt, η so groß wie möglich, τ dagegen möglichst klein zu halten, um die Zahl der zufälligen Koinzidenzen zu verringern.

Unterdrückungsverhältnis gegenüber Einzelimpulsen: Der Amplitudenabstand der Koinzidenzausgangsimpulse zu den hindurchkommenden Resten von Einzelimpulsen muß so groß sein, daß eine sichere Diskriminierung auch über lange Zeiten hinweg möglich ist. Manche der folgenden Koinzidenzstufen nimmt diese Diskriminierung selbst vor, manche erfordern einen zusätzlichen Diskriminator, der aber oft durch die Ansprechschwelle einer folgenden (Trigger-)Stufe gebildet werden kann. Unterdrückungsverhältnisse unter 10:1 sind in der Praxis schwierig zu handhaben.

Eine Übersicht über die einzelnen Verfahren und ihre Anwendung findet sich bei [*55, 66, 115*], mit Transistoren [*93, 119*a, *265*].

4.2.2 Parallelkoinzidenzstufen

In der Grundschaltung Abb. 111a sind die beiden (oder mehrere) Schalter in Ruhe geschlossen und am Ausgang erscheint nur dann ein Signal, wenn beide Schalter (entsprechend beiden Eingangssignalen) gleichzeitig geöffnet werden. Die historisch älteste (Parallel-)Form (b) be-

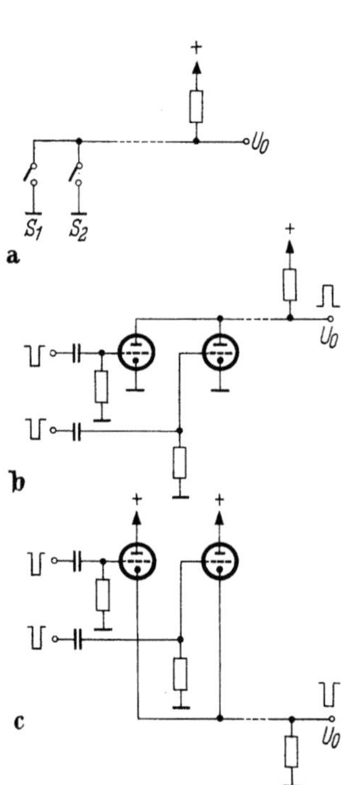

Abb. 111. Parallelkoinzidenzstufe: (a)schematisch, (b) Rossi-Röhren, (c) negativ gesteuerte Kathodenfolger, (d) Diodenkreis, (e) Diodenstufe mit Impulsformerkabeln, (f) Weiterentwicklung aus (e), (g) Rossi-Röhren mit Diode

nützt Röhren als Schalter (S. 24). An dem diesen sog. Rossi-Röhren gemeinsamen Anodenwiderstand R_a tritt bei koinzidenten

Sperrsignalen ein Impuls auf, dessen Anstieg den Verlauf $U_{oc} = (U_b - U_2)\left(1 - e^{-\frac{t}{T_2}}\right)$ hat (U_2 = Ruhespannung an den Anoden, $T_2 = R_a C$ mit C als gesamter wirksamer Ausgangskapazität). Einzelne Signale an einer Röhre erscheinen am Ausgang von der Größe $U_{o1} = (U_1 - U_2)\left(1 - e^{-\frac{t}{T_1}}\right)$. Dabei ist U_1 die Ruhespannung am Ausgang, wenn eine der beiden Röhren gesperrt ist, und $T_1 = \dfrac{R_i R_a}{R_i + R_a} C$. U_1 und U_2 lassen sich nach Abb. 112 aus dem Kennlinienfeld bestimmen. Der Ruhearbeitspunkt P wandert bei echter Koinzidenz zum Fußpunkt der Widerstandsgeraden U_b, bei Einzelimpulsen zum Punkt P_1. Gleiche Röhren vorausgesetzt, muß die R_a-Gerade durch P den Wert $\dfrac{R_a}{2}$ (bei n Röhren den Wert $\dfrac{R_a}{n}$) haben, entsprechend der Parallelschaltung der Anodenströme.

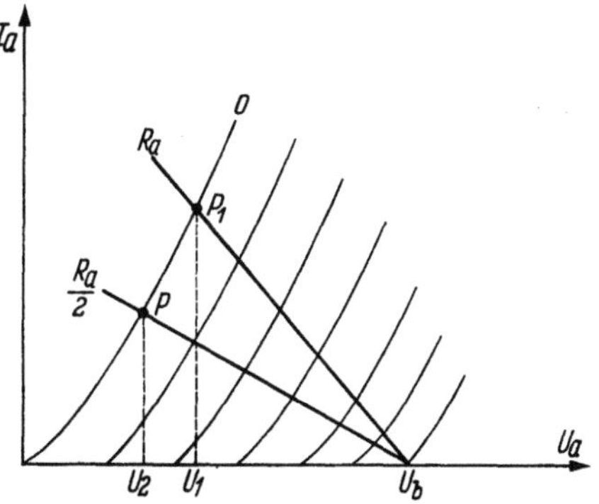

Abb. 112. Arbeitspunkt einer Rossi-Stufe (s. Text)

Ein großer Wert für R_a läßt zwar — wie erwünscht — das Amplitudenverhältnis von Koinzidenz- zu Einzelimpuls ansteigen, vergrößert aber stark die Zeitkonstante. Die Verwendung von Pentoden erlaubt kleinere R_a-Werte bei starker Unterdrückung von Einzelimpulsen, wie aus den Pentodenkennlinien leicht entnommen werden kann. Damit wird die nachfolgende Diskriminierung gegen Einzelimpulse unproblematisch. Praktische Unterlagen enthält [118].

Kleinere Zeitkonstanten besitzt die kathodengekoppelte Rossi-Stufe (Abb. 111c), die bei negativen Impulsen nichtlinear addiert (vgl. Abb. 108a). Weiter haben sich Diodenstufen (Abb. 111d) mit ihren sehr kleinen Kapazitäten besonders bei kürzesten Signalen durchgesetzt, bringen aber keine Verstärkung mit sich. In Verbindung mit Impulsformerkabeln ergibt sich Abb. 111e, deren Bemessungsunterlagen bei [116] zu finden sind. Nach Umpolung der Dioden und von U_b arbeitet sie auch bei negativen Primärsignalen. Man kann einen Schritt weitergehen und alle Einzeldioden weglassen und alle Signale auf eine vorgespannte Diode geben, die nur die Summenspannung von koinzidenten Signalen durchläßt.

Abb. 111f [*70, 210*] enthält ein beiden Zweigen gemeinsames Impulsformerkabel (Abschnitt 3.2.4), dem je eine (vom Signalspektrum) zugetastete Röhre vorausgeht.

Eine Kombination von Diode und zwei Rossi-Röhren zeigt Abb. 111g [*158*]. Hier unterdrückt die Diode die restlichen Einzelimpulse fast ganz und nur bei echten Koinzidenzimpulsen wird die Diode gesperrt. Ein weiterer Vorschlag [*352*] legt an die Sammelleitung hinter die Dioden ein kurzgeschlossenes Formerkabel, das nur bei Koinzidenz, wenn alle Dioden sperren, eine Vielfachreflexion ausführt (da der Kabeleingang dann offen ist). Form und Amplitude des so entstehenden abklingenden Wellenzuges läßt sich auswerten. — Mit entsprechend gewähltem Arbeitspunkt und umgepolten Eingangsimpulsen lassen sich beliebige Kombinationen von Antikoinzidenzstufen bilden.

4.2.3 Serienkoinzidenzstufen

Analog zu Abb. 111a läßt sich durch eine Serienkombination von Schaltern die Koinzidenzforderung erfüllen: Abb. 113a. Diese Bothesche Methode läßt sich durch Steuerung zweier Gitter einer Röhre verwirklichen, wie Abb. 113b zeigt. Auch hier gelten die Bedingungen für Röhren als Schalter (S. 24). Geeignete Schaltröhren mit Gittern von annähernd gleicher Steilheit erlauben hohe Koinzidenzauflösung (bis unter 1 nsec), die bei extrem kurzen Signalen jedoch die Elektronenlaufzeit innerhalb der Röhre bereits berücksichtigen muß [*150*]. Röhren mit kleinem Innenwiderstand (hohen Anodenstromspitzen) sind besonders vorteilhaft, da sich mit ihnen auch im Anodenkreis kleine Zeitkonstanten bilden lassen. Heptoden haben den Vorzug, über ihre Röhrenkapazitäten nur einen sehr geringen Rest der Eingangssignale überzukoppeln.

Unter gewissen Bedingungen lassen sich auch drei Signale auf drei Gitter einer Röhre führen (Enneode; Heranziehung des Schirmgitters); das obige Parallelverfahren ist häufig einfacher. Schließlich lassen sich leicht Antikoinzidenzschaltungen nach Abb. 113c aufbauen, bei denen das eine Gitter in Ruhe offen ist

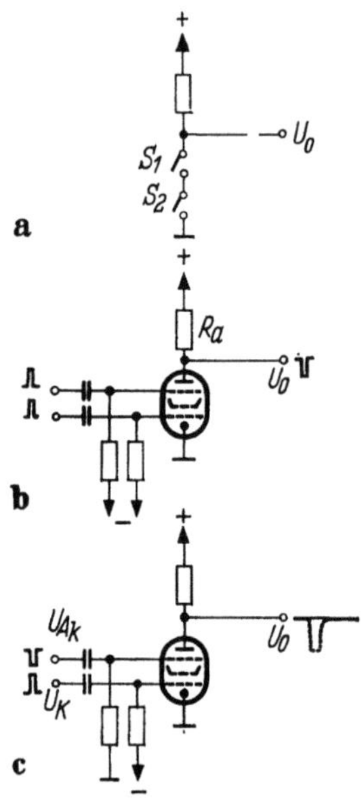

Abb. 113. Serienkoinzidenzstufen: (a) Schema, (b) Schaltröhre für Koinzidenz und Antikoinzidenz (c)

und bei Antikoinzidenz durch ein negatives Signal die Abgabe eines Anoden-Koinzidenzimpulses verhindert.

4.2.4 Koinzidenzbrücken

Eine eigene Gruppe von Dioden-koinzidenzschaltungen verwendet die Brückenform, die das Verhältnis von Koinzidenz- zu Einzelsignal verbessern soll. Aus der Fülle der Möglichkeiten bringt Abb. 114 drei Beispiele [65, *315*, *324*]. Der genaue Abgleich auf Symmetrie ist kritisch und die Temperaturabhängigkeit der Dioden begrenzt die Stabilität des Brückengleichgewichtes. Werden die Signalspektren (nach Impulsformung) direkt auf die Koinzidenzstufe gegeben, kann meistens nur ein beschränkter Amplitudenbereich verarbeitet werden. Um etwa eine Größenordnung bessere Auflösung liefert die Differentialkoinzidenzmethode [65, 66], die sich aus Abb. 114a entwickeln läßt: Abb. 114d. Hier werden zwei um die Zeitdifferenz ϑ verschobene Auflösekurven subtrahiert und die Differenzkurve in einem Phasengleichrichter verarbeitet. Bei exakter Koinzidenz entsteht ein Spannungsnulldurchgang, der etwa in Antikoinzidenz mit einem Eingang ausgewertet werden kann.

4.2.5 Laufzeit-Koinzidenzverfahren

Nach dem Prinzip des

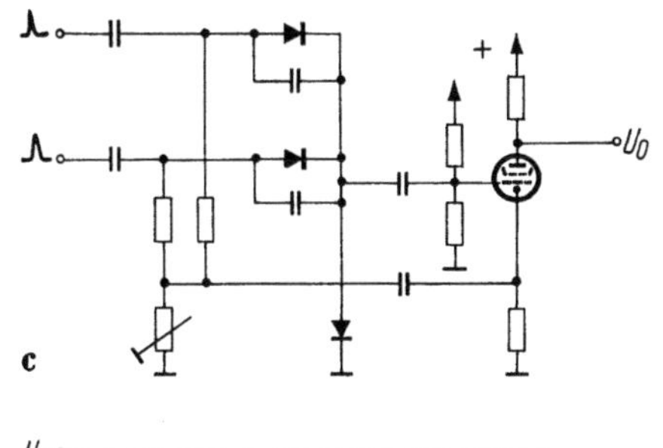

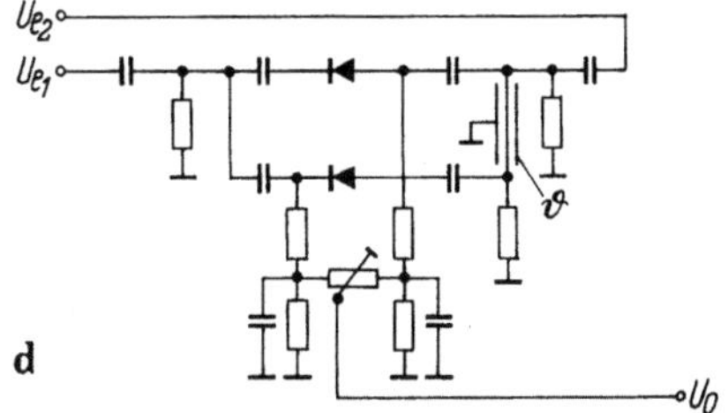

Abb. 114. Diodenbrückenkoinzidenzstufen; (b) und (c) EF 95, (d) Differentialkoinzidenzbrücke

Kettenverstärkers (S. 81) kann eine Koinzidenzschaltung aufgebaut werden, bei der die (im Rossi-Verfahren) schädlichen Röhrenkapazitäten in die Laufzeitkette eingehen [*353*], wie in Abb. 115 dargestellt ist. Bei Zweifachkoinzidenzen läßt sich ferner das sog. Chronotronverfahren anwenden, das nicht nur Auflösungszeiten unter 10^{-10} sec, sondern auch sehr genaue Zeitdifferenzmessungen zwischen beiden Signalen in diesem Bereich ermöglicht. Abb. 116 erläutert die Arbeitsweise: die beiden Signale laufen in entgegengesetzter Richtung das Laufzeitkabel entlang. An den äquidistanten Anzapfpunkten entstehen in zeitlicher Folge die negativen Signale (U_{e1}), während die positiven (U_{e2}) von den Dioden abgeriegelt werden. Am Treffpunkt der beiden Signale löschen sich die Amplituden aus, und es bleibt eine (örtlich definierte) Lücke in der Reihe der Ausgangsimpulse. Dieser Punkt, der die zeitliche Differenz der beiden Eingangssignale mit einer Genauigkeit von etwa dem (zeitlichen) Abstand der Anzapfungen angibt, kann oszillographisch registriert [*271, 279*] oder etwa in Vektor-

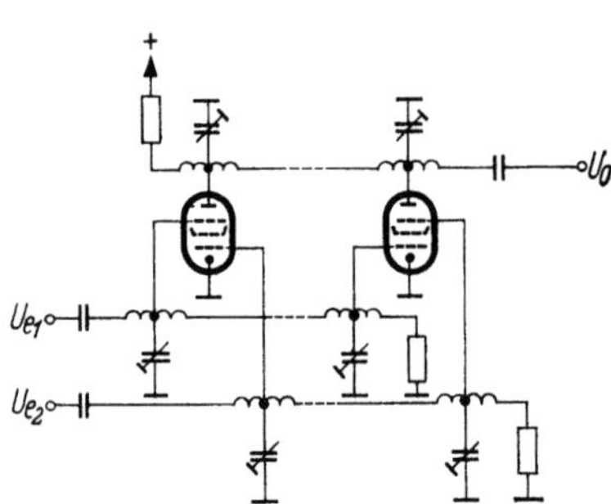

Abb. 115. Koinzidenzschaltung nach dem Kettenverstärker-Prinzip

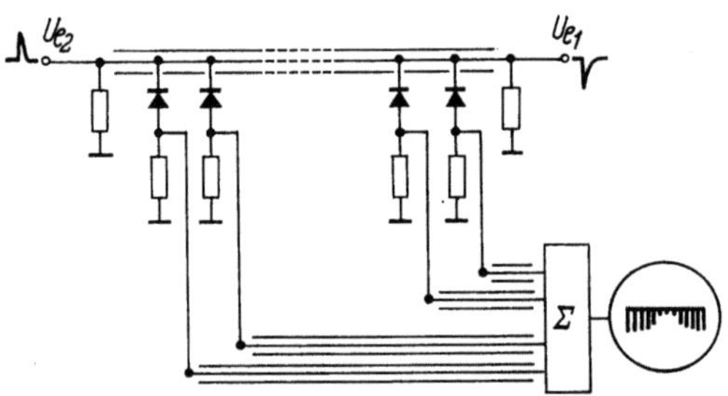

Abb. 116. Chronotronverfahren

form [*259*] sichtbar gemacht werden. Eine Verbesserung der Auflösung bringen zwei (gegenläufige) Laufzeitstrecken, zwischen deren Anzapfungen die Einzelimpulse abgenommen werden [*236, 330*]. Sollen keine Zeitdifferenzen sondern nur prompte Koinzidenzen erfaßt werden, genügen drei Anzapfungen, um das Auflösungsvermögen — im Gegensatz zu den oben beschriebenen Verfahren — nicht von der Primärimpulsbreite, sondern nur von dem

Abstand der Zapfpunkte abhängen zu lassen [*260*]. Abb. 117 zeigt die Anordnung, die zwei Differenzverstärker DV enthält. Eine wesentliche Eigenschaft des Chronotronprinzips ist, daß keine Koinzidenzen verlorengehen, sie können lediglich im falschen Kanal registriert werden. — Legt man schließlich nur noch eine Anzapfung in die Mitte, so gelangt man wieder zum Schema der Abb. 111f.

Die praktische Ausführung der Kabelanzapfungen soll Wellenwiderstand und Laufzeit nicht stören. Die Kabelseele wird zweckmäßig herausgezogen, die vorher durch die Kabelbohrungen gefädelten Zuführungen angelötet und das Ganze wieder in das Kabel hineingezogen. Die unmittelbar am Kabel anzulötenden Dioden müssen zuvor auf Gleichheit aussortiert werden. Je nach der benötigten Signalpolarität werden die Impulse an Dynode oder Anode der Photomultiplier abgenommen. Ausführliche Angaben bietet die Literatur [*225, 259, 260, 271, 279, 330*).

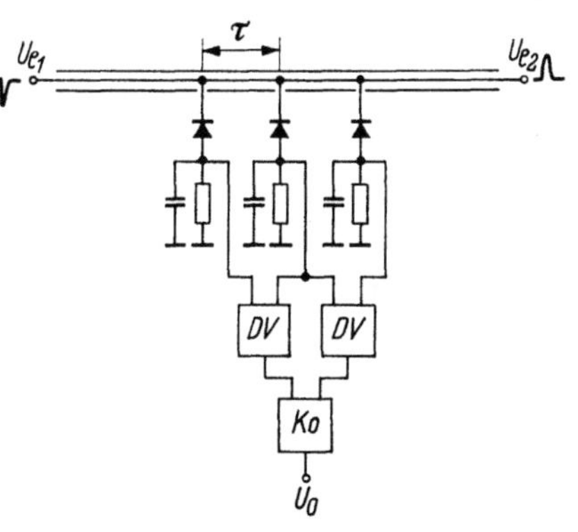

Abb. 117. Koinzidenzstufe mit signalunabhängiger Auflösung

Noch ein anderes Verfahren [*120*] kombiniert die Impulse nach Durchlaufen verschiedener Laufzeitstrecken zu einem Doppel- bzw. Dreifachimpuls, dessen Fourier-Spektrum in einem Hochfrequenz-Empfänger nach Koinzidenzen ausgesiebt wird.

4.2.6 Andere Koinzidenzverfahren

Eine *Hf-Methode* [*96, 109*] überlagert zwei Wellenzüge, die durch zwei von den Eingangssignalen angestoßenen Schwingkreisen geliefert werden. Ihre Schwebung wird zu etwa 1% der Kreisfrequenzen gewählt und gibt in einem Phasenmesser (erster Nulldurchgang) ein Maß für die zeitliche Differenz der beiden Signale. Zeitunterschiede von weniger als 10^{-10} sec sind noch aufzulösen.

An die Grenze der noch möglichen Meßbarkeit von Zeitdifferenzen führen Strahlablenkverfahren, sei es mit speziellen Strahlablenkröhren [*98*], sei es mit Hilfe von Kathodenstrahlröhren, deren Strahl von den beiden Signalen in X- und Y-Richtung abgelenkt und auf dem Leuchtschirm über eine Blende von einem schnellen photoempfindlichen Detektor (Photomultiplier) beobachtet wird [*196*]. Die augenblickliche Grenze liegt bei 10^{-11} sec. Eine weitere Methode ist im Abschnitt 5.3.3 als XYZ-Verfahren beschrieben.

Ferritkerne mit nahezu rechteckiger Hysteresekurve eignen sich ebenfalls für Koinzidenzstufen von Zeiten ab 1 μsec an aufwärts. Ein Umklappen findet nur dann statt, wenn zwei (oder mehr) Stromwicklungen gleichzeitig gespeist werden. Die Rückstellung bzw. die Notwendigkeit alternierender Polarität beschränkt die Anwendung auf Sonderfälle.

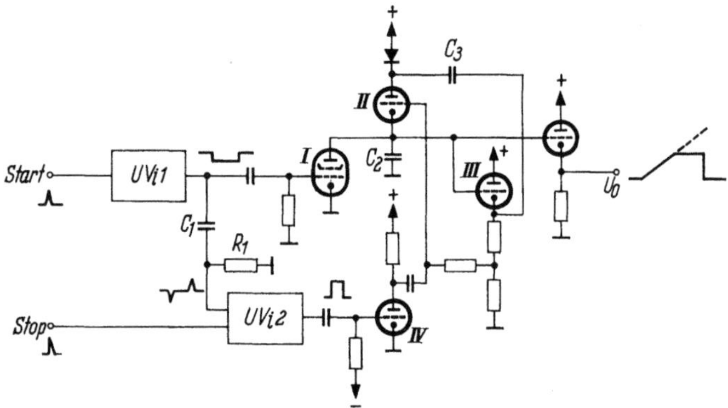

Abb. 118. Zeit/Amplitudenumformer als Kurzzeitmesser

4.2.7 Kurzzeitmessung

Fast alle Verfahren der Kurzzeitmessung arbeiten nach dem Prinzip, die Zeitdifferenz zwischen zwei Signalen in eine ihr proportionale Amplitude umzuwandeln, da sich Amplituden leicht messen lassen (Zeit-Amplituden-Umformer, S. 106). Die Aufgabe wird dadurch gelöst, daß ein linearer Sägezahn (S. 41) durch den Startimpuls angestoßen und durch den Stopimpuls beendet wird. Die erreichte Amplitude ist proportional dem (durch die beiden Impulse definierten) Zeitintervall. Bei Zeiten, die wesentlich länger sind als die Steuerimpulse (etwa 1 μsec und länger), macht der Schaltungsentwurf keine Schwierigkeiten, z. B. [*216*]. Beispielsweise können Start- und Stopimpuls einen Flipflopkreis hin- und zurückkippen lassen, der einen Rechteckimpuls zur Öffnung des Sägezahngenerators liefert. Oft ist es günstig, die erreichte Maximalamplitude des Sägezahnes zeitlich noch etwas zu dehnen, um die folgende Auswertung zu erleichtern. Ein beliebig gewähltes Beispiel hierzu zeigt Abb. 118 [*110*]. Das Startsignal löst den Univibrator (S. 33) UVi 1 aus, dessen Rechteckimpuls etwas länger als das größte zu messende Zeitintervall sein muß und die Rückstellröhre I sperrt. C_2 beginnt sich über die Laderöhre II und den Bootstrap-Kreis Röhre III/C_3 (vgl. S. 42) linear aufzuladen. Beim Stopsignal gibt UVi 2 einen Rechteckimpuls ab, der über Röhre IV die Laderöhre II sperrt. Während dieser Sperrzeit bleibt die Spannung an C_2 auf dem erreichten Wert stehen, die gewünschte Impulsdehnung am Ausgang ist also erreicht. Die Nullrückstellung verläuft mit der Abfallflanke des ersten Univibrators, die (über R_1C_1 differenziert) auch den zweiten Univibrator zurückstellt.

Liegen die zu messenden Zeitintervalle in der gleichen Größenordnung wie die Auslösesignale selbst (oder darunter), müssen verfeinerte Methoden angewendet werden. Hierzu bringt Abb. 119 drei Beispiele. In (a) wird der Bereich von $0\cdots100$ nsec bestrichen. Das Startsignal U_{e1} sperrt Röhre I, dadurch wird Röhre II geöffnet, die C_1 linear zu entladen beginnt, bis sie durch das Stopsignal über Röhre III und IV wieder gesperrt wird. Die beiden Steuersignale werden durch die Kabelformer (S. 96) an Röhre I und III stark verkürzt und auf einheitliche Form gebracht, während der Ausgangsimpuls um fast eine Größenordnung langsamer ist und leicht ausgewertet werden kann [*67*]. Die Kathode

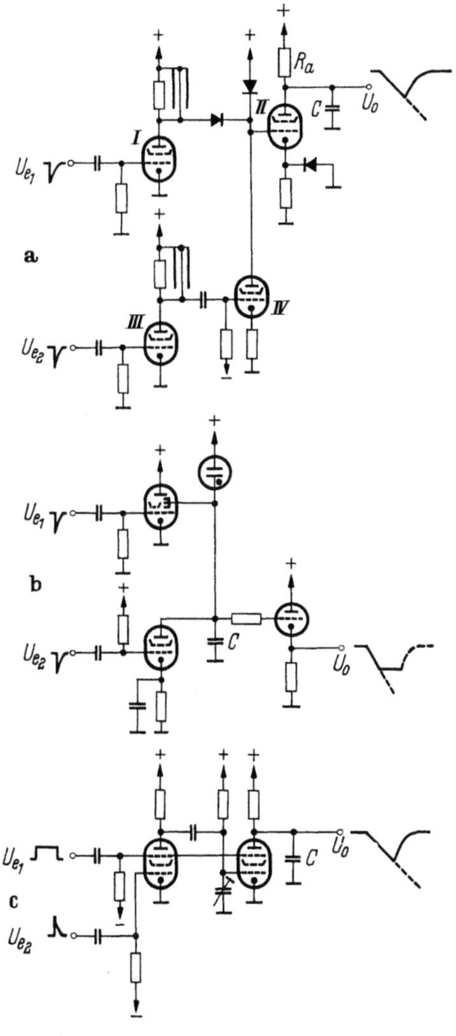

Abb. 119. Kurzzeitmessung: (a) 404 A, $R_a = 50\ \mathrm{k}\Omega$, $C = 100\ \mathrm{pF}$, (b) EFP 60, 6 AC 7, (c) 6 AS 6, 6 BN 6

der Röhre II wird durch eine Klammerdiode (S. 162) festgehalten. Das zweite Beispiel (b) löst noch Zeiten bis 10^{-10} sec auf [237] und arbeitet mit einer Sekundäremissions-Pentode (S. 38), die durch das Startsignal gesperrt wird. Damit beginnt über die untere Röhre die Entladung von C, bis sie vom Stopsignal unterbrochen wird. Der erreichte Spannungswert an C bleibt bis zur Löschung (die nicht gezeichnet ist) stehen. Die Glimmstrecke verhindert, daß im Ruhezustand der Arbeitspunkt der unteren Röhre auf die R_{iL}-Gerade (S. 5) wegläuft. Auch Schaltröhren können verwendet werden, an deren Steuergitter die beiden (positiven) Signale geführt werden. Die Anode entlädt während der Stromflußzeit eine Kapazität, z. B. [273]. Eine etwas verbesserte Form wird in Abb. 119c gezeigt [343]. Das Startsignal, das in einen Rechteckimpuls umgewandelt wurde, öffnet in beiden Röhren Gitter 3. Während jedoch die linke Röhre weiter (von g_1) gesperrt bleibt, zieht die rechte Röhre Strom (die vorher nur auf der Strecke k—g_1—g_2 leitete). Wie im Fall (a) wird der fließende Anodenstrom über R_a C integriert und ein abfallender Sägezahn erscheint am Ausgang. Er wird durch das Stopsignal beendet, das die linke Röhre öffnet und somit die rechte (mit g_1) sperrt. In diesem Beispiel hat ein Stopsignal ohne vorhergehendes Startsignal keinen Einfluß — eine notwendige Forderung, wenn etwa periodische Zeitmarkensignale (z. B. von gepulsten Teilchenbeschleunigern) dauernd am Stopeingang liegen sollen. Hinter der Schaltröhre läßt sich natürlich auch ein Miller-Integrator auftasten [273]. Auch die Messung von Impulsanstiegszeiten ist auf diese Weise möglich [304].

Eine andere Aufgabenstellung erfordert die Zählung von Zeitintervallen, die genau vorgegebene Länge besitzen sollen, alle davon abweichenden Intervalle bleiben unberücksichtigt. Hierzu wird vom ersten Signal ein Verzögerungskreis (Abschnitt 3.2.1) angestoßen, dessen Ausgangsimpuls mit dem nächstfolgenden Signal in einer Koinzidenzstufe (S. 115) gemischt wird. Nur die Zeitintervalle, die gleich der eingestellten Verzögerungszeit sind, werden erfaßt [300]. Eine Fehlermöglichkeit liegt darin, daß auch Intervalle registriert werden, die nicht impulsfrei sind. Die Registrierung von Signalen vor oder nach impulsfreien Intervallen wird im Abschnitt 4.3.2 behandelt.

Auch eine Laufzeitstrecke (S. 18) ermöglicht Zeitintervallmessungen [331]. In Abb. 120 ist die Laufzeitkette (oder das Laufzeitkabel) über einen hochohmigen Widerstand in Ruhe aufgeladen. Werden die beiden Enden über die beiden Schalter S_1 und S_2 an die angepaßten Abschlußwiderstände mit einem Zeitunterschied Δ t angeschaltet, so entsteht am zuerst geschlossenen Ende ein Rechteckimpuls von der Dauer $T + \Delta t$, am anderen Ende von der Dauer $T - \Delta t$, die beide entsprechend ausgewertet werden können. Als Schalter lassen sich steile Röhren verwenden, deren Innenwiderstand im Abschlußwiderstand enthalten sein muß.

Mit Hilfe von (digitalen) Zählvorrichtungen (Abschnitt 5.3.1) lassen sich ebenfalls Zeitmessungen, auch von großen Intervallen vornehmen. Start- und Stopsignal betätigen ein Tor (S. 135), das während dieser Zeit eine bestimmte Anzahl periodischer Signale (etwa aus einem quarzgesteuerten Oszillator) hindurchläßt, die gezählt werden. Die Öffnungsdauer von genau 1 sec ergibt unmittelbar die Frequenz der Schwingung.

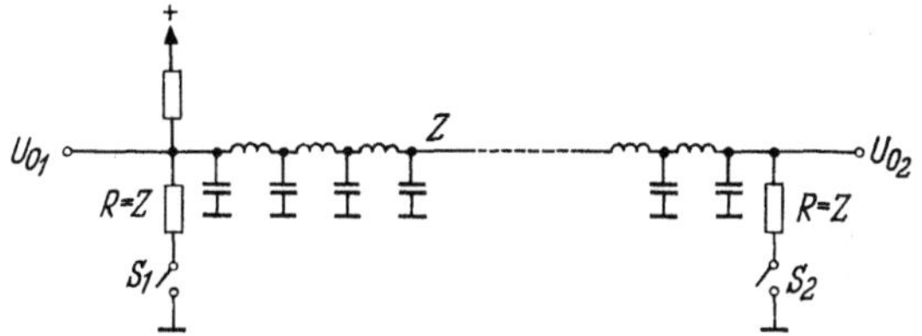

Abb. 120. Kurzzeitmessung mit Laufzeitkette

Schließlich seien oszillographische Methoden angeführt, die jedoch wegen der meist notwendigen photographischen Registrierung zeitraubend sind. Neben der einfachsten Methode, durch das Startsignal einen Zeilenablauf anzutriggern und vom Stopsignal die Y-Ablenkung zu betätigen oder eine Hellsteuerung auszulösen, haben sich für genauere Messungen Kreiszeitbasen bewährt: eine hochfrequente Schwingung (Frequenzgenauigkeit bestimmt die Präzision der Messung) wird gleichzeitig auf X- und Y-Platten mit 90° Phasendifferenz geschrieben, so daß ein Kreis entsteht, dessen Umfang genauere Zeitmessungen erlaubt als eine Schirmdurchmesser-Zeile. Start- und Stopsignal tasten den Strahl hell und wieder dunkel. Bei richtig gewählter Kreisfrequenz erscheint ein Segment, das direkt ausgemessen werden kann, zweckmäßig mit Hilfe von 100···1000 zusätzlichen Eichmarken pro Umlauf, z. B. [*329*]. Auch Spiralbasen mit wesentlich größeren Weglängen lassen sich benützen.

4.3 Inspektionskreise

Unter dieser Bezeichnung sollen alle die Signalkombinationen verstanden werden, bei denen das eine Signal eine vorgegebene Standard- oder Vergleichsgröße darstellt. Alle *Amplitudenmeßverfahren* beruhen auf dem Vergleich mit einer bekannten (einstellbaren) Normalspannung. Bei Zeitinspektion wird ein Signal zu einem gewünschten Zeitpunkt mit einer Zeitmarke kombiniert: *Torschaltungen.* Natürlich ist diese Abgrenzung etwas willkürlich, und manches in vorherigen Abschnitten behandelte Verfahren läßt sich auch hier einordnen. Jedoch lockert diese Einteilung die Stoff-konzentration auf. Die Anwendung dieser Inspektionsstufen ist allgemein die *Sortierung* von Signalen nach bestimmten Gesichts-punkten, die von dem physikalischen Pro-blem her bestimmt werden.

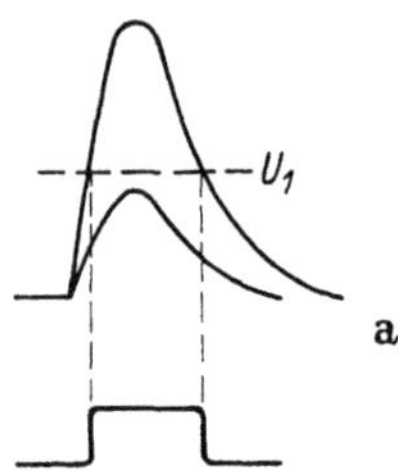

4.3.1 Amplitudeninspektion

Die Ausmessung von Signalamplituden läßt sich mit so großer Genauigkeit (bis 0,1%) ausführen, daß häufig Signal*zeiten* in propor-tionale *Amplituden* umgewandelt werden (S. 106 und Abschnitt 4.2.7). Ein- und Viel-kanal-Impulshöhen-Analysatoren (S. 158) sind in verschiedenen Formen im Handel, daher werden hier nur die Grundlagen erläutert. Das Prinzip ist, die erreichte Maximalampli-tude des Signales mit einer vorgegebenen (vorwiegend Gleich-)Spannung zu vergleichen und beim Erreichen (oder auch beim Über-schreiten) des Nennwertes ein neues Signal, etwa eine Triggerstufe, auszulösen. Damit ist eine (direkt zählbare) Ja/Nein-Aussage über die Amplitude jedes ankommenden Signales gewonnen.

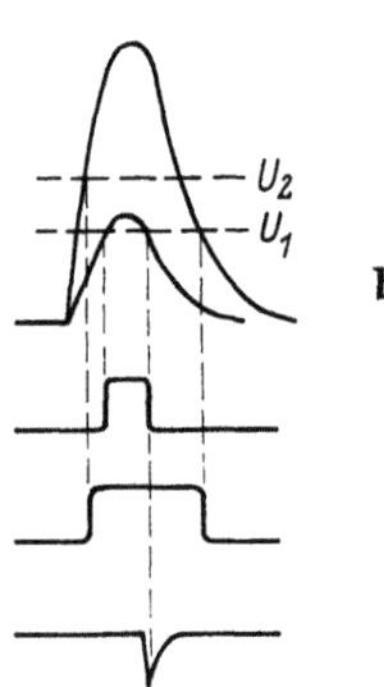

Abb. 121. Amplituden-diskriminator (schematisch): (a) integral, (b) differentiell

Man unterscheidet zwei Verfahren, den Integral- und den Differentialanalysator (häufig auch -diskriminator genannt). Abb. 121 a zeigt die Wirkung des **Integraldiskrimi-nators.** Ein über die Ansprechschwelle U_1 einer Triggerstufe (S. 100) hinausgehendes Signal löst einen Ausgangsimpuls aus, der etwa im Falle eines Schmitt-Kreises (S. 37) Rechteckform besitzt, aber auch irgendeine andere Form annehmen kann. Das Durch-fahren von U_1 durch das ganze Amplitudenspektrum bei gleichzeiti-ger Zählung ist zeitraubend, und die oft anschließende Differentiation der integralen Kurve birgt weitere Fehlerquellen in sich. Daher wer-den Integraldiskriminatoren vorwiegend in Form von Begrenzer-stufen (S. 88) verwendet, etwa um kleine Signale (Störspiegel) unter-halb einer Schwelle zu unterdrücken. Auch Vorrichtungen, die ein

Amplitudenspektrum erst oberhalb von U_1, dann aber linear durchlassen, seien hier erwähnt (vgl. S. 89). Eine Übersicht gibt [99, 336]. Für den nichtlinearen Fall (nur Ja/Nein-Aussage) eignet sich grundsätzlich jede Triggerstufe (S. 100). Seiner großen Konstanz wegen hat sich der Schmitt-Kreis (S. 37) sehr eingebürgert, aber auch Dioden lassen sich verwenden. Sehr schnelle Integraldiskriminatoren, etwa mit Sekundäremissions-Pentoden [268, 328] oder größerem Röhrenaufwand [261, 348] erreichen Auflösungszeiten unter 0,1 μsec. Der lineare Fall dagegen erfordert einen Linearverstärker, der erst oberhalb von U_1 zu arbeiten beginnt; Abb. 122 zeigt die gewünschte und die praktische Charakteristik. Die einfachste Ausführung bringt Abb. 123a, bei der die Diode erst dann leitet, wenn das Signal U_1 überschreitet. C dient zur Kompensation der Diodenkapazität. Der Knickpunkt ist nicht sonderlich scharf, daher kombiniert man gerne zwei (oder mehr) Elemente mit Unstetigkeitsstellen der Kennlinie. Hierfür gibt (b) ein Beispiel, bei dem durch die Röhrenkennlinie und durch D_1 die Einsatzschwelle schärfer aus-

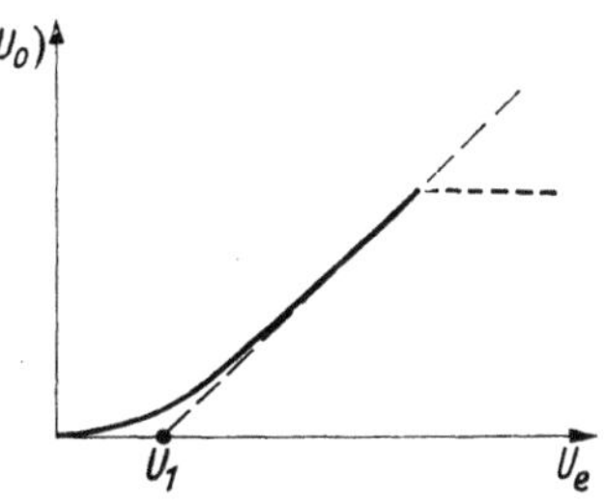

Abb. 122. Kennlinie eines Linearverstärkers mit unterer Schwelle

geprägt ist [154]. Wird die Basis gerade überschritten, dann sperrt D_1 und die Röhre übernimmt den Strom. Steigt die Amplitude zu hoch an, beginnt D_2 zu leiten und verhindert weiteres Absinken der Anodenspannung, begrenzt also das Spektrum auch nach oben (vgl. Abschnitt 3.1.2). In Abb. 122 ist dies durch die punktierte Kurvenstrecke angedeutet. Ein anderes Beispiel in Abb. 123c besitzt zwei zusätzliche Hilfsmittel. Röhre I und II stellen einen Differenzverstärker dar (S. 74), dessen linke Röhre in Ruhe durch die Vorspannung U_1 gesperrt ist und erst bei Signalen $> U_1$ geöffnet wird. Da der Einsatzpunkt infolge der Kennlinienkrümmung nicht scharf ausgeprägt ist, dient die Diode D zur besseren Ausbildung des unteren Knickes. Sie leitet so lange, bis der Anodenstrom von Röhre I den Diodenstromanteil durch Ra_1 übertrifft. Die in Abb. 122 ausgezogene Kurve wird dadurch der gestrichelten Idealkurve besser angenähert. Die zweite Verbesserung besteht im Ersatz des Kathodenwiderstandes durch eine Röhre, die den Anodenstrom konstant hält und den Aussteuerbereich vergrößert (S. 75). Überdies kompensiert sie die über die Röhrenkapazitäten von I an den Ausgang schleichenden Signale [179]. Auch durch Gegenkopplung von Röhre II auf den Eingang läßt sich dies erreichen [49]. Die Diskriminatorschwelle U_1 läßt sich über das Potentiometer P (vorteilhaft eine Präzisionsausführung, Helipot) sehr genau einstellen. Dieser — in Ruhe blockierte — Verstärker läßt sich mit etwas Mehraufwand zu einer Torschaltung erweitern [204]. Dabei läßt sich der Verstärker (durch ein gesondertes Signal) völlig sperren, auch für die höchsten vorkommenden Eingangssignale, ohne daß die Sperrung bzw. Entsperrung als störendes Podestsignal am Ausgang erscheint.

Schließlich zeigt Abb. 93 (S. 100) eine Lösung, die das Signal (nach Verzögerung durch das Laufzeitkabel) nur dann die Torröhre passieren läßt, wenn die Amplitude die Vorspannung U_1 des Univibrators überschreitet und dieser einen Öffnungsimpuls liefert. Solange die Röhre für die Signale im linearen Bereich arbeitet, liegt ein selbstöffnendes lineares Tor (S. 137) vor, andernfalls eine Triggerstufe mit scharfem Einsatzpunkt.

Der **Differentialdiskriminator** nimmt wesentlich schneller und mit geringerem Fehler ein Amplitudenspektrum auf als der integrale Typ. Das Prinzip ist in Abb. 121 b

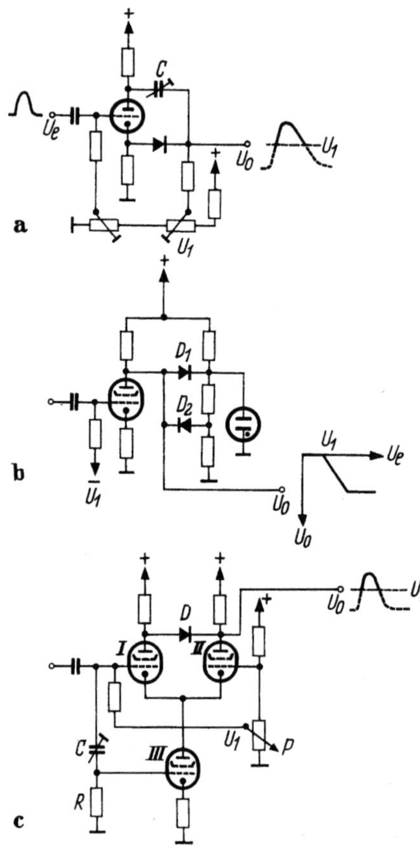

Abb. 123. Diskriminatorschaltungen: (a) Differenzverstärker mit Vorspannung, (b, c) Schwellendioden

dargestellt. Ein Signal muß innerhalb der beiden Schwellenwerte U_1 und U_2 liegen, um registriert zu werden. Da man nur eine Ja/Nein-Aussage braucht, läßt man diesen (nichtlinearen) Vorgang auf folgende Weise ablaufen: Beide Spannungsniveaus werden durch je eine Triggerstufe, meistens Schmitt-Kreise (S. 37) bestimmt. Die Ausgangsimpulse der beiden Stufen werden in einer Antikoinzidenzschaltung (S. 116) so kombiniert, daß *nur* dann ein Ausgangsimpuls abgegeben wird, wenn die untere Triggerstufe allein anspricht, die „Basis" also vom Signal überschritten wird. Alle Signale innerhalb des „Fensters" $U_2 - U_1$ werden dabei erfaßt. Wird auch U_2 überschritten, dann gibt die Antikoinzidenzstufe keinen Impuls ab. Basis und Fensterbreite lassen sich unabhängig voneinander einstellen, bei den üblichen Geräten zwischen $0 \cdots 100$ V bzw. $0 \cdots 10$ V. Das Durchlaufen des Spektrums geschieht durch Variation von U_1 bei fester Kanalbreite $U_2 - U_1$ und kann auch automatisch (Motorsteuerung) vor sich gehen.

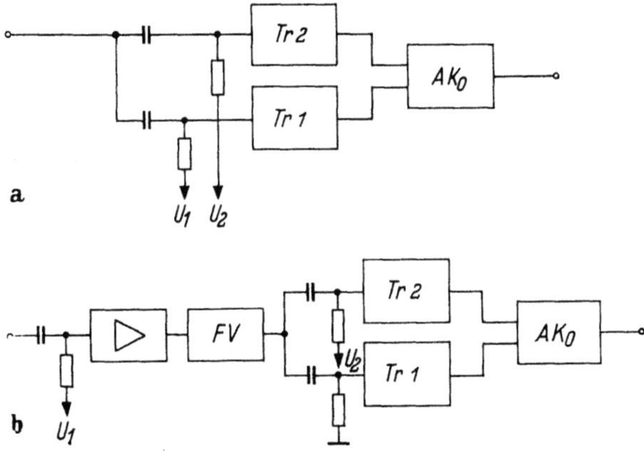

Abb. 124. Differential-(Einkanal-)Diskriminator: (a) einfache Form, (b) mit Fensterverstärker FV

Abb. 124a bietet ein mögliches Blockschaltbild eines Einkanaldiskriminators. Die beiden Triggerstufen Tr_1 und Tr_2 erhalten ihre Vorspannungen U_1 und U_2 von je einem Präzisionspotentiometer. Sie werden meist nach Abb. 125a geschaltet, wobei den beiden Gittern der Triggerstufen je eine feste (U_2) und eine variable Vorspannung (U_1) zugeführt wird. Sie können auch von getrennten Spannungsquellen (etwa von Glimmstrecken) gespeist werden (b). In beiden Fällen hat das Fenster eine konstante *absolute* Breite. Oft ist eine konstante *relative* Breite (Fall c) günstiger [52]. Bei Szintillationsspektrometern erhält man eine über das Spektrum konstant bleibende Linienauflösung, wenn die Fensterbreite proportional mit $\sim \sqrt{U_e}$ läuft [220]. Man kann stattdessen das Spektrum vorher auch quadratisch oder (zur Überkompensation der Auflösung bei hohen Amplituden) logarithmisch deformieren. Eine Möglichkeit hierzu ist die Amplituden/Zeittransformation (S. 107) mit Hilfe des logarithmischen Schmitt-Kreises (S. 108) und anschließender Rücktransformation mit einem Zeit/Amplituden-Converter (S.106) [247]. In Abb.125 c wird durch Umlegen des Schalters S nach unten von konstanter absoluter auf konstante relative

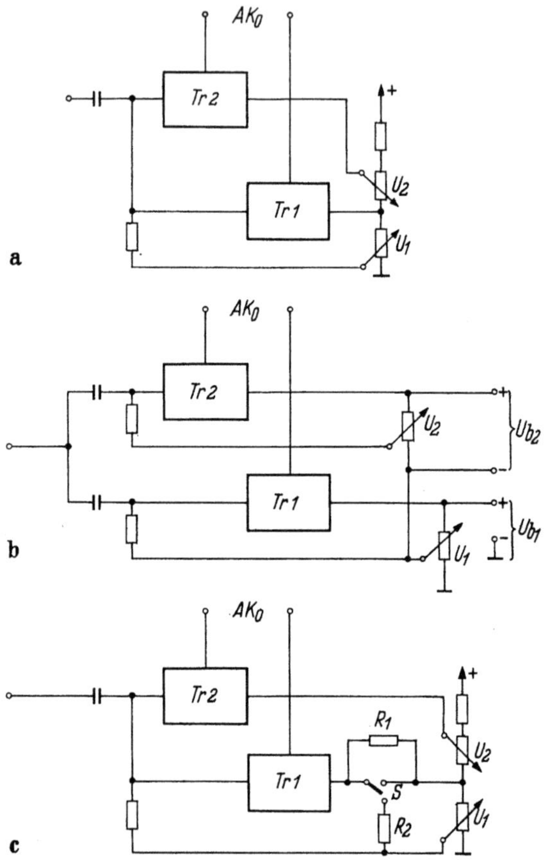

Abb. 125. Basis- und Fensterbreite-Regelung eines Einkanaldiskriminators (a) gemeinsamer, (b) getrennte Spannungsteiler, (c) konstante relative Fensterbreite

Kanalbreite umgeschaltet. Die prozentuale Breite relativ zu U_1 ist dann $b = \dfrac{R_1}{R_1 + R_2}\, 100\ [\%]$.

Da sich Basis und Fensterbreite mit Röhrenschaltungen nicht besser als auf $50\cdots100\ \text{mV}$ absolut konstant halten und reproduzieren lassen, ist besonders bei kleinen Fensterbreiten die prozentuale Genauigkeit gering. Daher wählt man einmal den Amplitudenbereich der Eingangssignale bis zu $50 \cdots 100$ V hoch und benützt außerdem einen sog. **Fensterverstärker** FV (Abb. 124b), der hinter einen vorgespannten Differenzverstärker (Abb. 64) gelegt wird [220]. Letzterer bestimmt die Basis, während die Fensterbreite durch den oberen Triggerkreis Tr_2 eingestellt wird und um den Verstärkungsfaktor V des Fensterverstärkers absolut vergrößert ist. Schwankungen von U_2 erscheinen am Eingang jetzt um den Faktor V verkleinert. Die neu hinzugekommene Fehlerquelle — Schwankungen von V — läßt sich bei Werten von $V = 5 \cdots 10$ vernachlässigbar klein halten. Die vor dem Fensterverstärker liegende Differenzstufe soll über der Basis einen kleinen Teil des Amplitudenspektrums linear weitergeben und eine scharfe obere und untere Begrenzung vornehmen. Ferner muß sie, ebenso wie der Fensterverstärker, breitbandig sein, d. h. eine möglichst kleine Anstiegszeit haben, denn bei hochliegender Basis kommen nur die sehr kurzzeitigen Signalspitzen über die Schwelle. Eine Signaldehnung (S. 92) ist daher günstig. Mit dem Fensterverstärker läßt sich übrigens durch Änderung des Verstärkungsgrades auch die Fensterbreite variieren (statt U_2), jedoch bleiben dann die Verstärkereigenschaften im allgemeinen nicht konstant [102].

Eine Eigentümlichkeit dieses Einkanaldiskriminatortyps, der in vielen Varianten beschrieben wurde, z. B. [46, 138, 140, 154, 209, 220, 336, 340], ist die nicht konstante Verzögerung zwischen Eingangssignal und Ausgangsimpuls. Der Grund liegt darin, daß die Antikoinzidenzstufe frühestens nach dem Unterschreiten von U_2, also auf der abfallenden Signalflanke, seine Ja/Nein-Entscheidung abgibt. Dieser Zeitpunkt hängt aber von der Basis- und Fenstereinstellung ab. Verschiedene Lösungen vermeiden diesen Nachteil, der bei mehrkanaligen Koinzidenzanlagen u. ä. den Zeitfahrplan stört. Man kann etwa durch einen dritten Kanal mit konstanter Verzögerung das Signal zu einer Koinzidenzstufe oder einem Tor zuführen [320]. Eine andere Lösung öffnet den Diskriminator wie ein Tor von außen nur bei vorgegebenen (mit dem Meßsignal in Koinzidenz stehenden) Steuerimpulsen. Dabei dehnt man zweckmäßig das Signalspektrum für eine bestimmte Zeit und verarbeitet diese rechteckförmigen Amplituden mit einer Basis- und Fensterbreiten-Triggerstufe wie bisher. Die Ja/Nein-Entscheidung gelangt aber nur über ein Tor an den Ausgang, das durch einen Erlaubnisimpuls kurzzeitig geöffnet wird. Dieser kann nach einer stets gleichbleibenden Verzögerungszeit an das Tor gegeben werden, so daß die Gesamtlaufzeit vom Eingang zum Ausgang des Diskriminators konstant bleibt. Diese Fremdöffnung eines Diskriminators läßt sich auch nachträglich in handelsübliche Geräte leicht einbauen.

Eine andere Möglichkeit besteht darin, die Anstiegsflanke des unteren Diskriminators zu verwenden und — nach entsprechender Verzögerung — über die Antikoinzidenzstufe an den Ausgang zu liefern [*82*].

Für sehr kleine Amplituden wurde eine andere Diskriminatorform vorgeschlagen [*59, 109, 316*], die im Bereich einiger Millivolt arbeitet: Abb. 126. Die Diskriminatoren werden je durch eine Parallelschaltung eines positiven Widerstandes (Diode) mit einem

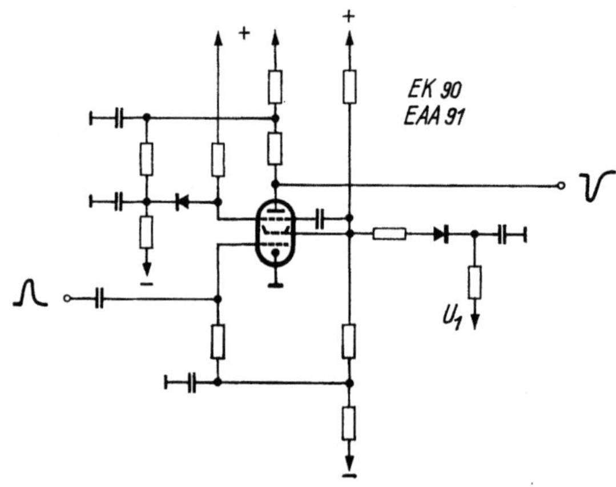

Abb. 126. Hochempfindlicher Integraldiskriminator

negativen Widerstand (g_2g_3-rückgekoppelte Röhre) dargestellt. Im Ruhefall überwiegt der (positive) Dämpfungswiderstand $R^+ > R^-$. Ein positives, die Schwelle U_1 übersteigendes Signal vergrößert R^-, bis $R^- = R^+$ ist, und die Stufe kippt.

Jeder Differentialdiskriminator läßt sich durch Abschalten der Triggerstufe für die obere Schwelle als Integraldiskriminator verwenden. Um das zeitraubende Durchfahren eines Signalspektrums mit einem Einkanalanalysator zu umgehen, wurden Vielkanaldiskriminatoren entwickelt, die mit Speicher-(Zähl-)Vorrichtungen zusammengebaut sind und daher im 5. Kapitel aufgenommen sind.

Eine weniger übliche Form der Amplitudeninspektion ist die Abbildung der Signale mit einer Kathodenstrahlröhre. Die Auslenkung kann mit einer geeichten Vergleichsspannung genau abgelesen und etwa durch eine Schlitzblende von einem lichtempfindlichen Detektor (Photozelle oder -Multiplier) abgetastet werden [*162, 282, 357*]. Weitere oszillographische Verfahren enthält Kapitel 5.

4.3.2 Zeitinspektion

Der Vergleich oder die Kombination eines Signalzeitpunktes mit vorgegebenen Zeitmarken kann einmal zu diesen bestimmten Zeiten eine Amplitudeninformation weitergeben (bzw. sperren): *lineare Torschaltung.* Wenn auf die Signalamplitude verzichtet wird, liegt entweder eine Zeitintervallmessung vor (Abschnitt 4.2.7), oder das Signal soll zu bestimmten Zeiten lediglich gesperrt oder durchgelassen werden: *nichtlineares Tor.* Schließlich kann vor bzw. nach einem Signal ein impulsfreies Intervall kontrolliert oder registriert werden: *Intervallkontrolle.*

Tore

Schaltungen zum zeitlichen Sperren oder Durchlassen eines Signales werden sehr häufig gebraucht. Sie sind ein Sonderfall der im Abschnitt 4.2 beschriebenen Koinzidenzschaltungen. Je nach Beibehaltung oder Verlust der Amplitudeninformation unterscheidet man lineare und nichtlineare Tore. Jedes Tor besitzt zwei charakteristische Größen: *Podest* und *Sperrvermögen.*

Wird ein Tor für eine bestimmte Zeit geöffnet, ohne daß am Eingang ein Signal liegt, erscheint am Ausgang der Schaltvorgang in Form eines Podestes, meist überlagert von impulsförmigen Spitzen beim Ein- und Ausschalten. Dieses Podest überlagert sich den Nutzsignalen und stört häufig. Man kann sich durch Wahl geeigneter Schaltungen helfen oder mit einem anschließenden (linearen) Diskriminator das Podest gerade abschneiden. Bei linearen Toren führt dies zu einer Verschiebung des Nullpunktes, der leicht gemessen und bei der Auswertung berücksichtigt werden kann. Bei nichtlinearen Toren ist diese Schwelle bereits ein Teil der Schaltung. Der Öffnungsimpuls soll nach Möglichkeit etwas früher als das Signal einsetzen und etwas länger als die maximal erreichte Signalamplitude bzw. -Zeit andauern. Im allgemeinen wird die Anstiegszeit des Signales verschieden sein von der Zeit, die das Tor zur vollen Öffnung braucht. Ist das Signal langsamer, kann die Toröffnung noch *während* der Anstiegszeit (also vor dem Spitzenwert der Amplitude) ausgelöst werden, ist sie kürzer, muß sie *vor* Signalbeginn stattfinden. Der Öffnungsimpuls hat dem Wesen nach Rechteckform und kann von einem geeigneten (getriggerten) Impulsgenerator bezogen werden.

Das Sperrvermögen eines Tores ist die Fähigkeit, auch die größten vorkommenden Eingangssignale vollkommen zu sperren. Zwar ist diese Forderung dem Arbeitspunkt der beteiligten Röhren nach leicht erfüllbar, jedoch kommen über die unvermeidlichen

Streukapazitäten stets Reste der Eingangssignale durch. Sie erscheinen in differenzierter Form als kleine Impulse am Ausgang und sollen nicht größer als die verbleibenden Reste des Podestes bzw. der Schaltimpulse selbst sein, damit sie ebenfalls von einem folgenden Diskriminator unterdrückt werden können. Als Anhaltspunkt seien 0,1 bis höchstens 1% der höchsten Signalamplitude genannt, die am Ausgang noch tragbar sind.

Nichtlineare Tore lassen sich immer dann sehr einfach aufbauen, wenn nur eine Ja/Nein-Aussage über das Vorhandensein eines

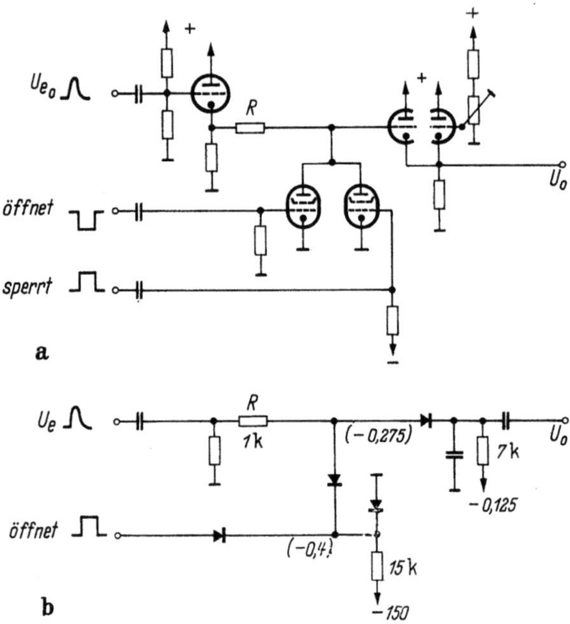

Abb. 127. Shunt-Tor mit Röhren (a) und Dioden (b)

Signales überhaupt gefordert wird. Die Koinzidenzstufe in Abb. 113b zeigt bereits den Prototyp eines nichtlinearen Tores mit einer Schaltröhre. Beide Gitter sind in Ruhe gesperrt, weder das Signal noch der Öffnungsimpuls erscheinen am Ausgang. Erst wenn beide (vertauschbaren) Gitter geöffnet sind, kann das Signal hindurchgelangen. Der Unterschied zur Koinzidenzstufe besteht hier nur darin, daß der Öffnungsimpuls häufig wesentlich länger als das Signal ist. Bei hohen Zählraten sind zu lange Öffnungszeiten nicht ratsam.

Lineare Tore. Weitaus wichtiger sind Torschaltungen, die das Amplitudenspektrum unverfälscht hindurchlassen, wobei in den meisten Fällen ein Verstärkungsfaktor von $V = 1$ genügt. Eine typische Form ist das Shunt-Tor, bei dem der Signalzweig an einer Stelle in Ruhe kurzgeschlossen ist. Abb. 127 zeigt zwei Beispiele: in (a) liegt der Kurzschlußzweig zwischen zwei Kathodenfolgern. Als Besonderheit sind hier zwei Shuntröhren gezeigt, von denen eine durch den Öffnungsimpuls gesperrt, die andere (in Ruhe blockierte) durch einen positiven Impuls geöffnet werden kann (,,Schließen'' des Tores). Das ,,Öffnen'' und ,,Schließen'' des Tores

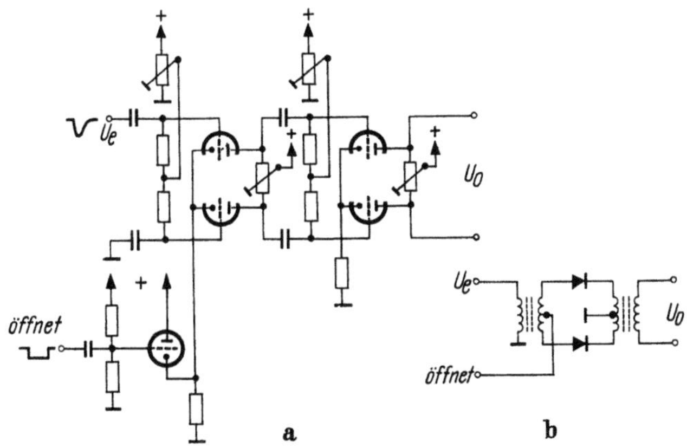

Abb. 128. Gegentakt-Tor mit Röhren (a) und Dioden (b)

darf nicht mit dem Öffnen und Sperren einer Röhre verwechselt werden. Der Ausgangskathodenfolger besteht aus zwei Röhren, von denen die rechte den Hauptanteil des Ruhestromes zieht. Mit ihrer Vorspannung läßt sich das oben beschriebene Podest auf ein Minimum abgleichen. Beim Eintreffen eines Signales übernimmt dann die linke Röhre die Transmission. Der Spannungsteiler am Eingang wird so eingestellt, daß die Shuntröhre genügend hohe Anodenbetriebsspannung erhält. R liegt bei einigen $k\Omega$; mit größeren Werten wächst das Sperrvermögen, aber auch die Anstiegszeit. Als Eingangsstufe läßt sich auch ein Differenzverstärker (S. 74) verwenden, dessen zweites Gitter am Ausgang liegt [311], die Podestfreiheit ist ähnlich. Extrem kurze Signale können auch mit reinen Diodenschaltungen [159, 333] verarbeitet werden: Abb. 127 b. Die durch D_1 geshuntete Signalleitung kann nur Signale übertragen, wenn ein positiver Öffnungsimpuls den Kurzschluß aufhebt. Signale ab 10 nsec Länge werden bis zu rund 10 V linear durchgelassen. Die verschiedenen Diodentor-Formen, auch Brücken-schaltungen, sind in [*266*] ausführlicher behandelt. Sehr stark läßt sich das Podest reduzieren, wenn ein Differenzverstärker hinter einer Brücke nur das Signal weitergibt, den Schaltimpuls (gleich-phasig auf beiden Eingängen) jedoch unterdrückt.

Eine Methode, das Podest zu verringern, verwendet die Gegentaktschaltung: Abb. 128. Im Fall (a) erhalten beide Zweige das Podest gleichphasig, das Signal aber in Gegentakt [*90*]. Am Ausgang der letzten Stufe wird das Podest wieder stark kompensiert. Die Wirksamkeit der Schaltung ist nach kurzen Zeiten hin durch die Abfallzeit des Kathodenfolgers (S. 68) begrenzt, der Amplitudenbereich durch die Gitterspannungen. Beispiel (b) erinnert an den in der Hf-Technik bekannten Gegentaktmodulator, der mit schnellen Dioden auch für sehr kurze Signale geeignet ist. Die höchste Signalamplitude

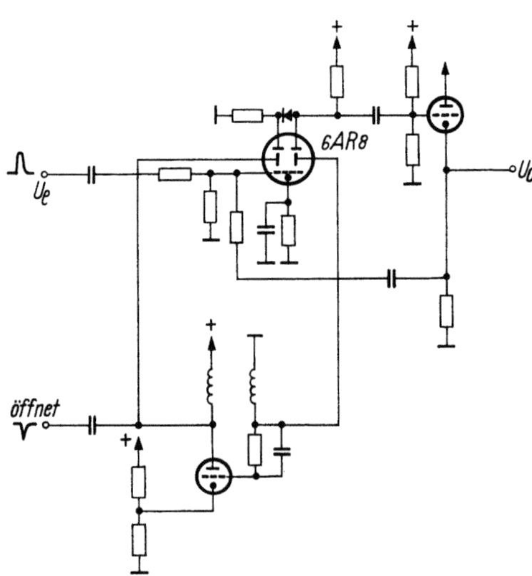

Abb. 129. Lineares schnelles Tor mit Strahlablenkröhre (6 AR 8)

wird durch die Sperrspannung der Dioden und die Sättigung der (Hf-)Eisenkerne bestimmt. Die reflexionsfreie Anpassung an Kabel ist nicht einfach.

Eine andere Lösung (Abb. 129) mit einer Strahlablenkröhre [*160*] verarbeitet Amplituden bis 70 V und Öffnungszeiten bis 200 nsec abwärts. Zum Öffnen wird der Sperrschwinger angetriggert, der den Elektronenstrahl auf die rechte Anode ablenkt. Die Röhre arbeitet dann wie eine normale (über den Ausgangskathodenfolger) gegengekoppelte operative Verstärkerstufe (S. 72). D verringert das Podest am Ausgang auf 0,2 V.

Schließlich zeigt Abb. 130 eine eigene Entwicklung mit einer mittleren Anstiegszeit von 150 nsec bei maximal 100 V-Signalen am Eingang. Die Podestimpuls-Reste liegen unter 0,1 V. Der Kathodenfolger IV ist in Ruhe durch Röhre III gesperrt, die vom

Öffnungsunivibrator blockiert werden kann. Dann gelangen die Eingangssignale über Röhre II an das Gitter IV, das den Ausgang mit hochzieht. Mit U_{kI} wird das Podest exakt kompensiert. Bei geschlossenem Tor gelangt von einem 100-V-Signal nur ein Rest von 0,1 V kapazitiv an den Ausgang. Infolge des Bootstrap-Kondensators (S. 42) ist die Linearität besser als 1%. Bei Öffnungszeiten über 10 μsec muß die Schaltung modifiziert werden. — Lineare Tore lassen sich auch aus Diskriminatoren (vorgespannte

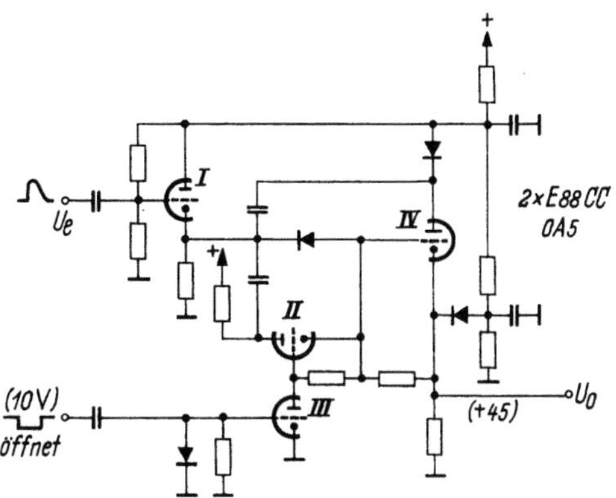

Abb. 130. Lineares Tor bis 100 V (2 · E 88 CC)

Verstärker [204]), Impulsdehnern [94, 286] und anderen größeren Schaltungsanlagen bilden und können unter Beachtung der oben genannten Bedingungen den physikalisch gegebenen Forderungen angepaßt werden.

Zeitintervallkontrolle

Während reine Zeitintervallmessungen im Abschnitt 4.2.7 erscheinen, besteht oft die Aufgabe, Signale mit impulsfreien Intervallen zu erfassen. Eine Lösungsmöglichkeit für die Kontrolle solcher Zeitintervalle vor und hinter einem Signal zeigt Abb. 131 [220]. Das Signal erscheint an den Anoden des Differenzverstärkers (S. 74) mit gegenphasiger Polung. Die folgende Schaltröhre ist durch g_3 gesperrt, während g_1 offen ist und zunächst vom Signal gesperrt wird. Die Zeitkonstante des Impulsverlängerers RC wird so einjustiert, daß g_1 kurz vor dem Eintreffen des (durch das Laufzeitkabel) verzögerten Signales wieder offen ist. Das um die Laufzeit T verzögerte Signal kann dann die Schaltröhre öffnen und gelangt an den Ausgang. War jedoch innerhalb des Zeitraumes T *vor* dem primären Signalbeginn ein anderes Signal vorhanden, so hält es g_1 noch gesperrt. Das gleiche bewirkt ein innerhalb von T *nach* Signalbeginn eintreffendes neues Signal, so daß nur solche Signale die Stufe überleben, die von impulsfreien Intervallen $\pm$T flankiert sind.

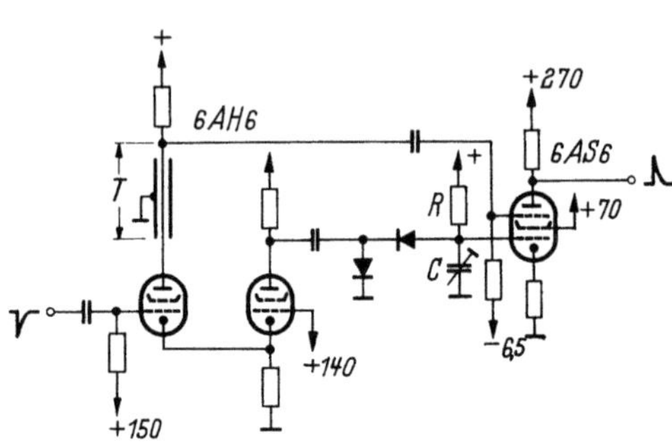

Abb. 131. Zeitintervallkontrolle (siehe Text, 2 · 6 AH 6, 6 AS 6)

Auch die Aufgabe, impulsfreie Intervalle bestimmter Länge auszuzählen, gehört in diesen Abschnitt, im Gegensatz zur Kurzzeitmessung, bei der jedes Intervall gemessen wird. Das Schema in Abb. 132 kann zur Lösung verwendet werden. In Ruhe ist C aufgeladen und wird beim Eintreffen eines Signales durch die erste Röhre entladen. Die Spannung an C steigt mit der Zeitkonstante RC wieder an, erreicht aber

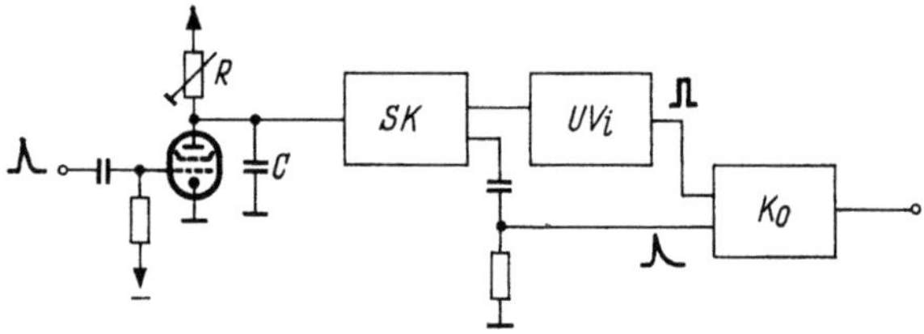

Abb. 132. Kontrolle impulsfreier Intervalle (siehe Text)

nur dann das Triggerniveau des folgenden Schmitt-Kreises SK, (S. 37), wenn mindestens für die Dauer T_1 kein weiteres Signal folgt. Der Kippvorgang stößt den sich anschließenden Univibrator UVi (S. 33) an, der einen kurzen Rechteckimpuls der Dauer T_2 auf die Koinzidenzstufe KO (S. 115) gibt. Diese wiederum kann nur dann einen Ausgangsimpuls liefern, wenn der Schmitt-Kreis inzwischen durch ein neues Signal zurückgeholt wurde und innerhalb T_1 das Koinzidenzsignal geliefert hat. Es werden also nur die gewünschten Zeitintervalle $T = T_1 + T_2$ erfaßt [*296*].

5. Signalregistrierung

5.1 Übersicht

Die vom Meßort gelieferten und je nach den Erfordernissen sortierten und umgeformten Signale sollen letzten Endes die Messung in Zahlenform anzeigen. Je nach ihrer Natur können sie einmal *analog* registriert, d. h. fortlaufend amplitudentreu niedergeschrieben (in Dokumentenform gespeichert) werden. Dabei ist es gleichgültig, ob das Signal selbst direkt oder sein zeitlicher Mittelwert (*Integration*) registriert wird.

Die zweite Möglichkeit ist die *digitale* (z. B. duale) Registrierung, bei der jedes Signal einzeln gezählt wird, mit oder ohne Berücksichtigung seiner Amplitude. Während im analogen Fall das Meßergebnis meist schon als Dokument vorliegt, muß zur digitalen Registrierung eine *visuelle Anzeige* oder dokumentarische *Speicherung* hinzutreten. Nach Erreichen einer bestimmten Meßzeit oder Signalanzahl kann abgelesen, gedruckt oder auch eine Steueroder Regelvorrichtung ausgelöst werden. Eine Übersicht über verschiedene Registrier- und Zählverfahren gibt [*107, 336*].

Industriell gefertigte Registrier- und Speichergeräte in großer Auswahl erlauben heute die sehr rasche Verarbeitung auch großer Meßwertzahlen (Vielkanal-Registriergeräte, elektronische Rechenmaschinen und Speicheranlagen). Das Verhältnis von materiellem Aufwand für eine derartige Einrichtung zur notwendigen bzw. sinnvollen Arbeits- und Auswertezeit muß sorgfältig überlegt werden. Die elektronische und personelle Trennung von Messung und Registrierung (Speicherung) sowie der Auswertung ist häufig vorteilhaft. Die folgenden Registrierverfahren, die teilweise nur kurz behandelt werden können, sind nach analoger und digitaler Form aufgeteilt. Häufig muß eine analoge Information in digitale Form umgewandelt werden, etwa zur Einspeisung in eine Rechenmaschine oder in digitale Speicher. Abschnitt 3.3.4 behandelt diese Umformer. Die Speicherung auf Magnetband soll nur kurz erwähnt werden. Sie eignet sich für Fälle pausenloser Registrierung, die ohne Unterbrechung der Messung jeweils gleichzeitig (etwa mit erhöhter Bandgeschwindigkeit) ausgewertet werden kann. Maximale Zählrate bzw. obere Grenzfrequenz richtet sich nach Bandgeschwindigkeit und Spaltbreite. Vielspurige Anlagen können mehrere Kanäle zugleich registrieren oder einzelne Signale mit zusätzlichen Informationen markieren.

5.2 Analoge Registrierung

5.2.1 Schreiber

Langsame und kontinuierliche Signale bzw. ihre Änderungen können direkt mit mechanischen Schreibvorrichtungen registriert werden, die in verschiedenen Formen im Handel sind (Brücken-, Kompensations-, Punktschreiber und andere Formen). Die schnellsten Direktschreiber haben eine obere Frequenzgrenze von einigen 100 Hz, die höchste Empfindlichkeit liegt im Millivoltbereich. Etwas schnellere Registrierung erlauben gefilmte Spiegelgalvanometer und Schleifenoszillographen. Die leistungsfähigste Methode der Filmregistrierung eines Kathodenstrahloszillographen ist nur durch die Bildschirmhelligkeit und die Filmempfindlichkeit in der höchsten Schreibgeschwindigkeit begrenzt.

5.2.2 Integrator

Soll eine analoge Registrierung von einzelnen Signalen wechselnder Häufigkeit vorgenommen werden, so hängt dies davon ab, wieviel Information gewonnen werden muß. Genügt die reine Häufigkeitsmessung, d. h. der zeitliche Mittelwert der Zählrate, so wird man eine Integratormethode wählen. Die Mitberücksichtigung der Amplituden verlangt entweder für jede(n) Amplitude(nbereich) eine getrennte Registrierung, oder es wird unabhängig von der Zählrate die mittlere Amplitude angezeigt (Amplitudenintegrator). Zählrate *und* Amplitude werden digital registriert (Vielkanaldiskriminator, S. 158).

Strom- oder Spannungsintegratoren bestehen im Prinzip aus einer Kapazität, die ständig Ladungen (die Signale) zugeführt bekommt und diese gleichzeitig in einem Parallelwiderstand wieder abfließen läßt. Im Gleichgewichtszustand ist der Entladestrom oder die Kondensatorspannung ein Maß für die Signalhäufigkeit. Das RC-Glied in Abb. 99a ergibt wegen der exponentiellen Aufladung von C einen nichtlinearen Zusammenhang zwischen Eingangszählrate und Ladespannung, der eine besondere Eichung notwendig macht. Dies gilt besonders, wenn Amplituden *und* Zählrate variieren oder ein ständig schwankendes Spannungsniveau registriert werden soll. Bei diskreten Einzelsignalen kann die umständliche Berechnung und Eichung vermieden werden: Um einen linearen Zusammenhang zwischen *Zählrate* und Ausgangsgröße zu erhalten, normiert man einmal die Signale auf Impulse konstanter Amplitude und Dauer (Abschnitt 3.3.1). Weiter muß dafür gesorgt werden, daß der Ladekondensator jedesmal die volle Ladung pro Primärsignal bekommt, unabhängig von seinem augenblicklichen Spannungswert. Zunächst kann mit einer „Diodenpumpe" $D_1 D_2$ nach Abb. 133a jeder Impuls die quantisierende Kapazität C_1 voll aufladen, die ihre Ladung $q = C_1 U_e$ dann beim Abfall des (positiven) Impulses auf Null jedesmal an C abgibt. Um den (in Abb. 133a negativen) exponentiellen Spannungsanstieg an C zu linearisieren, gibt es zwei Wege. Der Fußpunkt von D_1 wird durch einen Kathodenfolger mit hochgeführt (Abb. 133b), wobei D_1 hier zur *Ent*ladung von C_1 dient (im Gegensatz zu a). Nachteilig ist, daß in Serie mit D_1 der (wenn auch kleine) Quellwiderstand des Kathodenfolgers liegt. Die andere Möglichkeit zeigt Abb. 133c: der Fußpunkt von R und C läuft in Richtung negativer Werte mit [*108*]. Die beste Linearität liefert der operative Verstärker (S. 72), identisch mit dem Miller-Integrator (S. 42). Die dem Gitter abgewandte Seite von C wird linear mitgeführt (Abb. 133d), so daß das Gitter etwa auf gleichem Potential bleibt. Zum Ablesen des erreichten Wertes kann das Gitter an eine so gewählte Vorspannung geschaltet werden, daß der Gitterstrom der Entladung von C (infolge Isolationsstrom usw.) gerade das Gleichgewicht hält und so für eine genügend lange Abfragezeit die zu registrierende Spannung entnommen werden kann.

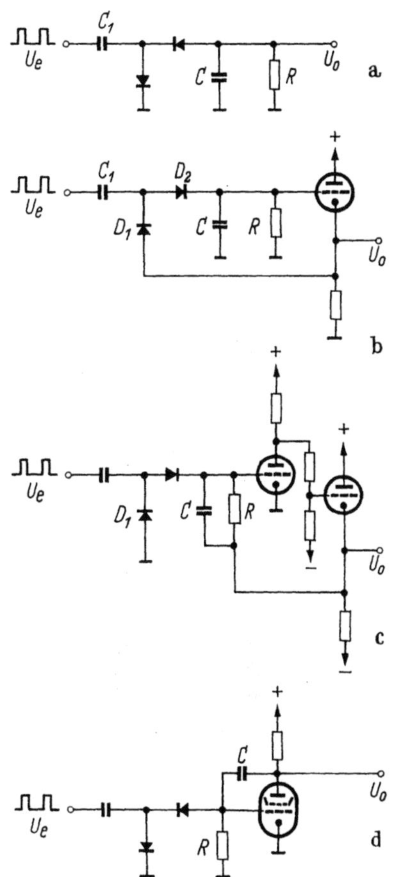

Abb. 133. Integratorzählschaltungen: (a) exponentiell, (b—d) linear

Die Spannung an C ist annähernd $U_0 \approx N\, U_e\, C_1\, R$, also proportional der Zählrate N (pro sec), nicht aber abhängig von C, wenn C groß genug ($C \approx 10 \cdots 100\, C_1$) gewählt wird. Die Größe der Zeitkonstante $R\,C_1$ wird durch den Arbeitsbereich der Röhre bestimmt und richtet sich nach dem zu bestreichenden Zählratenbereich. Für einen erlaubten Fehler $f = 1 - \dfrac{U_o{}'}{U_o}$, der den Abfall der Spannung U_o auf den Wert $U_o{}'$ während zweier Impulse angibt, wird $R\,C = -\dfrac{1}{N \ln (1-f)}$ ($\approx \dfrac{1}{Nf}$ für kleine Werte von f). Der mittlere quadratische Fehler ist $\overline{f^2} = \dfrac{1}{2\,N\,R\,C}$.

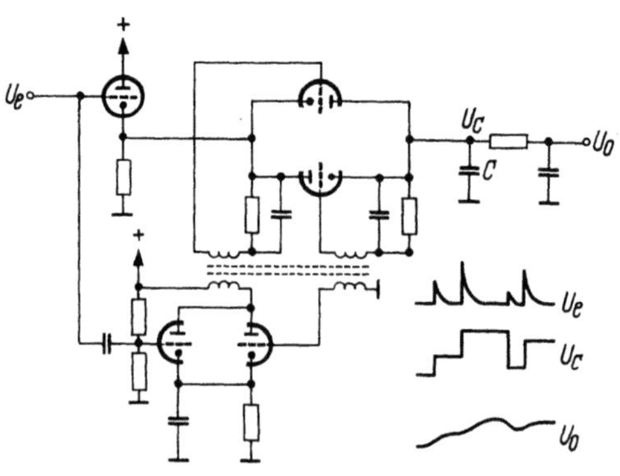

Abb. 134. Amplituden-Mittelwertbildung

R oder C_1 wird umgeschaltet, wenn mehrere Zehnerpotenzen von N überstrichen werden sollen. Die Anzeige des Ladezustandes kann mit einem Spannungsmesser (Röhrenvoltmeter, Schreiber) am Ausgang vorgenommen werden, oder ein Strommesser in Serie mit R mißt den Entladestrom.

Läßt man die Aufladung von C logarithmisch verlaufen, lassen sich viele Zehnerpotenzen in einem Bereich erfassen. Auch der logarithmische Schmitt-Kreis auf S.108 eignet sich gut für diesen Zweck. Er liefert Impulse konstanter Amplitude aber variabler Länge τ an einen (linearen) Integrator. τ wächst logarithmisch mit der Signalamplitude am Eingang des Schmitt-Kreises. Diese Eingangsamplituden entstammen einem Zeit/Amplituden-Umformer (S. 106), der die Signalabständ ein ihnen proportionale Impulsamplituden verwandelt.

Eine Schaltung zur (zählratenunabhängigen) *Amplitudenintegration* kann aus dem Impulsdehner in Abb. 85c, d entwickelt werden. An Stelle einer *Entladung* der Speicherkapazität findet bei jedem neuen Signal eine *Um*ladung auf den neuen Amplitudenwert statt. Die Ladediode wird hier in Abb. 134 durch zwei antiparallel gelegte Trioden ersetzt [*275, 332*]. Die Gitter der in Ruhe gesperrten Röhren werden zu jeder Umladung geöffnet und je nach Polung der Differenzspannung lädt eine der beiden Röhren die Speicherkapazität C auf den neuen Wert um.

Ein folgendes RC-Glied glättet die Unstetigkeiten und gibt als Ausgangsspannung den zeitlichen Mittelwert der eingehenden Signalamplituden ab. Die Gitter können etwa durch einen Sperrschwinger (Abb. 21) geöffnet werden.

Eine häufige Anwendung von Integrationsstufen ist die Messung von *sehr kleinen Ladungsmengen* bzw. Strömen, etwa bis 10^{-12} A. Auch hier lädt man eine Kapazität durch den zu messenden Strom I in der Zeit T auf die Spannung $U = \dfrac{I\,T}{C}$ auf. Die folgenden Gleichstromverstärker sollen möglichst geringe Nullpunktwanderung besitzen (S. 82). Eine große Zahl von Beispielen findet sich in der Literatur etwa zur Messung von Ionen-

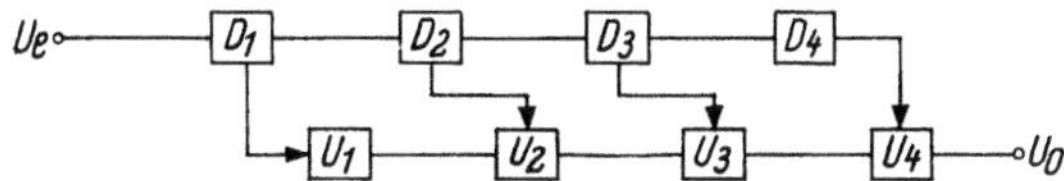

Abb. 135. Zählraten-Mittelwertbildung mit digitalen Stufen

und photoelektrischen Strömen, zur Integration von in Magnetfeldern induzierten Spannungen usw.

Ein ungewöhnliches Verfahren, das sich der digitalen Methode (Abschnitt 5.3) bedient, deutet Abb. 135 an. Die Stufen D_1 bis D_4 sind Diskriminatoren mit gestaffelten Schwellenspannungen. Jeder speist einen der (in Serie liegenden) Dualuntersetzer U_1 bis U_4 (S. 148). Je nach der Signalamplitude U_e wird eine dem Stellenwert (1, 2, 4, 8) entsprechende Zahl hinzuaddiert, während alle unterhalb des jeweiligen Diskriminators liegenden Stufen soviel addieren oder subtrahieren, daß im Mittel am Ausgang eine Impulszahl gezählt wird, die dem Mittelwert aller Amplituden proportional ist [*168*].

5.2.3 Oszillographische Verfahren

Durch photographische „Integration" einer großen Zahl von Signalen auf dem Leuchtschirm einer Kathodenstrahlröhre lassen sich Mittelwertaussagen über die Häufigkeit bzw. die Amplituden der Signale gewinnen. Das einfachste Verfahren besteht in der Photographie vieler Signale in normaler XY-Darstellung eines getriggerten Oszilloskops. Das Spektrum läßt sich dann in der Y-Richtung ausphotometrieren [*195, 223*]. Eine andere Methode bildet jedes Signal als Leuchtpunkt so ab, daß sein Abstand von einem (gewählten) Nullpunkt oder einer Nullinie seiner Amplitude proportional ist. Wird keine X-Zeitablenkung verwendet, ist ein Freiheitsgrad zur Modulation, d. h. zur Verteilung der Signalpunkte

über den Leuchtschirm frei oder für eine zweite Signalfolge (etwa
bei Koinzidenzmessungen, S. 157) verfügbar. Eine genügend große
Anzahl von Punkten läßt sich photometrisch auswerten. Als
Anhaltspunkt sei gesagt, daß mit modernen lichtstarken Bild-
röhren Leuchtpunkte von unter 50 nsec Dauer noch gut als Einzel-
ereignisse auf empfindlichen Filmen registriert werden. Eine dritte
Möglichkeit liefert gleich ein vollständiges Spektrum: die **Graukeilmethode** [*94, 152*]. Hierzu wird das Signalspektrum erst zeitlich
gedehnt (S. 92) und mit linearer Zeitablenkung (in X-Richtung)
auf dem Bildschirm abgebildet. Vor dem Schirm liegt ein Graukeil
mit dem Dichtegradient in X-Richtung. Das Plateau jeder Signalamplitude schwärzt den Film um so weiter in X-Richtung, je häufiger sie
auftritt. Die Abbildung der Häufigkeit (X) gegen die Amplitude (Y) ist je
nach der Graukeilcharak-teristik linear oder loga-rithmisch (bei linearem
Keil logarithmisch und

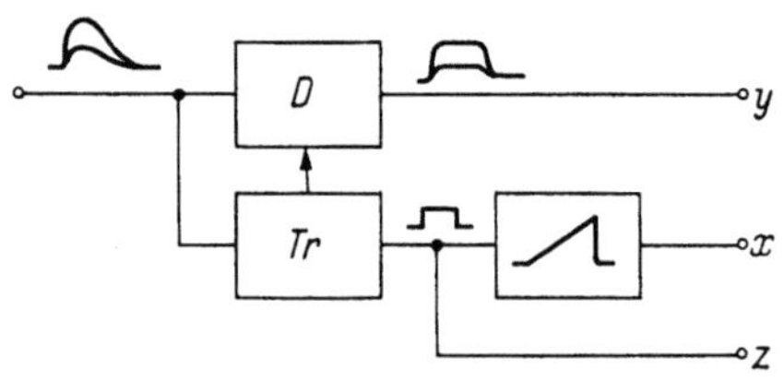

Abb. 136. Graukeilregistrierung (schematisch)

umgekehrt). Die logarithmische Darstellung hat den Vorzug, den bei
photometrischen Arbeiten schwer definierbaren Nullpunkt zu unterdrücken und große Bereiche zu erfassen. Doppeltes Kopieren gibt
scharfe Begrenzung des Spektrums auf dem Bild, während Kopie
von Positiv *und* Negativ unmittelbar eine Linie konstanter Schwär-
zung liefert. Die Beschaffung einwandfreier Graukeile entfällt,
wenn die Zeitablenkung exponentiell ausgeführt wird [*86, 247,
250*]. Galvanische Kopplung zu den Ablenkplatten der Bildröhre
verhindert Nullageverschiebung bei hohen Zählraten. Abb. 136
zeigt das Blockschema einer derartigen Registrierung mit dem
Impulsdehner D und dem getriggerten Rechteckgenerator Tr.
Einzelheiten sind in der Literatur zu finden. Der Aufwand ist
erheblich geringer als bei der Registrierung mit einem Vielkanaldiskriminator (S. 158), aber auch die Genauigkeit (einige Prozent).

5.3 Digitale Registrierung

Alle Fälle, in denen Mittelwertregistrierung nicht ausreicht,
erfordern diskrete Zählung jedes einzelnen Signales. Je nach
Umfang und Art der verlangten Information trennt man die Arbeit
häufig in *Zählung, Speicherung* und *Anzeige* auf, an die sich die
(bei großem Zahlenmaterial automatische) *Auswertung* anschließt.

Zunächst soll die Zählung von Signalen ohne Rücksicht auf ihre Amplitudeninformation besprochen werden, anschließend die gleichzeitige Verarbeitung von Zählung und Amplituden in Vielkanalregistriergeräten. Neben der Zählung statistisch eintreffender Signale lassen sich natürlich auch periodische Signale verarbeiten: Frequenzmessung, etwa durch Zählen der Schwingungen in 1 sec, auch Zeitmessungen (Abschnitt 4.2.7) sind möglich. Die Umwandlung einer analogen in digitale Information leistet ein Amplituden/Zeit-Umformer (S. 107).

5.3.1 Zählen

Neben der einfachsten optischen oder akustischen Anzeige einzelner Signale ist die Registrierung in einem elektromechanischen Zählwerk (Gesprächszähler oder spezielle Zählwerke) üblich, das gleichzeitig als Speicher arbeitet. Die dazu nötige Energie kann vom Signal selbst fast nie direkt geliefert werden. Man läßt daher jedes Signal eine Triggerstufe (S. 100) anstoßen, die

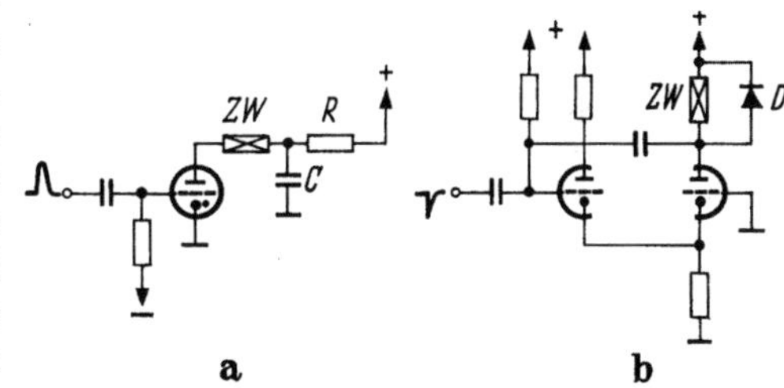

Abb. 137. Zählwerksteuerung: (a) durch Thyratron, (b) durch Univibrator

das Zählwerk steuert. Abb. 137 zeigt zwei Beispiele. Die früher viel verwendeten Gasentladungsröhren (Thyratrons) (a), die durch das Triggersignal gezündet werden, wird man wegen der ungünstigen Löschbedingungen und der dazu nötigen langen Zeitkonstanten vorteilhafter durch Vakuumröhrenschalter (S. 24) ersetzen. In (b) liegt das Zählwerk unmittelbar im Anodenkreis der einen Röhre eines Univibrators (S. 33). Je nach Spannungs- bzw. Strombedarf und der nötigen Mindestzeit, die zum sicheren Ansprechen des Ankers nötig sind, werden Röhre und Kippzeit gewählt. Die verschiedenen Varianten des Abschnittes 2.3.2 lassen sich alle verwenden. Die Diode D schneidet den beim Kippen entstehenden Spannungsstoß über der Induktivität ab, der leicht zu dauernder Eigenschwingung führen kann (Sperrspannung der Diode beachten!). Zweckmäßig sind hochohmige Wicklungen mit kleinem Stromverbrauch. Die nötige Schaltdauer liegt in der Gegend einiger 10 msec, als oberste Zählfrequenz erreicht man je nach Zählwerk 10···100 Hz. Bei nicht periodischen Impulsen ist die angezeigte Zählrate $N' = \dfrac{N}{1 + N\tau}$

10*

auf die wahre Zählrate N zu korrigieren, die infolge der Totzeit τ verringert angezeigt wird. Eine mechanische oder elektrische Nullstellung soll stets vorhanden sein.

Übersteigt die Zählrate die Auflösung des Zählwerkes, so muß sie reduziert, „untersetzt" werden. Dabei wird nur jeder zweite (Dualuntersetzer), fünfte oder zehnte (dezimale Untersetzung) Impuls oder eine Potenz dieses Bruchteils gezählt, je nach Zahl der Untersetzerstufen. Zeigt das Zählwerk nur höhere Potenzen an oder fehlt es ganz, dann muß eine Anzeigevorrichtung für die in den Untersetzerstufen beim Stoppen gespeicherten Impulszahlen vorhanden sein. Die Zahl der Stufen wird vom Auflösungsvermögen des Zählwerks und der höchsten vorkommenden Zählrate bestimmt. Weitere Einrichtungen sind *Zeit-* und *Impulsvorwahl*. Die erste schaltet die Zählvorrichtung für eine vorgegebene Zeit ein, während im zweiten Fall die Meßzeit bis zum Erreichen einer vorgewählten Impulszahl von einer Stoppuhr registriert wird (etwa bei der Forderung nach gleichbleibendem statistischem Fehler).

5.3.2 Untersetzer

Während man früher vorwiegend mit Dualuntersetzung arbeitete, ist man wegen der schnelleren Auswertbarkeit heute fast ausschließlich zu Dezimalstufen übergegangen, die auf verschiedene Weise arbeiten und oft aus Dualelementen aufgebaut sind. Alle Untersetzerschaltungen lassen sich zur Frequenzteilung verwenden, etwa um aus einer (Quarz-)Normalfrequenz Zeitmarken abzuleiten und anderes mehr. Eine weniger bekannte Methode erlaubt auch die Untersetzung periodischer Signale mit Hilfe von Laufzeitstrecken (S. 18) und Koinzidenzkombinationen (S. 115) [*47*].

Dualuntersetzer. Die gebräuchliche Form enthält den Flipflopkreis von Abb. 22c, der bei eintreffenden Triggersignalen von dem einen (stabilen) Zustand in den anderen kippt. Werden am Ausgang nur Impulse einer Polarität abgenommen, überlebt nur jedes zweite Signal die Flipflopstufe. Mit n Stufen in Kaskade erhält man die Reduktion der Zählrate auf den 2^nten Teil. Die Kopplung von einer Stufe zur nächsten kann in einen gemeinsamen Teil der Gitter- oder Anodenwiderstände einmünden, wie Abb. 138 zeigt. Fall (c) verwendet Trenndioden, die sehr rasche Zählung erlauben. Auch eine gemeinsame Kathodenleitung in einer ganzen Kette kann zur Einspeisung der Triggersignale benützt werden. Zur Ablesung des jeweiligen (oder End-)Zustandes einer Untersetzerkette wird in jeder Stufe die eine der beiden Röhren auf ihren Zustand hin abgefragt. Das kann mit Hilfe von Glimmlämpchen geschehen, die entweder (über einen Vorwiderstand) parallel zu R_a (Abb. 139) geschaltet sind, oder — wenn der Spannungsabfall an R_a kleiner als die Zündspannung ist — zwischen Anode und

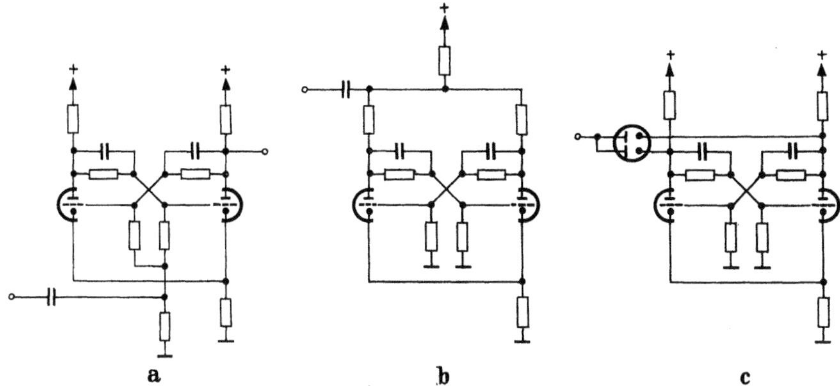

Abb. 138. Flipflopuntersetzer: Einkopplung auf Gitter (a) und Anoden (b, c)

einem geeigneten Potential liegen, so daß einwandfreie Zündung und Löschung möglich ist (Kontrolle bei Licht und Dunkelheit

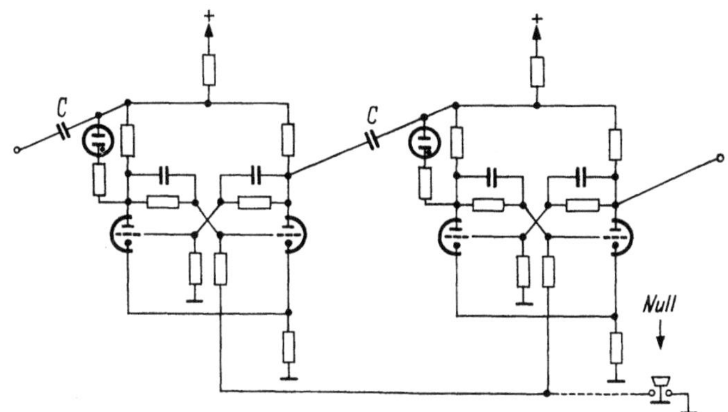

Abb. 139. Zustandsanzeige und Nullstellung einer Untersetzerkette

ratsam). Eine andere Anzeigeform bieten Indikatorröhren (sog. magische Augen) als Flipflopröhren. Jede Stufe gibt ein Ja- oder Neinsignal (in der Rechenmaschinen-Terminologie „L" und „O" genannt), die einzelnen Stufen müssen aber dual addiert (abgelesen) werden (Werte $1+2+4+8+\cdots$). Über Zähler mit Ferritkernen siehe [*63*].

Eine Dualuntersetzerkette kann auch zum Eingang zurück zu einem Ring geschlossen werden. Man hat dann einen Ringzähler vor sich, mit dem sich bereits dekadische Untersetzung erreichen läßt. Über Ringzählerformen siehe bei [182].

Die Nullstellung einer Untersetzerkette ist in Abb. 139 mit einem Schalter S (Drucktaste) dargestellt, der alle Stufen in den gleichen Anfangszustand (linke Röhre leitend) setzt. Statt der Unterbrechung der Gitterableitung durch S und damit einem positivem Hochspringen der Gitterspannungen läßt sich auch ein positiver Impuls auf einen diesen Gittern gemeinsamen Teilwiderstand tasten.

Die Zählung sehr hoher Zählraten scheitert an den unvermeidlichen Umschaltzeiten der Röhrenstufen. Verschiedene Lösungen erreichen noch recht hohe Auflösung. Eine Möglichkeit besteht darin, die erste Flipflopstufe in einer Kette so zu steuern, daß sie beim Eintreffen von Signalen als Multivibrator arbeitet, und zwar so lange, bis ein vom Signal aufgeladenes RC-Glied wieder abgefallen ist — pro Signal ein Kippvorgang. Beim Eintreffen mehrerer Signale mit sehr kurzem Abstand ist die Aufladung (um die Zahl der Signale) größer und der Multivibrator gibt eine ihr entsprechende Anzahl von Impulsen ab, deren Frequenz von den folgenden Untersetzerstufen noch beherrscht wird [142]. In bestimmten Fällen kann diese Gruppe von dicht folgenden Signalen (bursts) im RC-Glied gespeichert und in der anschließenden Pause mit geringerer Zählfrequenz (periodisch) in Form einer treppenförmigen Entladung abgezählt werden [205]. Auch ein teilweise als (50 MHz-)Oszillator arbeitender Untersetzer gestattet sehr hohe Auflösung [269]. Beim Arbeiten an gepulsten Beschleunigern lassen sich diese Verfahren oft anwenden.

Grundsätzlich angepackt wird das Problem hoher Zählraten durch extrem kurze Zeitkonstanten. Ein erster Schritt ist die Verringerung der schädlichen Kapazitäten durch Wahl geeigneter Pentoden (C_{ga} klein) und Zwischenschaltung eines Kathodenfolgers in jede Anoden/Gitterkopplung. Die Koppelkapazitäten dürfen wiederum nicht zu klein gewählt werden, sonst leidet die Schnelligkeit des gegenseitigen Triggerns. Weiter wird man versuchen, die Spannungssprünge an Anode und Gitter so klein zu halten, wie es zum sicheren Kippen gerade erforderlich ist. Hier können Klammerdioden (S. 162) helfen, die an passend gewählten Spannungsteilern liegen. Zwei Beispiele dieser Art bringt Abb. 140. Fall (a) verarbeitet Zählfrequenzen von mehr als 10 MHz [308], während Schaltung (b) 40 MHz verkraftet und Kathodenfolger als Anodenwiderstände verwendet (vgl. S. 75), die kleine Quellwiderstände Z_0 besitzen und schwach L-kompensiert sind [270]. Nähere Unterlagen zur Berechnung von Flipflopkreisen erscheinen auf S. 30 und bei [32, 58, 172, 186, 289, 294].

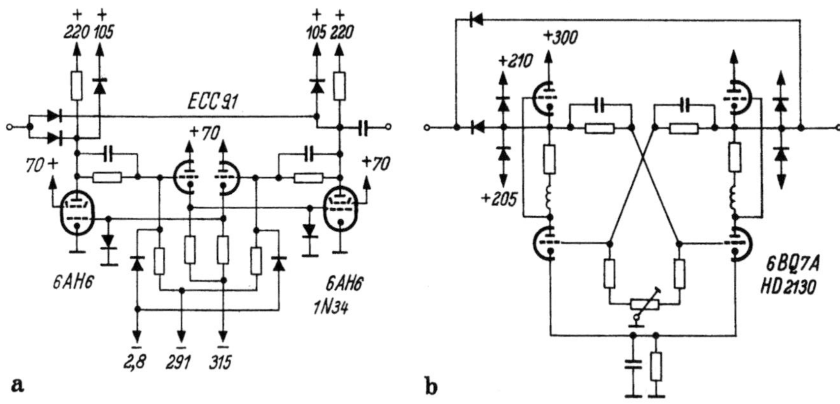

Abb. 140. Schnelle Untersetzerstufen mit Kathodenfolgern und Klammerdioden

Einen anderen Weg beschreitet die Lösung nach Abb. 141. Hier ist das übliche RC-Gedächtnis eines Flipflopkreises durch eine

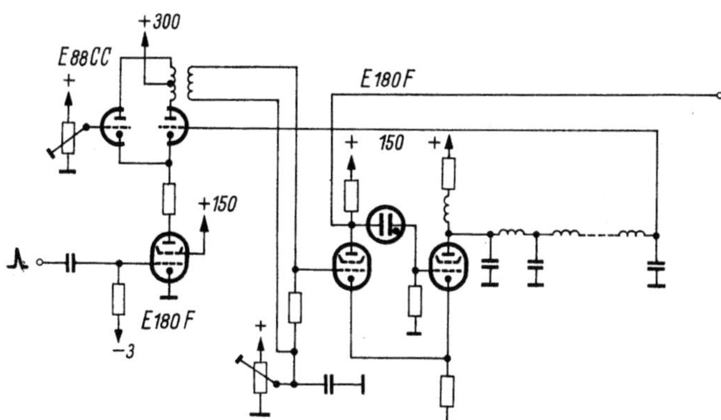

Abb. 141. Schneller Untersetzer mit Speicherung in einer Laufzeitkette

Laufzeitkette ersetzt [104] (S. 18). Die Signale tasten abwechselnd die linke und rechte Hälfte von Röhre I auf. Dadurch wird über den Impulstransformator der Flipflopkreis (Röhre II) gekippt und so über die Laufzeitkette Röhre I jeweils auf die andere Hälfte umgetastet. Die Auflösungszeit ist etwa 50% länger als die Laufzeit der

Kette, hier etwa 40 nsec. Auch mit Transistoren aufgebaute Untersetzerketten erreichen Zählraten über 40 MHz [*57*, *81*, *103*, *165*, *187*]. Erwähnt sei zum Schluß noch die Möglichkeit, für langsame Zählvorgänge bis zu etwa 10 kHz mit Glimmrelaisröhren Untersetzer aufzubauen [*186*].

Beliebige Untersetzungen. Außer der anschließend behandelten dekadischen Untersetzung sind gelegentlich beliebige Teilerverhältnisse erwünscht. Dies läßt sich leicht durch Kombination von Flipflopkreisen mit Torschaltungen (S. 135) erreichen. Abb. 142 zeigt das Blockschema: jedem einzelnen Untersetzerflipflop F wird ein Tor T vorgeschaltet, das von einem weiteren Flipflop F_1 auf- und zugetastet wird. Nachdem die Untersetzerkette einmal durchlaufen wurde, stellt der Ausgangsimpuls F_1 um, so daß T geschlossen wird. Danach kann der nächstfolgende Impuls T nicht passieren, stellt aber F_1 wieder zurück und gibt damit das Tor wieder frei.

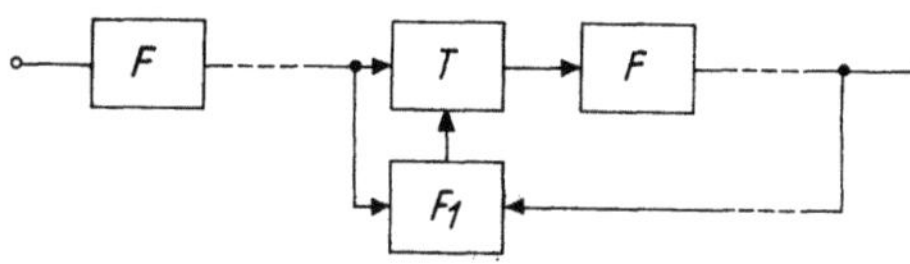

Abb. 142. Beliebige Untersetzung mit Flipflopkreisen F und Toren T

Auf diese Weise fällt eine Anzahl Impulse aus, deren Zahl von der Lage der Stufe $T/F/F_1$ in der ganzen Kette abhängt. Mehrere Stufen dieser Art gestatten beliebige (ganzzahlige) Teilerverhältnisse [*239*], natürlich auch dekadische [*169*]. Auch die auf S. 154 folgenden Treppenuntersetzer können für beliebige Teilerverhältnisse ausgelegt werden, ebenso geeignet aufgebaute Ringzähler.

Dekadenuntersetzer. Die unbequeme duale Untersetzeranzeige wird durch dekadische Stufen vermieden, die das Ziffernergebnis unmittelbar im Dezimalsystem anzeigen. Vier Arten sind gebräuchlich: Kombination aus Dualstufen, dekadische Strahlablenk- und Glimmröhren und schließlich Treppenuntersetzer.

Eine naheliegende Lösung einer Dekade aus *kombinierten Dualstufen* ist eine Zehnerkaskade, jedoch ist der Aufwand hoch, z. B. [*51*]. Er wird reduziert durch die Form in Abb. 143. Hier sind vier Dualstufen so miteinander verkoppelt, daß ein Zyklus nicht erst nach $2^4 = 16$ durchlaufen ist, sondern bereits nach zehn Impulsen beendet wird. Zwei von verschiedenen Rückkopplungsmöglichkeiten [*130*] zeigt Abb. 143b, c. Im Fall (b) wird das zweite Flipflop-Paar beim vierten Impuls, das dritte Paar beim sechsten Impuls sofort noch einmal weitergekippt [*145*]. Damit ergeben sich $16 - 6 = 10$ Impulse pro Zyklus. Ähnlich arbeitet das Schema (c) $8 + 2 = 10$. Nach dem achten Impuls ist das vierte Paar rückstellbereit und fällt beim zehnten Impuls in die Nullage zurück, wobei es das zweite Paar am Kippen hindert. Ganz andere Lösungen ergeben sich unter Zuhilfenahme eines Dreierflipflops mit drei Röhren und drei stabilen Zuständen [79]. Aus diesen betriebssicher arbeitenden Kombinationen lassen sich mehrere Dekadentypen bilden [144]. Schließlich lassen sich — ebenfalls mit vier Dualstufen — Dekadenuntersetzer aufbauen, bei denen die zusätzlichen Kopplungszweige über Dioden [228, 284] oder auch in Form von Zweifachkoinzidenzen ausgebildet sind. Das Ziel aller Bemühungen

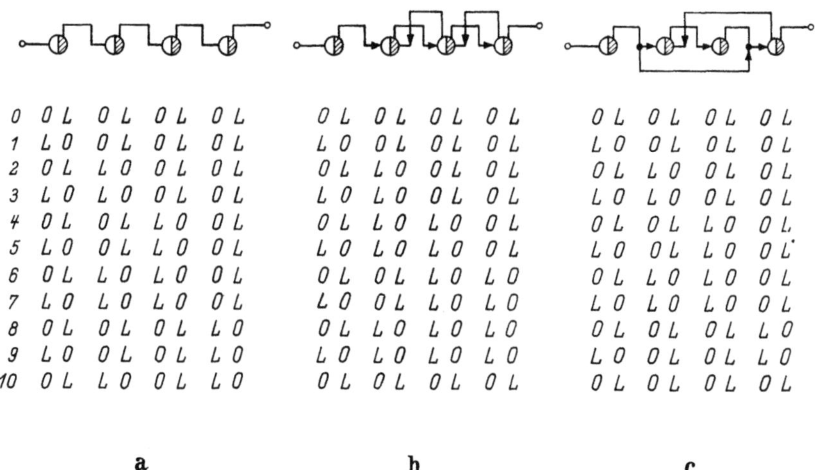

	a				b				c			
0	O L	O L	O L	O L	O L	O L	O L	O L	O L	O L	O L	O L
1	L O	O L	O L	O L	L O	O L	O L	O L	L O	O L	O L	O L
2	O L	L O	O L	O L	O L	L O	O L	O L	O L	L O	O L	O L
3	L O	L O	O L	O L	L O	L O	O L	O L	L O	L O	O L	O L
4	O L	O L	L O	O L	O L	L O	L O	O L	O L	O L	L O	O L
5	L O	O L	L O	O L	L O	L O	L O	O L	L O	O L	L O	O L
6	O L	L O	L O	O L	O L	O L	L O	L O	O L	L O	L O	O L
7	L O	L O	L O	O L	L O	O L	L O	L O	L O	L O	L O	O L
8	O L	O L	O L	L O	O L	L O	L O	L O	O L	O L	O L	L O
9	L O	O L	O L	L O	L O	L O	L O	L O	L O	O L	O L	L O
10	O L	L O	O L	L O	O L	O L	O L	O L	O L	O L	O L	O L

Abb. 143. Dekadische Untersetzer mit Flipflopstufen

ist die Konstruktion kleiner dekadischer Bausteine, die auch als Steckeinheiten zusammen mit Glimmlampenanzeige im Handel sind.

Rückwärtszählen ist durch Vertauschen der Auskoppelanoden möglich. Die Umschaltung vor/rückwärts kann über Diodennetzwerke gemeinsam für alle Dualstufen vorgenommen werden [61]. Ringzählertypen mit zwei Eingängen lassen sich ohne Umschaltung sofort vor- oder rückwärts steuern (vgl. [148]).

Die *Anzeige* geschieht meist (wie in Abb. 139) mit (in jeder Dekade zehn) Glimmlämpchen. In Dekaden aus vier Flipflopkreisen müssen sie so mit den Anoden der vier Stufen verbunden werden, daß sie nur bei der Zustandskonfiguration aufleuchten, die ihrem Stellenwert entspricht. Da sie über Hochohmwiderstände angeschlossen werden, stören sie den Zählvorgang nicht. Als Anhaltspunkt für den Anschluß seien folgende Bedingungen angegeben: Jede Glimmlampe liegt mit einem Pol an einer Speisespannung U_s, mit dem andern über je einem Widerstand an vier (etwa aus Abb. 143 ausgesuchten) Anoden. Wenn alle vier Anoden Strom führen, an ihnen also die Spannung U_1 liegt, soll die Lampe leuchten, wenn aber eine (oder mehrere) nicht leitet, sondern auf der (höheren) Spannung U_2 liegt, darf sie nicht glimmen. Daraus ergibt sich:

$$U_z + U_1 < U_s < U_L + \frac{U_2 + 3\,U_1}{4},$$ wobei U_z und U_L die Zünd-

und Löschspannung der Glimmlampe sind. Statt zehn einzelner Lampen lassen sich auf diese Weise auch kombinierte Ziffernglimmröhren (S. 157) anschließen. Ein etwas anders geartetes Netzwerk schließt jede Glimmlampe an drei Anoden an [335]. Die

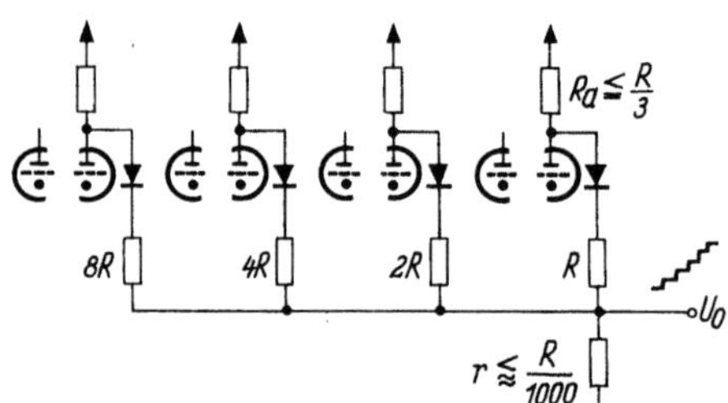

Abb. 144. Treppenspannung aus einer Untersetzerkette zur Zustandsanzeige

Zustandsanzeige einer Untersetzerdekade kann auch mit einem normalen Zeigerinstrument (mit zehnteiliger Skala) geschehen, das durch eine Treppenspannung (oder einen Treppenstrom) gespeist wird. Durch entsprechendes Zusammenlegen der richtigen Anodenströme in einen gemeinsamen Stromzweig addieren sich die Ströme in zehn Schritten. Eine andere Möglichkeit besteht darin, von vier Anoden der vier Stufen über ein Widerstandsaddierwerk (S. 111) eine Treppenspannung zu erzeugen: Abb. 144. Der gemeinsame Widerstand r soll wenigstens drei Größenordnungen unter R liegen. Erwähnt sei schließlich noch eine sehr aufwendige Methode, auf einer Kathodenstrahlröhre rein elektronisch Ziffern zu bilden [156].

Soll ein schneller Dekadenzähler laufend (etwa jede msec, jede sec usw.) abgefragt werden, kann man mit Koinzidenzstufen (S. 115) und (Zeit-)programmgesteuerten Toren (S. 135) die Information mit Drucker oder oszillographisch registrieren [228].

Treppenuntersetzer. Ein ganz anderes Untersetzerverfahren benützt eine integratorähnliche Anordnung. Bei jedem Impuls wird eine Kapazität C um jeweils den gleichen Ladungsbetrag (linear) aufgeladen, bis die Spannung nach n Schritten den Schwellenwert einer folgenden Triggerstufe überschreitet, die einen Ausgangsimpuls abgibt und C rasch wieder entlädt. Das Schema in

Abb. 133a würde eine exponentiell ansteigende Treppe ergeben, da C in immer kleineren Schritten bis zum Höchstwert U_e aufgeladen wird. Die Lösungen (b), (c) und (d) ergeben eine lineare Treppe, wobei R natürlich entfällt. Die Spannungsstufen betragen $\Delta U = \dfrac{C}{C + C_1} U_e$. Um den Spannungswert an C dauernd zu fixieren, wird eine Haltevorrichtung benötigt. Ein Beispiel hierfür zeigt Abb. 145 für fünf Schritte [*346, 348*] mit einer Auflösung von 0,25 μsec. Ein folgender Dualuntersetzer ergänzt die Schaltung zu einer dekadischen Stufe. Es lassen sich aber auch alle

anderen Untersetzungen verwirklichen, je nach Größe der Stufen, nach der Konstanz der Triggerschwelle und dem linearen Aussteuerbereich. In Abb. 145 wird C in 12 V-Schritten von $+$ 60 bis 0 V entladen, bis der Sperrschwinger anspricht und die Anfangslage wiederherstellt. Die vier Trioden werden nacheinander leitend und halten das jeweilige Spannungsniveau an C beliebig lange fest,

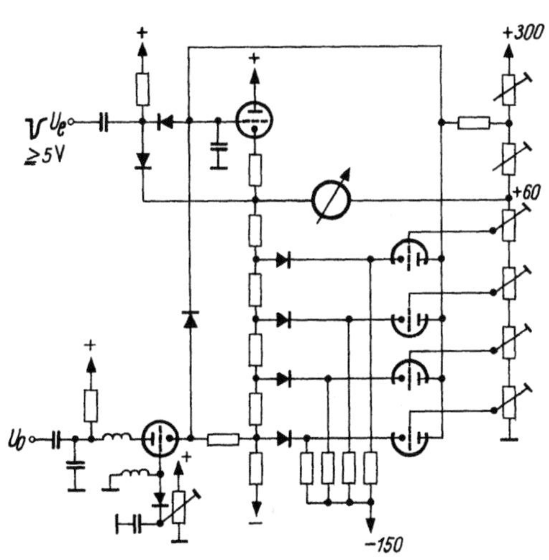

Abb. 145. Treppenzähler

während am Instrument der augenblickliche Zustand angezeigt wird. Eine Variante findet sich bei [*200*]. C läßt sich auch als Miller-Kapazität (S. 43) ausführen. Die Anzeige mit einem elektrischen Instrument ist nur im gestoppten Zustand möglich; während des schnellen Zählens ist die Zeigerträgheit zu groß. Glimmlampen-Indikatoren erlauben dagegen die Kontrolle auf ordnungsgemäßes Arbeiten während des Zählvorganges.

Die **Zählröhre** E 1 T zeigt die zehn Ziffern durch einen abgelenkten Elektronenstrahl an. Abb. 146 zeigt die vom Hersteller angegebene Grundschaltung, die Zählraten bis 100 kHz verarbeitet. Bei jedem Eingangsimpuls (der zuvor eine bestimmte Form erhalten muß) springt der Strahl und damit der Leuchtfleck um eine Ziffer weiter, bis beim zehnten Impuls ein Univibrator angestoßen wird, der die Rückstelltriode sperrt und damit über die Diode die Rückführung des Strahles auf Null veranlaßt. Gleichzeitig wird ein (schon richtig geformter) Ausgangsimpuls an die nächste Dekade weitergegeben. Der positive Rückstellimpuls geht auf die mit einer Ablenkelektrode verbundene Anode, deren Streukapazität hauptsächlich die oberste Zählfrequenz begrenzt. Extrem rasche Aufladung dieser Kapazität führt zu der weniger bekannten Möglichkeit, auch Frequenzen bis 1 MHz mit der E 1 T zu zählen. Die

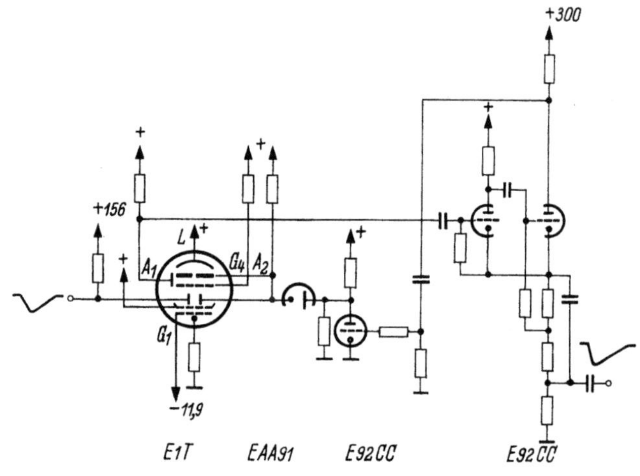

Abb. 146. E 1 T - Dekade mit Steuerröhren für 100 kHz (2 · E 92 CC, EAA 91)

schnelle Rückstellung kann dabei direkt an A_2 mit einem Sperrschwinger (S. 27) oder mit Hilfe einer Sekundäremissionspentode (S. 38) erreicht werden [290]. Bei dieser Schaltung wird A_2 auch zum Einkoppeln der (sehr kurzen) Zählimpulse verwendet. Die zugeführten Betriebsspannungen brauchen nicht stabilisiert zu werden, jedoch empfiehlt sich eine individuelle Einstellung der Spannung für G_1 bei jeder Röhre, um die Streuungen unter den einzelnen Exemplaren auszugleichen. An G_4 und A_2 kann je eine (positive und negative) Treppenspannung abgeleitet werden, die zur oszilloskopischen Kontrolle und unmittelbar zum Aussteuern eines Druckers benützt werden kann. Umgekehrt läßt sich durch Zuführen einer entsprechenden Gleichspannung eine beliebige Ziffer vorwählen. Man kann so durch Eingeben der Komplementärziffer (zu zehn) eine Impulsvorwahl erreichen. Nähere Unterlagen finden sich bei [23, 112, 211, 283, 335].

Dekadische Glimmröhren. Im Handel sind verschiedene Glimmröhren (Prototyp: „Dekatron"), bei denen eine Glimmentladung durch jeden Impuls mit einer Leitelektrode um eine Ziffer weitergestoßen wird. Die jeweils aufleuchtenden Glimmelektroden sind in Ziffernblattform angeordnet und lassen sich leicht ablesen. Sie haben den Vorzug des sehr geringen Aufwandes und Strombedarfs sowie sehr langer Lebensdauer, erreichen jedoch nur Zählgeschwindigkeiten von einigen 10 kHz. Einige Typen zeigen nicht selbst an, sondern arbeiten als elektronischer Schalter, der eine zweite Anzeigeglimmlampe steuert [*238*]. Diese Anzeigelampen können (wie die Zählglimmlampen) bezifferte Glimmpunkte in Uhrform haben oder auch durch leuchtende Glimmziffern unmittelbar die Information visuell angeben. Daten und Schaltungen werden von den Herstellern angegeben. Aus der zahlreichen Literatur, z. B. [*53, 151, 174, 257, 313*], zeigt Abb. 147 ein Steuerbeispiel. Transistorgesteuerte Zählgeräte dieser Art sind ebenfalls möglich [*341*], auch rückwärts laufende Schaltungen [*60*] sowie Druckeranschluß und Vorwahl.

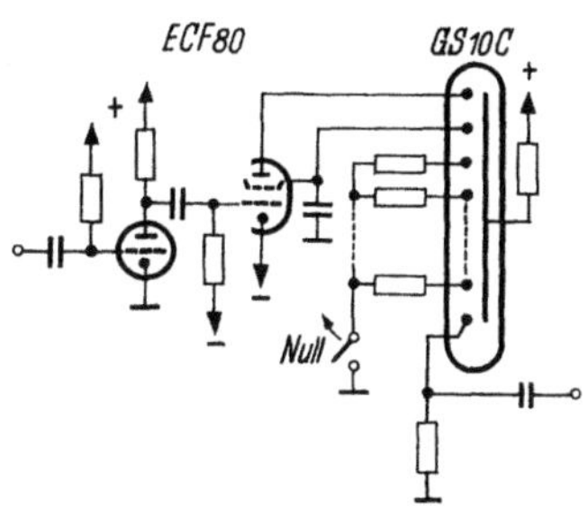

Abb. 147. Dekadische Glimmröhre mit Steuerröhre (ECF 80, GS 10 C)

5.3.3 Oszillographische Verfahren

Die Zählung einzelner Signale unter Berücksichtigung ihrer Amplitudeninformation ist auch mit der Kathodenstrahlröhre möglich. Das Filmen jedes einzelnen Impulses erfordert mühsame und zeitraubende Auswertung. Sie wird in Kauf genommen, wenn nur sehr kurze Meßzeiten zur Verfügung stehen, und kann teilweise automatisiert werden [*203*]. Bei Messungen an rasch abklingenden radioaktiven Präparaten kann durch exponentielle Zeitablenkung eine konstante Impulsdichte auf dem Film erreicht werden [*110*].

Die **XYZ-Methode** bildet zwei Informationen jedes Signals oder zwei Signalspektren gleichzeitig in X- und Y-Richtung ab. Die vorher gedehnten Signale (S. 92) tasten nur während ihrer Plateaus (Amplitudenspitzenwerte) den Kathodenstrahl hell (Z-Achse). Aus der Punktverteilung auf dem Leuchtschirm lassen sich vielseitige Aussagen über zeitliche bzw. energetische Korrelation machen. Die Z-Austastung kann als dritter Freiheitsgrad auch von einer weiteren Information (Koinzidenzbedingungen oder ähnlichem) gesteuert werden. Die photographische Auswertung läßt auch direkt koinzidente Ereignisse zwischen zwei Spektren aussortieren [*180, 251*]. In anderen Fällen kann ein interessierender Bereich der Punktverteilung mit einer Abdeckmaske ausgeblendet und von einem Photomultiplier angesehen (und gezählt) werden. Die höchstmögliche Zählrate wird durch die Abklingzeit des Leuchtschirmes begrenzt.

5.4 Vielkanalregistrierung

Bei der Verarbeitung großer Signalmengen kommt den Vielkanal-Analysatoren die größte Bedeutung zu. Sie erlauben die gleichzeitige Registrierung aller Amplituden eines Signalspektrums in einer Anzahl von Kanälen (25 bis 256 bei handelsüblichen Ausführungen). Historisch älter sind *Parallelsysteme*, die innerhalb ihrer eigenen Totzeit tatsächlich gleichzeitig alle Signale erfassen. Sie leiden unter der relativen Inkonstanz der Kanäle untereinander, die durch besondere Verfahren vermieden werden kann [*163*]. *Seriensysteme* sind wirtschaftlicher und besitzen höhere Langzeitkonstanz, sprechen jedoch nur während eines Bruchteils der gesamten Meßzeit an. Diese „dynamischen Speicher" ordnen die einzelnen Kanäle zeitlich nacheinander und besitzen nur ein einziges Zähl- und Anzeigesystem. Die Einspeisung in den Serienspeicher erfordert die Umwandlung der Signalamplituden in Zeiten (S. 107). Die Totzeit ist abhängig von der Signalamplitude, ihre genaue Kenntnis aber notwendig und oft ablesbar. Die eigentliche Speicherung der Information kann entweder in zyklisch umlaufender Form geschehen (Prototyp [*206*]) oder in Magnetspeichermatrizen stattfinden. In beiden Fällen ist eine visuelle Anzeige bzw. Ablesung mit einer Kathodenstrahlröhre in dualer, analoger oder halbdekadischer [*249*] Form üblich, ferner ist ein Drucker- und Schreiberanschluß zweckmäßig. Da der Selbstbau dieser Geräte kaum in Frage kommen wird und eine Anzahl von Geräten im Handel ist, sei hier nur auf die Literatur verwiesen [*80, 206, 249, 310, 354*], eine Übersicht gibt [*193, 226, 248, 249*].

Auch oszillographische Vielkanalregistrierung ist mit Hilfe spezieller Kathodenstrahlröhren möglich [*169, 230, 342*], die eine direkte Abnahme der Amplitudenkanäle durch eigene Elektroden oder auch (kapazitive) Speicherung durch Elektroden vor dem Leuchtschirm erlauben.

6. Strom- und Spannungsquellen

In diesem Kapitel werden nicht nur die verschiedenen Methoden der Strom- und Spannungsversorgung behandelt, sondern auch allgemein die Möglichkeiten, Spannungen und Ströme innerhalb von Schaltungen am Verbraucher konstant zu halten. Auf die reinen Gleichspannungen (6.1) und -ströme (6.2) folgt die Stabilisierung von Wechselspannungen (6.3).

6.1 Konstante Gleichspannung

Die Aufgabe ist die Konstanthaltung der Gleichspannung an einem Punkt bei wechselnder Verbraucherlast und/oder bei schwankender Betriebsspannung. Dabei kann der Verbraucher ein ganzes Gerät, eine Röhre oder Röhrenelektrode, oder auch ein Punkt einer Schaltung sein, der wechselnde Spannungen erhält.

6.1.1 Stabilisierende Elemente

Eine weit verbreitete Form eines Spannungskonstanthalters ist der **Glimmstabilisator,** dessen Schaltung und Kennlinie Abb. 148 zeigt. Nach Überschreiten der Zündspannung U_z durchläuft die Stromkennlinie einen kleinen unstabilen und nicht definierten Bereich, um dann bei wachsender Brennspannung stetig und außerordentlich steil anzusteigen. Der dynamische Innenwiderstand $R_i = \dfrac{\Delta U_s}{\Delta I_s}$ ist daher klein (Größenordnung $100\,\Omega$), U_s und I_s sind die Klemmenwerte im Arbeitspunkt. Änderungen der Betriebsspannung U_b treten an der Glimmstrecke etwa um den Faktor $\dfrac{R_i}{R_v}$ schwächer auf. Der Bereich für den Arbeitspunkt wird durch den (vom Hersteller angegebenen) kleinsten und größten Querstrom I_s bestimmt. In Abb. 148 ist der Anschluß eines Verbrauchers R_L angedeutet. Ohne R_L würde der Arbeitspunkt ähnlich wie bei den Elektronenröhrenkennlinien (S. 7) mit Hilfe der (gestrichelten) Widerstandsgeraden R_s durch U_b konstruiert werden. Ein angeschlossener Lastwiderstand R_L jedoch ergibt die neue Gerade $\dfrac{R_v\,R_L}{R_v+R_L}$, die durch den Fußpunkt $\dfrac{R_L}{R_v+R_L}\,U_b$ läuft. Die Größen ΔU_b und ΔU_s lassen sich damit sofort ablesen, ebenso der zulässige Arbeitsbereich. Zunehmender Verbraucherstrom (abnehmender R_L-Wert) ergibt eine steilere, nach links rückende Widerstandsgerade. Um genügenden Abstand von dem unstabilen Kennlinienbereich zu halten und um während der Lebensdauer der Glimmröhre sicher oberhalb der Zündspannung zu bleiben, wählt man $U_b \geqq 1,4\ U_s$. Der Vorwiderstand berechnet sich zu $R_v = \dfrac{U_b - U_s}{I_s + I_L}$. Je nach Art der vorkommenden Schwankungen, die ausgeregelt werden sollen, sind die entsprechenden Extremwerte einzusetzen: Schwankt (bei konstanter Last) U_b zwischen $U_{b\,min}$ und $U_{b\,max}$, so sind die Werte für $U_{b\,max}$ und $I_{s\,max}$ einzusetzen, schwankt auch der Verbraucher (zwischen $I_{L\,min}$ und $I_{L\,max}$), so gelten die Werte $U_{b\,max}$, $I_{s\,max}$ und $I_{L\,min}$. Bei Einhaltung des Regelbereiches können auch Verbraucher mit $I_L > I_s$ stabilisiert werden, jedoch ist sorgfältige Kontrolle nötig und man wird besser ein geregeltes Netzgerät wählen (S. 165). Die zur Erzeugung hochkonstanter Normalspannungen entwickelten Glimmstrecken sollen mit voll zulässigem Querstrom (ohne wesentlichen I_L-Anteil) betrieben werden. Dadurch werden Flackererscheinungen reduziert, die häufig bei älteren Exemplaren auftreten und einige 10 mV betragen können.

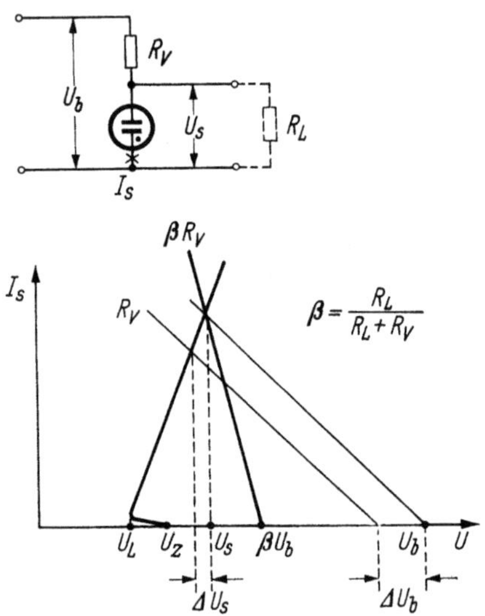

Abb. 148. Glimmlampenstabilisator: (a) Schaltung, (b) Arbeitspunkt

Die meisten Glimmstabilisatoren bekommen eine Spur radioaktiven Materials zur besseren Zündung eingebracht, das gelegentlich stören kann.

Parallelschaltung von Glimmstrecken ist nicht möglich, da die Zünd- und Brennspannungen stets geringfügig variieren. Dagegen ist Serienschaltung leicht möglich, wobei dann $U_b \geqq 1.4\ \Sigma\ U_s$ sein muß. Auch die Kaskadenform in Abb. 149a ist zur Erzielung eines besseren Stabilisierungsfaktors möglich, die auch in subtraktiver Form benützt wird, um kleinere Spannungen zu erhalten, als die niedrigste Brennspannung (um 75 V): Abb. 149b. Die Herstellerdaten, die meist auch den Temperaturkoeffizienten enthalten, geben häufig auch die Einschaltbedingungen (R_L sehr groß oder ∞) an.

Ein weiteres Stabilisierungselement ist die **Zener-Diode**. Sie besitzt die charakteristische Sperr-(Durchbruchs-)spannung der Siliciumdioden, von der ab die I/U-Kennlinie steil ansteigt (wie in Abb. 148). Sie läßt sich unter den gleichen Bedingungen wie oben zur Spannungsstabilisierung benützen. Die Arbeitsspannungen reichen von einigen bis zu einigen 100 V. Allerdings ist der dynamische Innenwiderstand größer als bei Glimmstrecken, stellt sich bei Änderung der Arbeitsbedingungen oft mit einer gewissen Trägheit neu ein und wächst mit steigender Arbeitsspannung an, so daß bei Typen mit Werten von etwa 75 V an aufwärts die Eigenschaften schlechter als bei Glimmstrecken sind. Günstig arbeiten Zenerdioden mit Arbeitsspannungen bis etwa 30 V, jedoch mit einem Temperaturkoeffizienten, der 10···20mal höher als bei Glimmröhren ist.

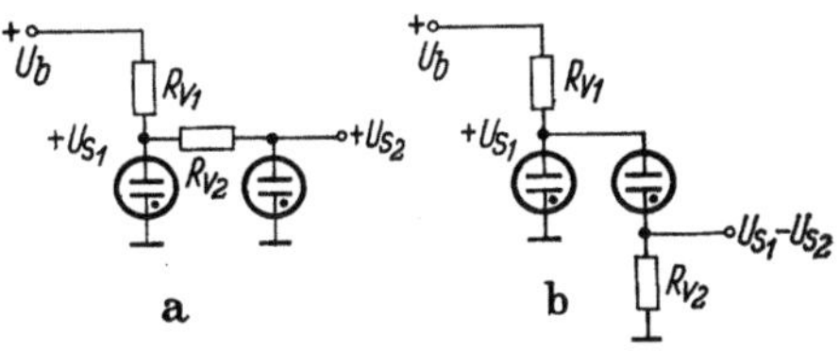

Abb. 149. Kaskadenschaltung von Glimmstrecken

Gelegentlich werden als stabilisierende Bauelemente auch **elektrolytische Zellen** verwendet, entweder normale (am besten gasdichte) Akkumulatorzellen, die als Pufferbatterie — etwa bei Gleichstrom-Heizungs-Stabilisierung — wirken, oder besondere für diesen Zweck hergestellte Zellen.

Einfache Stabilisierungselemente sind schließlich spannungsabhängige (VDR) Widerstände (Varistoren), die dem Gesetz $U \sim I^\beta$ folgen. Sie eignen sich nicht nur zum Abfangen von Spannungsspitzen (Funkenlöschung) sondern liefern — über einen Festwiderstand an die Betriebsspannung U_b gelegt — eine Klemmenspannung U_o, die prozentual weniger schwankt als U_b. Der Stabilisierungsfaktor (S. 166) ist etwa $\sigma = \dfrac{U_R + \beta\, U_o}{\beta\, U_b} < \dfrac{1}{\beta} \lessgtr 5$ bei den üblichen Werten von $\beta = 0{,}15\cdots0{,}3$. Die Trägheit liegt im Bereich von Millisekunden ($U_R =$ Spannung am Vorwiderstand, $U_R > U_o$).

6.1.2 Stabilisierte Spannung am Verbraucher

Sehr häufig müssen **Spannungen an Röhrenelektroden** fixiert werden. Dabei läßt sich unterscheiden zwischen dauernd festgehaltener Spannung und einem oberen (unteren) Festwert, der nicht über-(unter-)schritten werden soll. Wenn keine sehr hohen Forderungen an die absolute Konstanz gestellt werden (einige Volt Differenz zulässig), genügt in vielen Fällen ein ohmscher Spannungsteiler, wenigstens dann, wenn das Verhältnis von Querstrom zu Verbraucherstrom nicht zu ungünstig ist. Häufig läßt sich ein Teilwiderstand durch den Innenwiderstand einer Röhre (mit festem Arbeitspunkt) ersetzen, die in Doppelröhren oft frei ist und an Stelle eines hochbelastbaren Widerstandes treten kann. Relativ kurze Stromspitzen des Verbrauchers, die von kurzen Signalen herrühren, lassen sich mit genügend großen Kapazitäten abfangen. Im ungünstigsten Fall eines rechteckigen Stromsignales der Amplitude I und der Dauer T muß der Verblockungskondensator die Größe $C \approx \dfrac{I\,T}{\Delta U}$ haben, wenn eine Spannungsschwankung ΔU zulässig ist. Bei hohen oder stark schwankenden Zählraten wandert die Ruhespannung entsprechend der RC-Zeitkonstante ab. In solchen Fällen ist der Anschluß an eine Glimmstrecke ratsamer. Wenn Ruhestrom oder Signalspitzen zu hoch sind, wird ein Kathodenfolger (S. 66) passender Leistung dazwischengeschaltet, wie bereits in Abb. 9c gezeigt ist. Diese weniger übliche, aber sehr praktische Form einer niederohmigen Spannungsquelle läßt sich für Anoden- und Schirmgitterspeisung verwenden und kann auch nach Abb. 9b ausgeführt werden, der Aufwand ist gering. Soll die Kathode einer signalverarbeitenden Röhre auf konstantem Potential gehalten werden, wird meistens eine RC-Kombination verwendet (automatische Gittervorspannungs-Erzeugung). Bei hohem Tastverhältnis (Signal zu Pause) des Anodenstromes tritt aber wieder die unerwünschte Nullagenverschiebung ein, die sich am Steuergitter der Röhre besonders stark bemerkbar macht. Hier kann an Stelle des Kathodenwiderstandes eine Zener-Diode (S. 161) eingesetzt werden, wenn Kathodenstrom und Spannung zwischen Null und Kathode passend liegen. Beide Größen lassen sich fast immer durch Höherlegen des Gitters (S. 7) an die Daten einer passenden Zener-Diode angleichen. In ungünstigen Fällen wird die Kathode direkt an Null gelegt und dem Steuergitter eine negative Spannung zugeführt. Solange kein Gitterstrom fließt, läßt sich die Steuergitterspannung selbst leicht konstant halten (Abb. 59c, d). Bei Gitterstromfluß tritt dann eine automatische Stabilisierung ein, wenn der Arbeitspunkt auf der R_{iL}-Geraden (S. 5) liegt. Die Stabilisierung der Heizung schließlich wird im Abschnitt 6.3 besprochen, weitere Maßnahmen gegen Heizspannungsschwankungen auf S. 84.

Klammerdioden. Ein besonderes Problem besteht im Festhalten eines Spannungs(grenz)wertes an „heißen" Signalpunkten innerhalb einer Schaltung, an denen eine Variation nur in einer Richtung erlaubt ist. Ganz ähnlich liegt der Fall bei den Begrenzerstufen auf S. 88. Ein allgemeines Beispiel für die Wirkungsweise dieser Klammerdioden (clamp diodes) zeigt Abb. 150. Die zu begrenzende Signalspannung wird in (a) durch zwei (gestrichelte Kurve) oder vier (ausgezogen) Dioden an Exkursionen verhindert, die U_2 über- bzw. U_1 unterschreiten. In Abb. 150b ist der seltenere Fall einer toten Zone dargestellt, der die Ausgangsspannung im

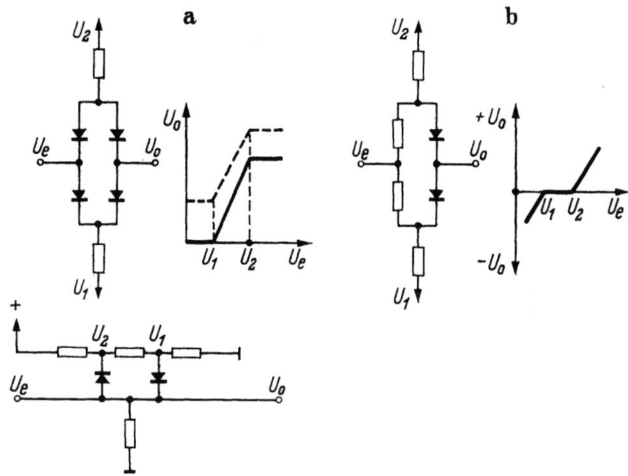

Abb. 150. Klammerdioden: (a) obere und untere Begrenzung, (b) tote Zone

gesamten Amplitudenbereich zwischen U_1 und U_2 konstant hält. Für die Speisungspunkte U_1, U_2 der Dioden gilt das oben über

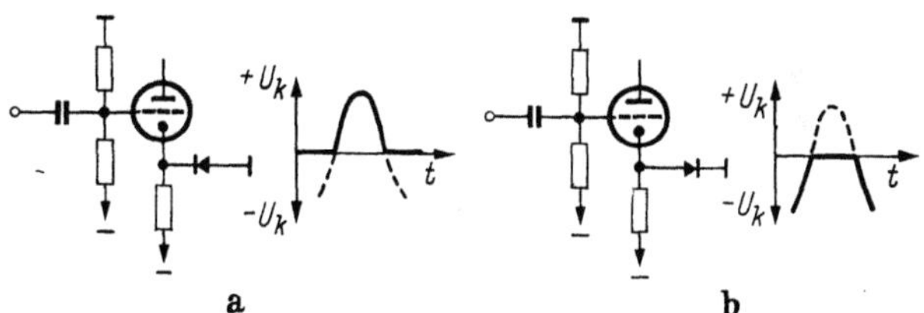

Abb. 151. Fangdioden für untere (a) und obere (b) Begrenzung

RC-Spannungsteiler Gesagte, namentlich bei hohen Zählraten. Mit derartigen Diodenschaltungen lassen sich Anoden- und Gitterspannungen festklammern. Eine weitere Möglichkeit für die Kathode bringt Abb. 151. Im einen Fall (a) wird das Absinken, im andern (b) das Ansteigen der Kathode gegenüber Nullpotential verhindert. Der Arbeitspunkt der Röhre kann so in bestimmten Grenzen gehalten werden, auch die Nullageverschiebung. Die

häufige Zählratenabhängigkeit der Kathodenspannung an einer
R C-Kombination wird verhindert. In allen Fällen können U_1 bzw.
U_2 auch negative Werte annehmen.

Soll das Nullniveau eines Signals oder einer Signalfolge auf
einem bestimmten Wert festgehalten werden, wird die Schaltung
nach Abb. 152 gewählt (restorer diode). Die Ausgleichdiode D hält
nach Signalende das Null-
niveau konstant, das sonst
von einem negativen Über-
schwingen (Abb. 152a) überschritten würde (vgl. S. 63).
Die Präzision, mit der das
Nullniveau festgehalten wird,
hängt von den Eigenschaf-
ten der Diode um 0 V Vor-
spannung herum ab. Sie läßt
sich verbessern, wenn R nicht
nach Null, sondern zu einer
positiven Spannung geführt

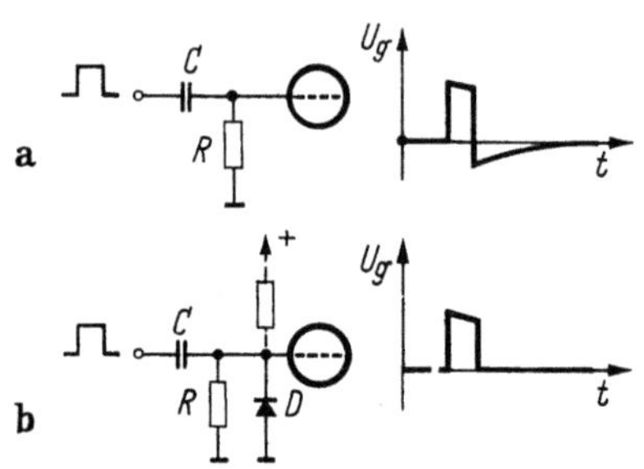

Abb. 152. Ausgleichdiode gegen Überschwingen

wird (Abb. 152b, gestrichelt). Die gleichen Bedingungen gelten
natürlich für negative Eingangssignale, wenn D (und eine etwaige
Spannung für R) umgepolt wird. Das
Transponieren der Nullinie auf ein
beliebiges Potential U_1 zeigt Abb. 153
für positive und negative Signale.
Diese Ausgleichs- oder Niveaudioden
(restorer diodes) spielen eine wichtige Rolle bei nichtperiodischen Signalen. Die Verschiebung der Null-
linie bei wechselnder Signalhäufigkeit wird verhindert, bei periodischen
Signalen konstanter Frequenz bleibt
sie auch ohne Dioden konstant.

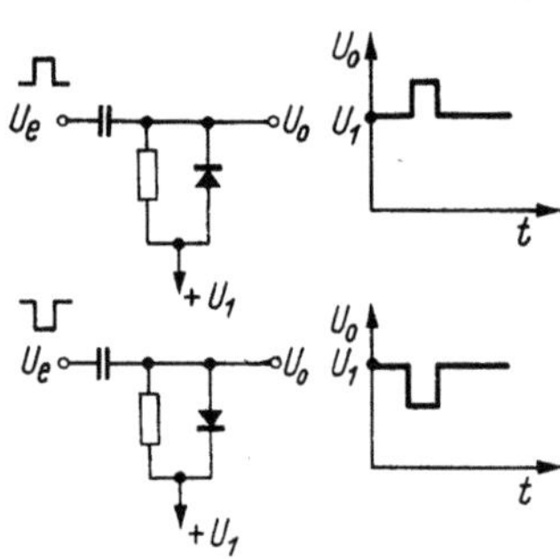

Abb. 153. Diode zur Definition des
Gleichspannungsniveaus bei positiven
und negativen Signalen

Zum Schluß sei noch der Kathodenfolger als Klammerelement genannt: ein Beispiel bringt Abb. 127a
(S. 136). Die rechte Hälfte der Ausgangsröhre (rechts) beginnt zu
leiten, sowie U_0 unter das Potential abzusinken droht, das vom
rechten Gitter bestimmt ist, und hält U_0 fest. Bei positivem Ausgangssignal U_0 sperrt der Kathodenfolger sofort. Die Einstreuung
von Kathodenbrumm kann in manchen Fällen stören. Klammer-
vorgänge können auch zu bestimmten Zeiten eingeschaltet werden (synchronous clamping).

6.1.3 Netzteile

Ein eigener Abschnitt sei den Netzteilen gewidmet, die für oft recht umfangreiche elektronische Anlagen den Strom bei möglichst konstanter Spannung liefern sollen. Auf die Theorie und Praxis der (Netzwechselstrom-)Gleichrichter wird hier verzichtet, über sie gibt es reichhaltige Literatur, z. B. [*2, 4, 15, 22, 23, 42*]. Ob Kondensator- oder Drosseleingang gewählt wird, hängt von den gegebenen Forderungen ab. Letzterer ist weniger belastungsabhängig, erfordert aber höhere Transformatorspannung. Der Entwurf von stabilisierten Netzgeräten (für Hoch- und Anodenspannung) kommt in der Praxis so häufig vor, daß hier die wichtigsten Angaben gemacht werden. Erwähnt sei ferner die wenig bekannte Möglichkeit, zur Siebung des gleichgerichteten Stromes rein elektronische Filter zu nehmen (*72, 356*], die oft geringeren Aufwand erfordern als große Siebkondensatoren etwa für Hochspannung.

Grundsätzlich soll bei einer größeren Anlage von vorne herein geprüft werden, ob eine einfache Anodenstromversorgung ausreicht, ob eine zweite negative Spannungsquelle nötig ist, und ob mehrere Spannungsquellen in Kaskade (etwa —300, 0, +300, +600 V usw.) gebraucht werden. Je nach Art und Umfang der Geräte wird eine Stromversorgung gewählt, nach der dann die Ausar-

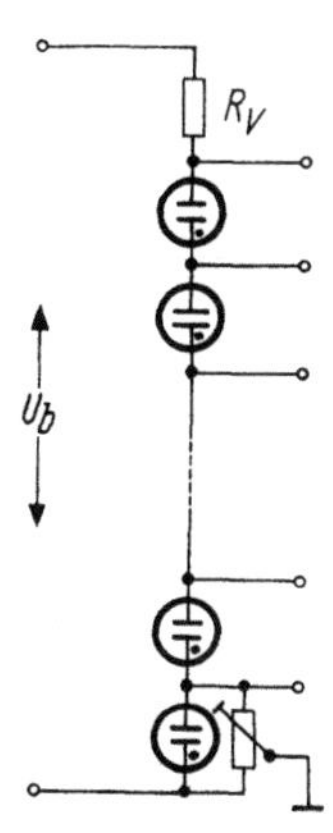

Abb. 154. Glimmlampenkette für stabilisierte Hochspannung

beitung des Gesamtplanes sich richtet. So können häufig Röhrenstufen ohne negative Netzteilspannung auskommen, wenn ihr Arbeitspunkt etwa nach Abb. 59c hergestellt wird, und anderes mehr. Einheitliche austauschbare Netzteile innerhalb eines Labors sind unumgänglich. Ein sehr verbreitetes System arbeitet mit —150 V und +300 V, in manchen Ländern auch +250 V.

Hochspannung. Die weiter unten beschriebene Methode der Anodenspannungs-Stabilisierung kann sinngemäß auch auf die Fälle von Hochspannung übertragen werden, verlangt dann aber besondere, hochspannungssichere Röhren. Hier seien zwei weitere Verfahren angeführt, die bei Hochspannungsnetzteilen üblich sind. Eine einfache Anordnung legt eine Anzahl von Glimmstabilisatoren in Serie. Je nach Typ wird eine mehr oder weniger große Anzahl benötigt, deren Spannungssumme gleich der höchsten benötigten Hochspannung ist, während an den einzelnen Teilstrecken stufenweise niedrigere Spannungen zur Verfügung stehen. Ein Beispiel zeigt Abb. 154, das bis zu einigen Milliampere belastet werden kann. Die Konstanz ist durch den Glimmlampentyp und den Temperaturkoeffizienten [272] bestimmt, solange die Belastung konstant bleibt. Die andere Methode besteht darin, einen Hf-Generator (auch mit Transistoren) schwingen zu lassen und die Schwingamplitude über einen Hf-Transformator auf die gewünschte Amplitude hinaufzutransformieren und gleichzurichten. Die Oszillatorfrequenz wird vorwiegend in den Bereich einiger 10 bis einiger 100 kHz gelegt, um mit kleinen Siebkondensatoren auszukommen. Die Ausgangsspannung wird mit einer Normalspannung verglichen und die Differenz zur Regelung der Oszillatoramplitude (etwa am Schirmgitter der Schwingröhre) benützt. Auf diese Weise läßt sich leicht ein großer Spannungsbereich kontinuierlich bestreichen. Netzteile dieser Art lassen sich sehr raumsparend aufbauen und liefern bei Kurzschluß keine gefährlichen Ströme. Bei sehr hochgetriebener Konstanz ist das traditionelle Ausgangsvoltmeter wenig sinnvoll, da seine Ablesegenauigkeit weit geringer als die Konstanz und die Reproduzierbarkeit des Gerätes ist, wenn zur Spannungseinstellung hochkonstante Widerstände (Stufenschalter) bzw. Präzisionspotentiometer (Helipot) verwendet werden. Handelsübliche Geräte leisten bei vielen Kilovolt bis 50 mA und erreichen eine Konstanz von 10^{-5}. Auf genauere Behandlung muß hier verzichtet werden, vgl. [62]. Die hohe erforderliche Konstanz beim Betrieb von Photomultipliern kann mit Hilfe eines radioaktiven Standardpräparates und Differenzregelung verbessert werden [119].

Anodenspannung. Beim Betrieb elektronischer Geräte ist die Speisung mit einer elektronisch geregelten Anodenspannungsquelle fast immer unumgänglich. Die Ausgangsspannung U_o des Netzteiles soll sowohl gegen Schwankungen des Verbraucherstromes stabilisiert werden als auch gegen primäre (Netz-)Schwankungen. Allgemein läßt sich ein *Stabilisierungsfaktor* σ definieren als das Verhältnis der relativen Änderung von Eingangs- zu Ausgangsspannung: $\sigma = \dfrac{\Delta U_e}{U_e} \Big/ \dfrac{\Delta U_o}{U_o}$. Dabei stellt die Eingangsspannung U_e die Klemmenspannung des Netzgleichrichters dar und U_o die geregelte Ausgangsspannung hinter dem Regelteil. Für σ können Werte bis 10^4 und mehr erreicht werden, bei Vorwärtsregelung sogar völlige Kompensation ($\sigma = \infty$) und darüber hinaus auch Überkompensation (fallender Wert U_o bei steigender Eingangsspannung U_e). Eine oft genannte Größe ist der (innere) Quellwiderstand Z_o der Schaltung, der bis auf Bruchteile von $1\,\Omega$ reduziert werden kann.

Drei wichtige Schaltungstypen [202] sind in Abb. 155 dargestellt. Fall (a) stellt den Shuntkreis dar. Mit steigender U_e wächst der Querstrom der Röhre, so daß U_o um den Faktor $\sigma = \dfrac{R_1 + R_2}{R_2\,R}$ ausgeregelt wird. Der Quellwiderstand beträgt $Z_o = \dfrac{R_i\,R}{R_i + R}$.

Fall (b) läßt den Kathodenfolger wiedererkennen (vgl. Abb. 9c), dessen Kathodenwiderstand vom Verbraucher (Lastwiderstand R_L) gebildet wird. Hier ist $\sigma = \dfrac{(1+\mu)\,R_L}{R_i + R_L}$ (häufig $\sigma \approx \mu$) und $Z_o = \dfrac{R_i}{1+\mu} = R_i\,\dfrac{\varDelta U_o}{\varDelta U_b}$. Eine Sonderform ist Fall (c): R_L und auch U_o darf Null werden (Kurzschluß), dann wird durch R_k eine konstante Stromquelle gebildet (S. 172). Der analog definierte Stromstabilisierungsfaktor beträgt

$$\sigma' = \frac{\varDelta U_e}{U_e} \bigg/ \frac{\varDelta I_o}{I_o} = \frac{U_o}{U_e} \cdot \frac{R_L + R_i + (1+\mu)\,R_k}{R_L}$$

und $Z_o = R_i + \mu\,R_k$. Statt der gezeichneten Glimmstrecke wurde früher eine Batterie verwendet. In allen drei Fällen kann R_i und μ aus dem Arbeitspunkt der Röhre entnommen werden, häufig kann aber auch $S = \dfrac{\mu}{R_i}$

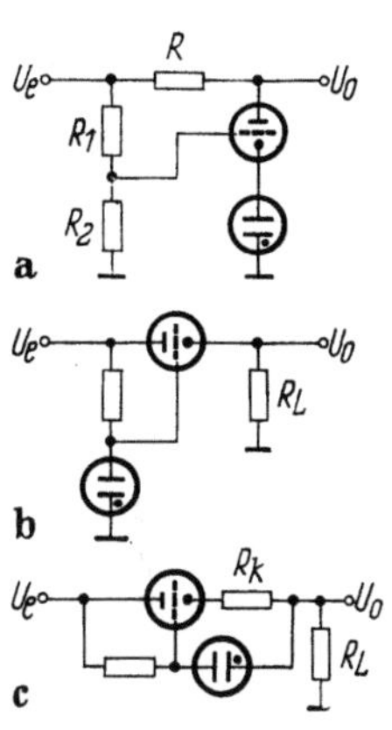

Abb. 155. Elemente für geregelte Netzteile: (a) Shuntröhre, (b) Serienröhre, (c) konstante Stromquelle

gesetzt werden. Als Normal-Vergleichsspannung dient meist ein Glimmstabilisator oder ein Normalelement.

Die größte Bedeutung kommt der erweiterten Serienschaltung zu, bei der die Regelröhre (über einen Differenzverstärker, S. 74) die Abweichung von U_o, verglichen mit der Normalspannung, als Steuerspannung zugeführt bekommt: Abb. 156. An dem Span-

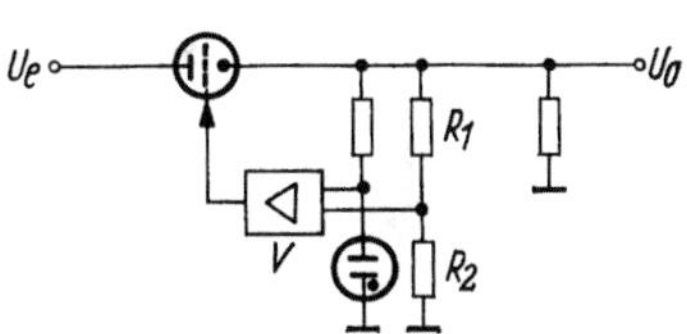

Abb. 156. Rückwärts geregelter Netzteil (Schema)

nungsteiler wird der Bruchteil $\alpha = \dfrac{R_2}{R_1 + R_2}$ von U_o abgegriffen und mit der Normalspannung verglichen. Je höher die Verstärkung V ist, desto besser der Regelfaktor $\sigma = \dfrac{R_i\,R_L\,(1 + \alpha\,\mu\,V)}{R_i + R_L}$ und desto kleiner der Quellwiderstand $Z_o = \dfrac{R_i}{1 + \alpha\,\mu\,V} = R_i\,\dfrac{\varDelta U_o}{\varDelta U_b}$. In genaueren Berechnungen muß zu R_i noch der Innenwiderstand der primären Gleichspannungsquelle (Gleichrichter) addiert werden, der in der Praxis zwischen 10 und einigen 100 Ω liegt. Abb. 157

bringt eine praktische Ausführung. In (a) ist der Vollständigkeit halber ein (beliebig gewählter) Gleichrichterteil mit eingezeichnet und eine einfache Steuerröhre (II) verwendet, während hierfür auch Differenzverstärker (S. 74) und ähnliche Varianten geeignet

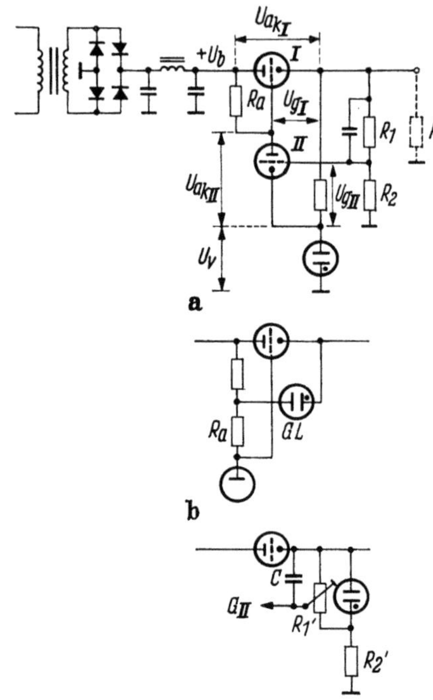

Abb. 157. Rückwärts geregelter Netzteil: (a) praktische Form, (b) konstante Anodenspannung für die Steuerröhre II, (c) Zuführung der gesamten Spannungsänderung $\triangle U_o$ an die Steuerröhre II

sind. Eine zu hoch getriebene Verstärkung, etwa mit mehreren Röhrenstufen, steigert die Anfälligkeit gegen kleinste Schwankungen des Spannungsnormals, der Heizspannung usw., und ist daher nicht sinnvoll.

Beim Entwurf geht man von U_o und dem höchsten zu liefernden Strom I_o aus. Nach ihnen richtet sich die Wahl der Regelröhre (I). Sie soll hohe Werte für S, μ, und I_k haben, dagegen möglichst kleinen (statischen) Innenwiderstand, um den Spannungsabfall ($U_{ak\,I}$) klein zu halten und die primäre Betriebsspannung $U_b = U_e = U_o + U_{ak\,I}$ nicht unnötig hoch werden zu lassen. Reicht die Anodenbelastung bzw. der maximal zulässige Kathodenstrom $I_{k\,max}$ nicht aus, können mehrere Röhren parallel gelegt werden, eine Maßnahme, die oft wirtschaftlicher ist als ein leistungsfähigerer Röhrentyp. Im Kennlinienfeld wird der ausnützbare Aussteuerbereich festgelegt: Abb. 158. Unterhalb der stark ausgezogenen Grenzen ($U_{g1}' \approx -2$ V, $I_{k\,max}$, $N_{a\,max}$) kann der Arbeitspunkt P jede Lage einnehmen. Sie wird praktisch bestimmt von I_o und dem notwendigen Regelbereich, der in Strom- und Spannungsrichtung durch die gestrichelten Pfeile angedeutet ist. Die Widerstandsgerade R_L' ergibt sich aus der Parallelschaltung aller Lastwiderstände, die an U_o liegen. I_o setzt sich zusammen aus dem Verbraucherstrom (Maximalwert) I_L, den Querströmen durch Spannungsteiler ($R_1 + R_2$) und Glimmstrecke. Gelegentlich wird die Regelröhre durch einen Widerstand überbrückt, wenn der Gesamtstrom I_0 zu nahe oder knapp über $I_{k\,max}$ liegt, allerdings auf Kosten der Ausregelung. Bei Parallelschaltung von n Röhren vergrößert sich der Ordinatenmaßstab der Kennlinien um das n-fache. Von P aus läßt sich $U_{ak\,I}$ und U_b festlegen. Der nächste Schritt ist Wahl und Arbeitspunkt der Steuerröhre II. Ihr Anodenwiderstand wird oft nach U_0 statt nach U_b geführt (Abb. 157a). Dies bedingt aber einen sehr niedrigen Anodenstrom $I_{a\,II}$, bei dem die Steilheit gering ist. Eine andere Lösung zeigt Abb. 157b: R_a wird an U_0 gelegt, liegt aber um die Spannung der Glimmstrecke GL höher. Die Regelröhre wird dabei aber mit dem Querstrom durch GL geshuntet (vgl. Abb. 159). Die Konstruktion der Widerstandsgeraden $R_{a\,II}$ geschieht wie auf S. 7. Der Arbeitspunkt muß der Bedingung

$$U_b - I_{aII}\,R_a = U_0 - |U_{g\,I}|$$
$$= U_V + U_{ak\,II}\ \text{genügen}$$

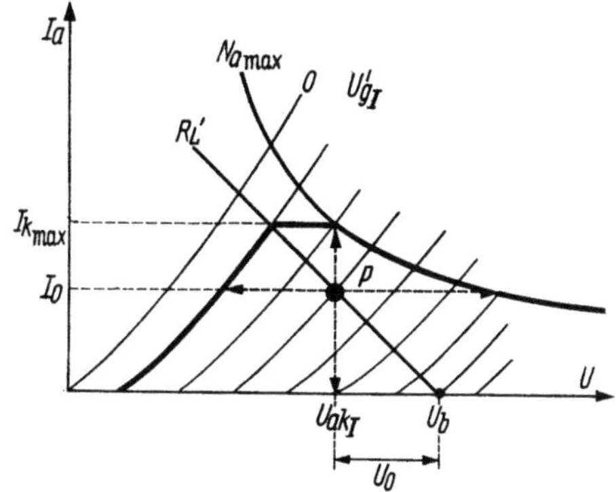

Abb. 158. Arbeitsbereich der Regelröhre

(U_V Vergleichsspannung). Das Gitter II wird gesteuert von einem Abgriff der Ausgangsspannung, der den Bruchteil $\alpha\,U_0 = U_1 = \dfrac{R_2}{R_1 + R_2}\,U_0$ gegenkoppelt. Er muß zur Einhaltung des Arbeitspunktes von Röhre II so gewählt werden, daß $U_1 = U_V - |U_{g\,II}|$ ist. Ein kleines Teilpotentiometer erlaubt, U_0 innerhalb des Regelbereiches kontinuierlich einzustellen. Wird nur ein Festwert für U_0 benötigt, so werden R_1 und R_2 aus hochkonstanten Festwiderständen (mit kleinem Abgleichpotentiometer) gebildet. α kann auch den Wert $\alpha = 1$ annehmen, und zwar für schnelle Änderungen (etwa Netzbrumm) durch Einfügen von C, für das Gleichspannungsniveau durch eine zweite Glimmstrecke nach Abb. 157c. In beiden Fällen gelangt der volle Wert von $\varDelta\,U_0$ auf die Steuerröhre II.

Zwei Varianten zeigt Abb. 159. Hier werden zwei Vorwärtsregelungen angewandt. Einmal entsteht an R_5 durch den (wechselnden) Verbraucherstrom eine zusätzliche Steuerspannung für Röhre II, die so eingestellt werden kann, daß absolute Ausregelung (oder sogar Überkompensation) erreicht wird. Ähnlich wirkt der Zweig R_3, R_4, der von primären Schwankungen $\varDelta\,U_b$ einen Bruchteil nach vorwärts liefert und ebenfalls völlige (oder Über-)Kompensation erlaubt. Der Nachteil dieser Regelzweige ist, daß sie sich optimal nur für einen festen Wert von U_0 einstellen lassen, eine Bedingung, die aber sehr oft erfüllt ist. In Abb. 159 ist die Regelröhre I als Pentode ausgeführt. Hierbei muß auf die Schirmgitterbelastung geachtet werden; je nach den Betriebsdaten darf die Schirmgitterspannung einen Höchstwert nicht übersteigen. Üblich ist eine eigene Stromversorgung für das Schirmgitter (eigene Transformatorwicklung mit Gleichrichter, Anschluß zwischen Kathode und g_2 der Regelröhre), ebenso der Anschluß eines eigenen Glimmstabilisators (punktiert gezeichnet), der jedoch mit seinem Querstrom die Regelröhre shuntet. Eine Erhöhung des Regelfaktors σ läßt sich auch mit positiver Rückkopplung erhalten [77]. Die Neigung zu Eigenschwingungen muß durch Schutzwiderstände vor

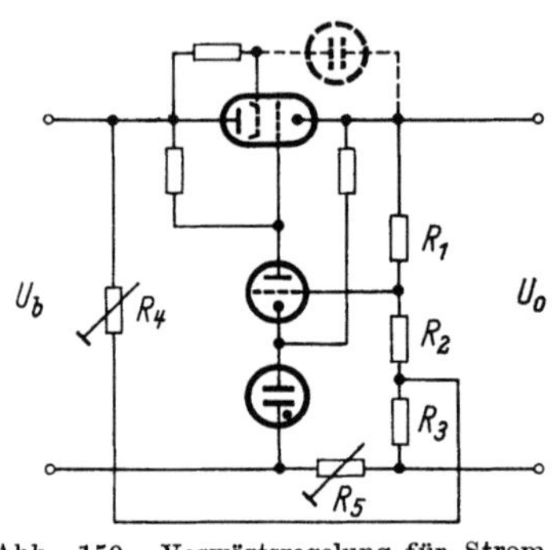

Abb. 159. Vorwärtsregelung für Strom (R_5) und Spannung (R_3, R_4)

den Steuergittern und Abblocken des Vergleichsstabilisators (10 nF···0,1 μF) verhindert werden. Vielfach kann auf eine Siebung von U_e (vor der Regelröhre) verzichtet werden, wenn die Brummspannung (vorwiegend durch C) genügend ausgeregelt wird. Der ausnützbare Regelbereich wird jedoch dabei geringer. Zur Prüfung der Konstanz der Ausgangsspannung wird entweder eine zweite konstante Spannung (Batterie) benützt oder die Schaltung nach Abb. 160 verwendet, bei der mit geeigneten Glimmstrecken die Differenzspannung ΔU möglichst klein gewählt wird. Je geringer die Differenzspannung zwischen U_0 und der Vergleichsquelle ist, desto empfindlicher lassen sich Abweichungen beim Regeln messen.

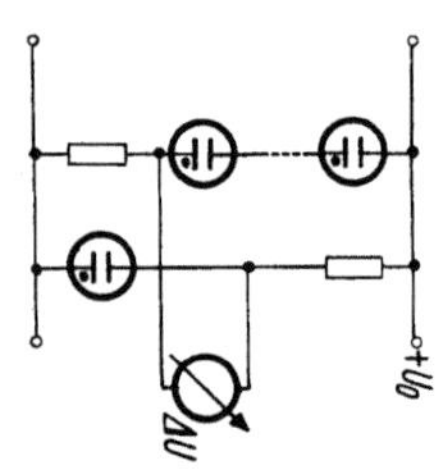

Abb. 160. Messung des Regelfaktors

Theorie und Praxis dieser geregelten Netzteile sind häufig ausführlicher dargestellt worden [2, *15*, *41*, *105*, *184*, *233*, *235*]. Die ganzen Überlegungen lassen sich sinngemäß auch auf Transistoren übertragen; z. B. [*85*, *218*], mit denen sich geregelte Niederspannungsspeisegeräte (≤ 30 V) aufbauen lassen, die hohe Ströme (bis zu 10 A) abgeben und vorwiegend zur Speisung von Transistorgeräten und Röhrenheizkreisen verwendet werden.

6.2 Konstanter Gleichstrom

Soll durch einen Verbraucher trotz Änderungen seines Innenwiderstandes und damit der Klemmenspannung ein konstanter Strom fließen, wendet man zwei übliche Methoden an: stromabhängige Widerstände und Röhrenschaltungen (vgl. Abb. 155 c).

6.2.1 Stromabhängige Widerstände

ändern mit der Temperatur (Stromwärme) ihren Widerstand. Je nach Ausbildung ihrer spezifischen Kennlinie lassen sie sich zu Stromregelzwecken verwenden. Sie haben den Vorzug, auch für Wechselströme brauchbar zu sein. Recht einfach ist die Regelung von Strömen mit Eisen-Wasserstoff-Widerständen, die innerhalb eines bestimmten Spannungsbereiches ihren Strom fast nicht ändern: Abb. 161. Sie sind in großer Auswahl, auch für hohe Ströme (einige Ampere) im Handel. Die Betriebsspannung $U_b = U_V + \dfrac{U_2 - U_1}{2}$ muß entsprechend

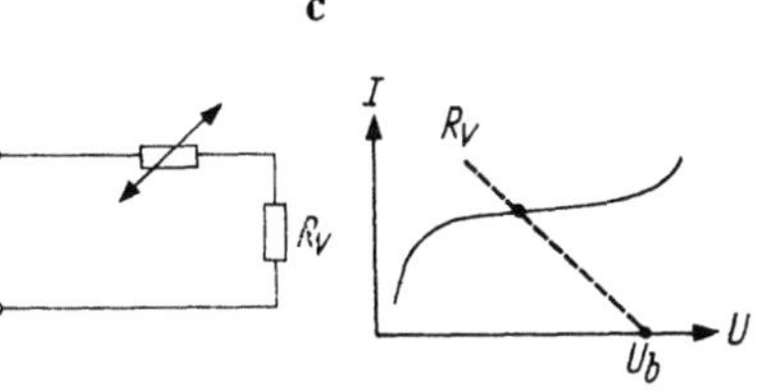

Abb. 161. Stromstabilisierung mit Eisen-Wasserstoff-Widerstand

dem gegebenen Regelbereich ($U_2 - U_1$) und der Verbraucherspannung U_V gewählt werden.

6.2.2 Röhrenschaltungen

Abb. 162 zeigt vier gebräuchliche Arten der Stromkonstanthaltung. Im Anodenkreis einer Pentode (a) erhält der Verbraucher R_V einen Strom, der von Änderungen von U_b und R_V nur sehr wenig abhängt. Die Stromänderung $\varDelta I_a$ ist proportional $\dfrac{\varDelta U_b}{R_i}$ bzw. $\dfrac{\varDelta R_V}{R_i}$ und läßt sich aus dem Kennlinienfeld der passend gewählten Röhre leicht bestimmen. Bei größeren Strömen werden mehrere Röhren parallel geschaltet und die Grenzdaten sorgfältig eingehalten. Eine zweite Möglichkeit (b) nützt die Tatsache aus, daß der Quellwiderstand eines Kathodenfolgers (S. 66) (hier der Blick auf die Anode) $Z_a = R_i + (\mu + 1) R_k$ den Anodenstrom bei Änderungen von U_b ziemlich konstant hält. Aus der Konstruktion von R_V- und R_k-Geraden (vgl. Abb. 5) kann der Arbeitspunkt und der Strom- bzw. Spannungsbereich gewonnen werden. Die Stabilisierung ist nicht so gut wie mit einer Pentode (Fall a), vor allem, wenn diese auch einen Kathodenwiderstand erhält. In manchen Fällen von kleinen Strömen läßt sich auch Beispiel (c) anwenden. Hier ist die Steuerröhre mit ihrer Kathode so an den Spannungsteiler R_1, R_2 angeschlossen, daß das Verhältnis $\dfrac{R_1}{R_2} = \mu$ wird.

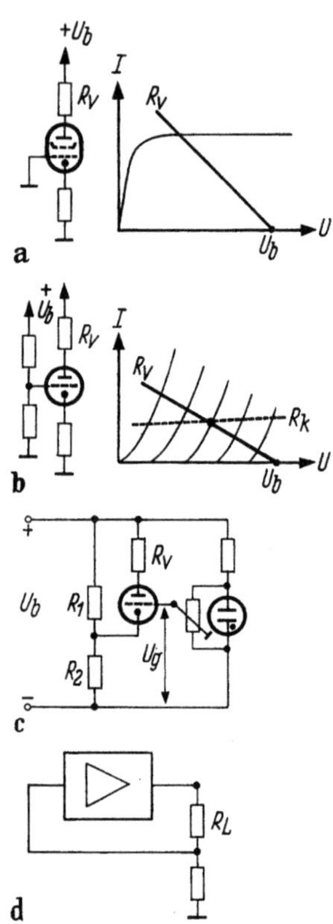

Abb. 162. Konstante Stromquellen: (a) Pentode, (b) Röhre mit Kathodenwiderstand, (c) Brückenschaltung, (d) gegengekoppelter Verstärker

Dadurch wirken sich Änderungen von U_b nicht auf den Strom I_a aus, in geringem Maße aber Änderungen von R_v. Da es sich hier um eine Vorwärtsregelung handelt, kann durch passenden Spannungsteilerabgriff eine Überkompensation herbeigeführt werden. Dann lassen sich R_v-Änderungen ganz ausregeln, allerdings auf Kosten der U_b-Ausregelung. Die Vergleichsspannung U_g (Glimmstabilisator) muß dem richtigen Arbeitspunkt der Röhre entsprechen. Das vierte Verfahren zur Stromstabilisierung (d) verwendet einen stark gegengekoppelten Verstärker. Sehr geeignet ist der operative Verstärker (S. 72), bei dem der Lastwiderstand R_L im Gegenkopplungszweig liegt, z. B. [127]. Durch R_L fließt konstanter Strom, unabhängig vom Wert von R_L, daher findet diese Schaltung bei sehr stark schwankenden Verbraucherwiderständen häufige Anwendung (z. B. Gasentladungsstrecken).

Die Beispiele (a) und (b) findet man häufig beim Ersatz des Kathodenwiderstandes in Differenzverstärkern (S. 74), Multivibratorschaltungen (S. 29) usw. Bei sehr kurzen Signalen läßt sich eine weitere Stromstabilisierung dadurch erreichen, daß in Serie mit dem Kathodenwiderstand eine genügend große Induktivität geschaltet wird. Ihr Gleichstromwiderstand läßt sich als Teil von R_k bemessen, der etwa angestoßene Eigenschwingungen stark dämpft. Differenzverstärker, Schmitt-Kreise und ähnliches lassen sich damit verbessern. Schließlich sei noch am Rande erwähnt, daß sich mit einer (konstant belichteten) Hochvakuumphotozelle ebenso eine konstante Stromkennlinie erzeugen läßt wie mit einer im Sättigungsgebiet arbeitenden Diode. An Stelle einer hierfür geeigneten (Rausch-)Diode kann auch eine gewöhnliche Diode verwendet werden, die genügend weit unterheizt wird. Die Lebensdauer ist jedoch bei diesem Betrieb begrenzt.

6.3 Stabilisierung von Wechselspannungen

Die meisten *Glimmstabilisatoren* haben aktivierte Elektroden, so daß die Zündspannung von der Polarität der angelegten Spannung abhängt: bei vorgeschriebener Polung liegt sie tiefer. Diese Tatsache läßt sich nach Abb. 163 zur Stabilisierung auch von Wechselspannungen ausnützen. Die beiden gegenpolig angeschlossenen Glimmstrecken zünden alternierend und begrenzen die beiden Halbwellen.

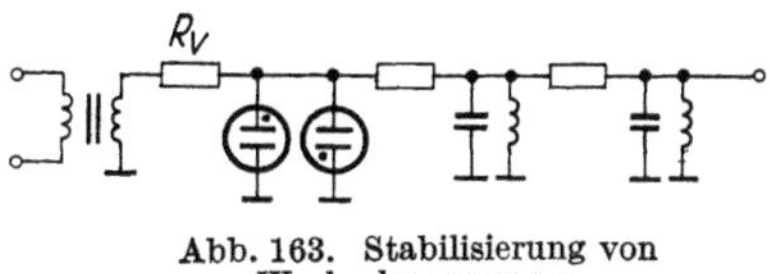

Abb. 163. Stabilisierung von Wechselspannungen

Der durch die Kurvenverformung bedingte, mehr oder weniger starke Oberwellengehalt muß, je nach Verbraucher, durch Siebglieder (Tiefpaß oder Resonanzfilter) entfernt werden. Die Speisespannung wird in der Regel mit dem 5···10fachen Wert (Scheitelspannung) der Zündspannung gewählt, für R_v gelten die Bedingungen von S. 160).

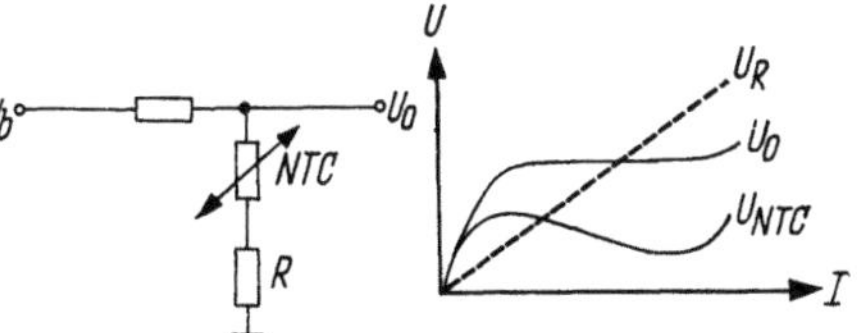

Abb. 164. Spannungsstabilisierung mit NTC-Widerstand

Eine andere Methode benützt Widerstände mit negativem Temperaturkoeffizienten (*NTC*, Thermistor), bei denen der Widerstandsverlauf $R = R_0\, e^{\beta\left(\frac{1}{T} - \frac{1}{T_0}\right)}$ innerhalb eines bestimmten Strombereiches eine negative Charakteristik besitzt. Nach Abb. 164 wird der Serienwiderstand R so gewählt, daß $R = \dfrac{U_R}{I_R} = -\dfrac{\varDelta U_{NTC}}{\varDelta I_{NTC}}$ ist und die Spannung innerhalb dieses Bereiches annähernd konstant bleibt, unabhängig vom Verbraucherstrom. Allgemein rechnet man bei NTC-Widerständen mit einigen Prozent $\varDelta R$ pro Grad Temperaturänderung.

Zur Stabilisierung der Heizspannung läßt sich das Schema in Abb. 165 verwenden. Von der Primärspannung wird eine konstante Vergleichsspannung abgeleitet und unter 180° mit U_0 verglichen. Die Differenz wird verstärkt und zu U_0 addiert (subtrahiert). Bereits mit normalen Endpentoden im Verstärker lassen sich Ströme von 10 A bei 6 3 V Heizspannung verarbeiten. Auch mit eigenem Oszillator und Leistungsverstärkung (und eventuell Gleichrichtung) lassen sich Heizströme bis zu einigen Ampere auf stabiler Spannung halten [*178*]. Ein Beispiel mit Sättigungsdiode als Kontrollelement gibt [*73*]. Bei größeren Leistungen (bis zu einigen kVA) werden vorwiegend L-C-Kombinationen mit stark *gesättigten Eisenkerninduktivitäten* verwendet, die in großer Auswahl unter der Bezeichnung „Spannungskonstanthalter" im Handel sind. Sie reduzieren Netzschwankungen auf $^1/_{10}$ bis $^1/_{20}$ und müssen auf ihre cos φ-Abhängigkeit und ihren Oberwellengehalt vorher geprüft werden, teilweise sind Oberwellenfilter gleich mit eingebaut. Die Berechnung derartiger Drosseln bzw. Transformatoren findet sich z. B. bei [*327*].

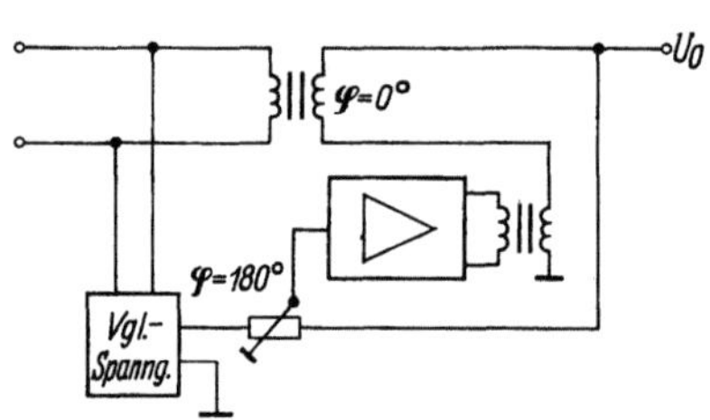

Abb. 165. Regelschaltung zur Stabilisierung von Wechselspannung für Röhrenheizung

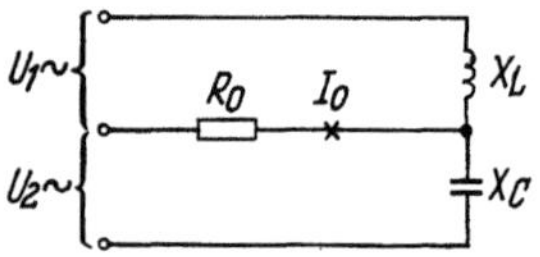

Abb. 166. Wechselstromstabilisierung

Wechselströme können wie auf S. 171 mit Heißleitern stabilisiert werden. Eine andere Möglichkeit [*177*] zeigt noch Abb. 166. Bei Resonanz ($X_L = X_C$) ist der Verbraucherstrom I_0 in weitem Bereich unabhängig vom Verbraucherwiderstand R_0.

7. Anhang

In den folgenden zwanglos zusammengsstellten kurzen Abschnitten wird eine Reihe von praktischen Fragen behandelt. Eine allgemeine Bemerkung sei hier noch eingeflochten. Soweit fertige Geräte der Industrie greifbar sind, lohnt der Selbstbau heute in den meisten Fällen nicht mehr. Nicht erhältliche Bausteine oder Kombinationen sollten vom Physiker zwar entworfen und berechnet, dann aber von einer elektronischen Werkstatt ausgeführt werden, auf die heute nicht mehr verzichtet werden kann. Die übrigen Fälle, die vom Physiker selbst entwickelt und getestet werden müssen, sind immer noch häufig genug, so daß die wissenschaftliche Arbeit nicht durch Routinearbeit belastet werden sollte.

7.1 Aufbau

Beim Bau elektronischer Geräte sollte man unterscheiden zwischen vollständig in sich abgeschlossenen (meist Meß-)Geräten und Baueinheiten, die — oft in großer Zahl — in Gestelle leicht aus-

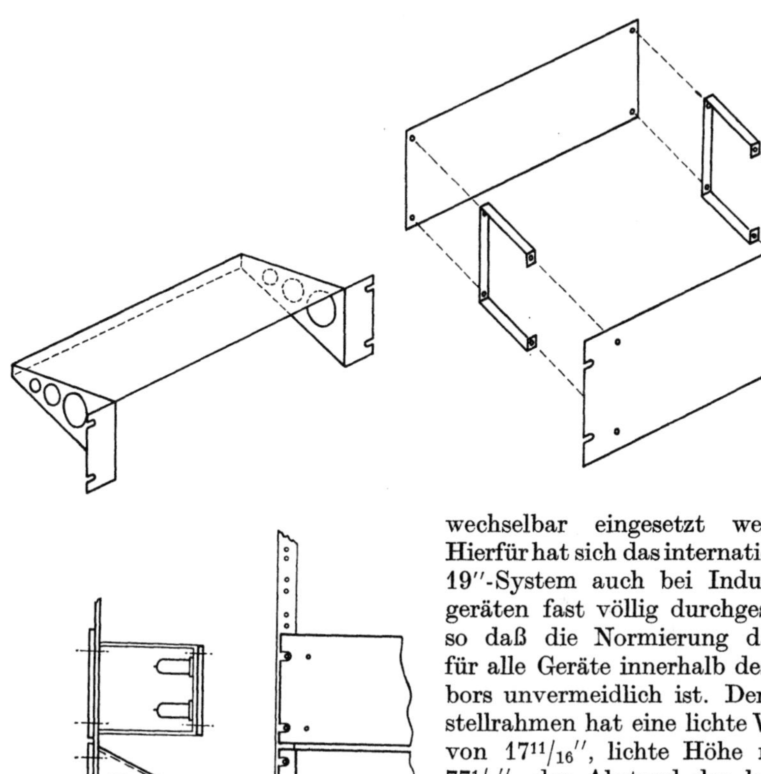

Abb. 167. Einschubchassis für Normgestelle

wechselbar eingesetzt werden. Hierfür hat sich das internationale 19″-System auch bei Industriegeräten fast völlig durchgesetzt, so daß die Normierung darauf für alle Geräte innerhalb des Labors unvermeidlich ist. Der Gestellrahmen hat eine lichte Weite von $17^{11}/_{16}{}''$, lichte Höhe meist $77^{1}/_{8}{}''$, der Abstand der beiden Randlochreihen beträgt $18^{5}/_{16}{}''$ und die Löcher selbst sind in alternierendem Wechsel von $^{2}/_{4}{}''$ und $^{5}/_{4}{}''$ über die ganze Höhe der beiden senkrechten Rahmen gereiht. Hierauf passen die Frontplatten aller angelsächsischen Industriegeräte (RMA-Norm), unter Umständen nach Abnahme des Gehäuses, und die eigenen Chassisaufbauten werden dieser Norm angepaßt. Für die Bausteine selbst hat sich ein Schema bewährt, das Abb. 167 zeigt. An der Frontplatte hängt mit einfachen Winkeln oder Rundbolzen die ebenfalls senkrechte

Chassisplatte. Die Frontplattennorm setzt die Breite auf 19″, die Höhe nach der Formel fest: $H = 1^3/_4\,n - {}^1/_{32}″$, (n = 1, 2, 3, ...). Auf schmale Querleisten lassen sich auch kleinere Einschübe montieren, die nicht die ganze Breite einnehmen. Die Tiefe ist frei wählbar, für Röhren der Novalserie genügen beispielsweise 150···200 mm. Die Chassisplatten (die in Sonderfällen auch isoliert montiert werden können) tragen die horizontal liegenden Röhren nach vorne, die Verdrahtung auf der Rückseite. Auch nach Einsetzen in das Gestell ist sie während des Betriebes frei zugänglich. Diese Bauweise besitzt die beste Wärmeabfuhr, die durch die zwischen den Einheiten sitzenden Luftleitbleche noch unterstützt wird. Müssen Röhren abgeschirmt werden, die sehr viel Wärme entwickeln, erhalten ihre Hauben zwei oder mehr vertikal übereinander liegende Luftlöcher. Als Anhaltspunkt: man kann bei normaler Schaltungstechnik auf dem Quadratdezimeter zwei (höchstens drei) Novalröhren mit Verdrahtung unterbringen. Stark wärmeentwickelnde Teile und Einschübe, insbesondere Netzteile, müssen oben (!) und temperaturempfindliche Einheiten unten im Gestell eingesetzt werden. Signalleitungen werden mit abgeschirmten Steckverbindungen von einer Frontplatte zur anderen gezogen, die Stromzuführung mit (abgeschirmten) Vielfachkabeln von hinten (direkt oder über Steckersätze) an die Chassis geführt. Dabei sollte auf einigermaßen berührungssichere Anordnung und Auswahl der Stecker geachtet werden, wenngleich die VDE-Vorschriften bei Laboraufbauten oft uninteressant oder nicht anwendbar sind. Hochspannungsleitungen sollten z. B. andere Steckertypen als die Signalleitungen besitzen und nicht in offenen Steckern enden, usw. Im Bedarfsfall wird über die einzelnen Chassis oder über das ganze Gestell von hinten eine Abschirmung aus perforiertem Blech gesetzt.

Die *Verdrahtung* wird dicht um jede Röhrenfassung mit Hilfe von (möglichst keramischen) Lötösenleisten und eigenem Nullpunkt an jeder Röhrenfassung gezogen, und alle Nullpunkte mit starkem Draht oder Kabel untereinander, sowie jeweils an einer Stelle mit dem Chassis verbunden. An diese Stelle kommt auch der Nulleiter vom Netzteil. Die Bauteile selbst (Widerstände, Kondensatoren usw.) werden nach Möglichkeit so eingelötet, daß der aufgedruckte Wert sichtbar bleibt — soweit nicht die Typen mit Farbringcode benützt werden — eine geringe Mühe, die sich später oft bezahlt macht. Die Zuleitungsdrähte werden auf das gerade erforderliche Maß gekürzt. Ob die dekadische oder die internationale Wertereihe (oder beide) auf Lager gehalten werden, ist oft gleichgültig und Gewohnheitssache. Halbleiterdioden und Transistoren sind wärme-

und spannungsempfindlich, daher ist beim Löten (mit Lötkolben am Lichtnetz) Vorsicht geboten. Spannungsteiler werden für jede Stufe bzw. für jede Röhre getrennt eingebaut, damit die Lokalisierung von Defekten einfacher wird. Nur bei der Forderung nach gemeinsamer Langzeitwanderung von mehreren Stufen hängen diese am gleichen Teiler. Die Entwicklung und der Aufbau von Standardschaltungen und -einschüben von stets wiederkehrenden Einheiten ist empfehlenswert, soweit sie nicht bereits im Handel sind. Gedruckte Schaltungsplatten sind bei großen Stückzahlen praktisch und können als Lohnauftrag vergeben werden. Sie erfordern aber spezielle Einzelteile.

7.2 Prüfung

Vor dem endgültigen Gebrauch muß jede Einheit nicht nur auf einwandfreies Arbeiten im Dauerbetrieb (mindestens 24 Std) untersucht, sondern auch die Grenzen der Leistungsfähigkeit gemessen und im Schaltbild festgehalten werden. Dazu gehören: Amplitude, Polarität und Dauer bzw. Anstiegszeit der *Eingangs-* und *Ausgangssignale*, sowie *Empfindlichkeit* und *Übersteuerungsgrenze* (kleinstes und größtes Signal), möglichst im Leerlauf und bei Last gemessen. Weiter ist die Kenntnis der *Kurz-* und *Langzeitkonstanz* und die *Abhängigkeit* der verschiedenen Eigenschaften von der *Signalrate* und *-Amplitude* wichtig. Schließlich sind die speziellen Eigenschaften jedes Gerätes genau zu testen, etwa Verstärkungsgrad, Linearität, Auflösungsvermögen, Kippdauer, Anstiegszeit usw. Diese Punkte werden leider viel zu wenig beachtet, auch bei Veröffentlichungen fehlen oft viele Angaben, da sie im Augenblick zu zeitraubend und ihr Nutzen zu gering angesehen werden. Dokumentarisch bei jedem Gerät festliegende Werte erlauben aber rasche Prüfung auf Alterung oder Defekt sowie die Entscheidung über Austauschbarkeit oder Verwendungsmöglichkeit mit anderen Baueinheiten, unter Umständen auch Kontrolle zweifelhafter Messungen. Namentlich bei nachgebauten Schaltungen treten oft Fehler, Versager oder unerwünschte Effekte auf, die mit Oszilloskop, Signalgenerator usw. systematisch untersucht werden müssen. Streng logisches Vorgehen läßt den Fehler einkreisen und bei neuen Entwürfen entscheiden, ob er prinzipieller Art oder nur durch falsche Dimensionierung von Einzelteilen entstanden ist. Fehler nach einer gewissen Betriebszeit dagegen sind vorwiegend auf Alterung, Überlastung oder Defektwerden eines Teiles (an erster Stelle stehen die Röhren!) zurückzuführen.

7.3 Meßgeräte

Unerläßlich sind neben den üblichen elektrischen Instrumenten (Röhrenvoltmeter, Strommesser, RLC-Meßbrücke, Röhrenprüfgerät) einige Meßgeräte, von denen am wichtigsten ein triggerbarer Kathodenstrahl-Oszillograph ist. Weiter ist ein Impulsgenerator wichtig mit in weitem Bereich unabhängig einstellbaren Größen (Impulsfrequenz, -Dauer und -Amplitude). Für Untersuchungen an Toren, Koinzidenzstufen u. a. ist ein Doppelimpulsgeber mit variablem Abstand zwischen beiden Impulsreihen empfehlenswert. Für Arbeiten im Nanosekundengebiet ist ein Impulsgeber mit mechanischem Schalter (z. B. Quecksilberrelais, S. 22) notwendig, vorteilhaft mit variabler Anstiegs- und Abfallzeit. Weitere Geräte, wie hoch- und niederfrequenter Meßsender, Rauschgenerator, Zählgeräte, Drucker, Schreiber usw. richten sich nach dem Arbeitsgebiet. Fast alle Meßgeräte gibt es in großer Auswahl im Handel.

Einige Bemerkungen zum Oszillographieren seien angefügt. Beim Arbeiten mit unperiodischen Signalen kommt nur ein voll triggerbarer Oszillograph in Frage. Gleichstromverstärkung ist günstig, weil außer dem Signal selbst oft das Gleichspannungsniveau interessiert. Für besondere Fälle wird man Zwei- oder Mehrstrahlröhren oder/und Elektronenschalter für mehrere Eingänge verwenden. Das Nanosekundengebiet wird von einem Oszillographentyp nach dem Laufzeitprinzip erfaßt (travelling wave — Oszillograph). Eine andere Möglichkeit ist das stroboskopische Verfahren, den Spannungsverlauf sehr kurzer Signale sukzessiv stückweise abzutasten (sampling oscilloscope), eine Methode, die auch für nichtperiodische Signale brauchbar ist [26, 325] und als Zusatzgerät zu einem vorhandenen Oszilloskop gebaut werden kann. Eine andere Möglichkeit der Oszillographie von mehreren Signalen auf dem Bildschirm bietet das Rasterverfahren [121], bei dem außer der horizontalen Zeitablenkung eine ständige vertikale Sinusablenkung stattfindet, die ein dichtes Raster bildet. Ihre Amplitude wird in einer Reihe von Spannungsinspektoren (S. 128) mit den einzelnen Signalen verglichen, und bei Spannungsgleichheit wird das Raster punktförmig hellgetastet. Die Methode eignet sich vorwiegend für langsame Signale. Genauere Darstellungen über die oszillographischen Techniken geben [5, 11].

7.4 Publikation

Da ein nicht geringer Teil von veröffentlichten elektronischen Einrichtungen einer exakten Prüfung nicht recht standhält, sollten bei jeder Veröffentlichung einige Gesichtspunkte beachtet werden. Soweit es sich um bekannte Standardeinheiten handelt, genügt die Angabe des Blockschaltbildes (z. B. Abb. 109). Soll jedoch eine detaillierte Schaltung beschrieben werden, müssen neben der Beschreibung der Wirkungsweise und den genauen Werten auch die im Abschnitt 7.2 angegebenen Prüf- und Grenzwerte enthalten sein. Die Verantwortung für Nachprüfung und Nachbau ist ernst zu nehmen. In rein physikalischen Arbeiten sollten elektronische Daten nur soweit angegeben werden, wie es zum Verständnis der Meßmethode nötig ist. Gute neue elektronische Lösungen können in geeigneten Zeitschriften gesondert beschrieben werden. Die Weiterentwicklung elektronischer Methoden auch in der Physik verlangt vom experimentell arbeitenden Physiker, daß er mit dem neuesten Stand der Technik vertraut ist, wenn er die besten und möglichen zur Verfügung stehenden Mittel für Forschung und Entwicklung gebrauchen will.

7.5 Literaturverzeichnis

7.5.1 Lehrbücher und Nachschlagewerke, auf die teilweise im Text Bezug genommen wurde.

[1] Amos, S. W.: Principles of transitor circuits. London: Iliffe and Sons 1959.

[2] Archiv für Technisches Messen (ATM), München: Oldenbourg.

[3] Atomkernenergie-Dokumentation beim Gmelin-Inst. Frankfurt a. M., (Sachregister).

[4] Barkhausen, H.: Lehrb. d. Elektronenröhren, Leipzig: Hirzel 1954/8.

[5] Bigalke, A.: Meßtechnik der Elektronenstrahl-Oszillographen. Karlsruhe: Braun 1959.

[6] Birks, J. B.: Scintillation counters. London: Pergamon Press 1953.

[7] Blackburn, J. F.: Components handbook, MIT Band 17. New York: MacGraw-Hill 1949.

[8] Chance, B., R. I. Hulsizer, E. F. MacNichol and F. C. Williams: Electronic time measurements, MIT Band 20. New York: MacGraw-Hill 1949.

[9] Chance, B., V. Hughes, E. F. MacNichol, D. Sayre and F. C. Williams: Waveforms, MIT Band 19. New York: MacGraw-Hill 1949.

[10] Curran, S. C.: Luminescence and scintillation counters. London: Butterworth 1953.

[11] Czech, J.: Oszillographen-Meßtechnik. Berlin: Verlag f. Radio-Kino-Foto-Technik 1959.

[11a] Dosse, J.: Der Transistor. München: Oldenbourg 1959.

[12] Elmore, W. C., and M. Sands: Electronics. New York: MacGraw-Hill 1949.

[13] Frost-Smith, E. H.: Theory and design of magnetic amplifiers. London: Chapman and Hall 1959.

[14] Fünfer, E., u. H. Neuert: Zählrohre und Szintillationszähler. Karlsruhe: Braun 1959.

[15] Funktechnische Arbeitsblätter. München: Franzis 1951/1959.

[16] Geyger, W. A.: Magnetverstärker-Schaltungen. Stuttgart: Verlag Berliner Union 1959.

[17] Gillespie, A. B.: Signal, noise and resolution in nuclear counter amplifiers. London: Pergamon Press 1953. Dt. Übersetzung 1958.

[18] Glasoe, G. M., and J. V. Lebacqz: Pulse generators. MIT Band 5. New York: MacGraw-Hill 1948.

[19] Gray, J. W.: Vacuum tube amplifiers. New York: MacGraw-Hill 1948.

[20] Harris, F. K.: Electrical measurements. New York: Wiley and Sons 1952.

[21] Hartmann, W., u. F. Bernhard: Fotovervielfacher und ihre Anwendung in der Kernphysik. Berlin: Akad. Verlag 1957.

[22] Henney, K.: Radio engineering handbook. New York: MacGraw-Hill 1959.

[23] KRETZMANN, R.: Handbuch der industriellen Elektronik. Berlin: Verlag für Radio-Foto-Kino-Technik 1955.

[24] KULP, M.: Elektronenröhren und ihre Schaltungen. Göttingen: Vandenhoek und Ruprecht 1958.

[25] LAWSON, J. L., and G. E. UHLENBECK: Threshold signals, MIT Band 24. New York: MacGraw-Hill 1950.

[26] LEWIS, I. A. D., and F. H. WELLS: Millimicrosecond techniques. London: Pergamon Press 1954.

[27] MEJEROWITSCH, L. A., u. L. G. SELITSCHENKO: Impulstechnik. Berlin: Verlag Technik 1959.

[28] MENDE, H. G.: Leitfaden der Transistortechnik. München: Franzis 1959.

[29] MILLMAN, J., u. H. TAUB: Pulse and digital circuits. New York: MacGraw-Hill 1956.

[30] MOSKOWITZ, S., and J. RACKER: Pulse techniques. New York: Prentice Hall 1951.

[31] MÜLLER-LÜBECK, K.: Der Kathodenverstärker. Berlin-Göttingen-Heidelberg: Springer 1956.

[32] NEETESON, P. A.: Elektronenröhren in der Impulstechnik. Philips Tech. Bibl. Band IX (1958). — Analysis of bistable multivibrator operation. Philips tech. Library (1956).

[33] PETERS, J.: Einschwingvorgänge, Gegenkopplung, Stabilität. Berlin-Göttingen-Heidelberg: Springer 1954.

[34] PRICE, W. J.: Nuclear radiation detection. New York: MacGraw-Hill 1958.

[35] PUCKLE, O. S.: Time bases. London: Chapman and Hall 1952.

[36] ROSSI, B., and H. STAUB: Ionisation chambers and counters. New York: MacGraw-Hill 1949.

[37] ROTHE, H., u. W. KLEEN: Hochvakuum-Elektronenröhren I—IV. Frankfurt a. M.: Akad. Verlag 1948/55.

[38] SCHLEGEL, H. R., u. A. NOWAK: Impulstechnik. Hannover: Schütz 1955.

[39] SCHRÖDER, H.: El. Nachrichtentechnik. Berlin: Verlag f. Radio-Foto-Kino-Technik 1959.

[40] SEELY, S.: Electron-tube circuits. New York: MacGraw-Hill 1957.

[41] STEIMEL, K.: Elektronische Speisegeräte. München: Franzis 1958.

[42] TERMAN, F. E.: Radio Eng. Handbook. New York: MacGraw-Hill 1950.

[43] VALLEY, G. E., and H. WALLMAN: Vacuum tube amplifiers. MIT Band 18. New York: MacGraw-Hill 1948.

[44] WILKINSON, D. H.: Ionisation chambers. New York: MacGraw-Hill 1950.

[45] WINCKEL, F.: Impulstechnik. Berlin-Göttingen-Heidelberg: Springer 1956.

7.5.2 Einzelne Arbeiten

[46] ALBERIGI-QUARANTA, A., C. BERNARDINI, C. INFANTE and I. F. QUERCIA: A logarithmic, constant percent error, pulse height analyzer. Nuclear Instr. 5, 120 (1959).

[47] AMRAM, Y., H. GUILLON et B. OLLIVIER: Démultiplicateurs de fréquence à ligne à retard. Onde Electrique 38, 633 (1958).

[48] ANDREW, A. M.: Difference amplifier design. Wir. Eng. 32/3, 73 (1955).

[49] ARMSTRONG, H. L.: An amplitude comparison circuit. Rev. Sci. Instr. 24, 551 (1953).

[50] ARTZT, M.: Survey of DC amplifiers. Electronics 18/8, 112 (1945).

[51] ASTRÖM, B.: Decade pulse counter for GM tubes. Rev. Sci. Instr. 21, 323 (1950).

[52] ASTRÖM, B.: Scintillation spectrometer with constant relative channel width. Nuclear Instr. 1, 143 (1957).

[53] BAKER, J. C., and G. G. EICHHOLZ: Reliable scaling circuits for decade tubes. Nucleonics 12/4, 44 (1954).

[54] BAKER, W. H., M. L. CURTIS, L. B. GNAGEY, J. W. HEYD and J. S. STANTON: Very wide range absorption counting system. Nucleonics 13/2, 40 (1955).

[55] BALDINGER, E., and W. FRANZEN: Amplitude and time measurements in nuclear physics. Advances in Electronics and Electron Phys. VIII, 255 (1956).

[56] BALDINGER, E., u. W. HAEBERLI: Impulsverstärker und Impuls-Spektrographen. Ergeb. exakt. Naturw. 27, 248 (1953).

[57] BALDINGER, E., P. SANTSCHI and P. WEHRLI: Highspeed transistorized scale-of-two. Nuclear Instr. 4, 117 (1959).

[58] BANERJEE, B. M., and S. CHOUDHURY: Tolerance limit of resistors in binary scaling units. Electronic Eng. 29, 237 (1957).

[59] BARABASCHI, S., C. COTTINI and E. GATTI: High sensitivity and accuracy pulse trigger circuit. Nuovo cimento 2, 1042 (1955).

[60] BARBER, D. L. A.: A reversible dekatron counter. Electronic Eng. 31, 42, 172 (1959).

[61] BARNAY, K. H.: The binary quantizer. Electrical Eng. 68, 962 (1949).

[62] BARRON, J.: Design of high efficiency r. f. e. h. t. supplies. Electronic Eng. 26, 393 (1954).

[63] BARTON, J. C.: Simple core scaling circuits. Nuclear Instr. 5, 332 (1959).

[64] BASSET, H. G., and L. C. KELLY: Distributed amplifiers. Proc. Inst. Elec. Engrs. (London) 101 (III), 5 (1954).

[65] BAY, Z.: A new type of high speed coincidence circuit. Rev. Sci. Instr. 22, 397 (1951).

[66] BAY, Z.: Technique and theory of fast coincidence experiments. IRE Trans. on Nuclear Sci. NS-3, 4, 12 (1956). — Millimicrosecond coincidence circuits. Nucleonics 14/4, 56 (1956).

[67] BEGHIAN, L. E., G. H. R. KEGEL and R. P. SCHARENBERG: Fast NaJ-spectrometer and its application to millimicrosecond time measurement. Rev. Sci. Instr. 29, 753 (1958).

[68] BELL, P. R.: Nuclear particle detection: fast electronics. Ann. Rev. Nuclear Sci. 4, 93 (1954).

[69] BELL, H. V., and W. ALEXANDER: An investigation into some aspects of diode quantizing circuits. Electronic Eng. 31, 594 (1959).

[70] BELL, R. E., R. L. GRAHAM and H. E. PETCH: Design and use of a coincidence circuit of short resolving time. Can. J. Phys. 30, 35 (1952).

[71] BENJAMIN, R.: Blocking oscillators. J. Inst. Elec. Engrs. (London) 93 (III A), 1159 (1946).

[72] BENNETT, R. G. T., and C. S. L. KEAY: Electronic filtering circuit. Electronic Eng. 30, 99 (1958).

[73] BENSON, F. A., and M. S. SEAMAN: A low voltage DC stabilizer using a saturated-diode controller. Electronic Eng. 29, 121 (1957).

[74] BERTRAM, S.: Degenerative positive bias multivibrator. Proc. Inst. Radio Engrs. 36, 277 (1948).

[75] BETHKE, J.: New applications for beam switching tubes. Electronics 29/4, 122 (1956).

[76] BILLINGTON, C.: Direct coupled phase splitter. Electronic Eng. 30, 480 (1958).

[77] BILLINGTON, C. and E. CHAKANOVSKIS: A voltage stabilizer principle. Electronic Eng. **29**, 374 (1957); **30**, 210 (1958).

[78] BLET, G.: Quelques considérations sur les amplificateurs électroniques à coefficient d'amplification négatif élevé. J. phys. radium **19**, 20 A (1958).

[79] BOOTH, A. D., and J. RINGROSE: Three state flipflop. Electronic Eng. **23**, 133, 237 (1951).

[80] BOUCHERIE, A., et J. MEY: Un sélecteur d'amplitude distribué du type Rosenblum. J. phys. radium **19**, 98 (1958).

[81] BRADSHAW, C. G.: A 1 mc transistor decade counter. Electronic Eng. **31**, 96 (1959).

[82] BREITENBERGER, E.: A prescision single channel kicksorter for coincidence work. Phil. Mag. **44**, 987 (1953).

[82a] BRISCOE, W. L.: Electronic computer for mass identification of particles. Rev. Sci. Instr. **29**, 401 (1958).

[83] BROTEN, N. W.: Heater voltage compensation for AC amplifiers. Proc. Inst. Radio Engrs. **40**, 843 (1952).

[84] BROWN, M.: Greater gain band width in trigger circuits. Rev. Sci. Instr. **30**, 169 (1959).

[85] BROWN, T. H., and W. L. STEPHENSON: A stabilized DC power supply using transistors. Electronic Eng. **29**, 425 (1957).

[86] BRUNNER, J., J. HALTER, O. HUBER, R. JOLY und D. MAEDER: Untersuchung des Zerfalles von $Hg^{195} \rightarrow Au^{195}$ mit Beta-Gamma-Koinzidenzen. Helv. Phys. Acta **27**, 572 (1954).

[87] BRUNSON, G. S.: Transistorized photomultiplier has 0.1 μsec resolution. Nucleonics **15**/7, 86 (1957).

[88] BURRUS, C. A.: Improved low repetition rate mμsec pulse generator. Rev. Sci. Instr. **30**, 295 (1959).

[89] CEDERBAUM, I., and P. BALABAN: Automatic drift compensation in DC amplifiers. Rev. Sci. Instr. **26**, 745 (1955).

[90] CHAGNON, P. R.: Linear gate circuit for pulse height analyzers. Rev. Sci. Instr. **24**, 990 (1953).

[91] CHAGNON, P., L. ZERNOW and L. MADANSKY: Mixer for a system of photomultipliers. Rev. Sci. Instr. **24**, 326 (1953).

[92] CHANCE, B., F. C. WILLIAMS, C. C. YANG, J. BUSSER and J. HIGGINS: A quarter square multiplier using a segmented parabolic characteristic. Rev. Sci. Instr. **22**, 683 (1951).

[93] CHAPLIN, G. B. B., and C. J. N. CANDY: A transistor circuit for fast coincidence measurements. Nuclear Instr. **5**, 242 (1959).

[94] CHASE, R. L., W. BERNSTEIN and A. W. SCHARDT: Gray wedge pulse height analysis. Rev. Sci. Instr. **24**, 437 (1953) — BNL Report 263 (T-42) (1953), 237 (T-37) (1954).

[95] CHASE, R. L., and W. A. HIGINBOTHAM: Flexible pulse amplifier with good overload properties. Rev. Sci. Instr. **23**, 34 (1952). Nachbau: Marburger Rundber. G 2, ImpV (1956).

[96] CHASE, R. L., and W. A. HIGINBOTHAM: Millimicrosecond time to pulse height converter using an r. f. vernier. Rev. Sci. Instr. **28**, 448 (1957).

[97] CHENETTE, E. R., K. SHIMADA and A. VAN DER ZIEL: Photomultiplier tubes as standard noise sources. Rev. Sci. Instr. **28**, 835 (1957).

[98] CHRISTIANSEN, J.: Ein elektronisches Koinzidenzverfahren hoher Auflösung. Nuclear Instr. **5**, 115 (1959).

[99] CHURCHILL, J. L. W., and S. C. CURRAN: Pulse amplitude analysis. Advances in Electronics and Electron Phys. 8, 317 (1956).

[100] CLARK, T. G.: An electronic transformator. Electronic Eng. **30**, 545 (1958).

[*101*] CLOSE, R. N., and M. T. LEBENBAUM: Design of phantastron time delay circuits. Electronics **21**/4, 100 (1948).

[*102*] COLEMAN, C. F.: Gain-scanned single channel kicksorter using precision cascade attenuators. Nuclear Instr. **2**, 44 (1958).

[*103*] COLLINGE, B.: A transistor scaling circuit with a short resolving time. Electronic Eng. **31**, 604 (1959).

[*104*] COLLINGE, B., and G. B. HUXTABLE: 20 mc scaling circuit. Nuclear Instr. **3**, 116 (1958).

[*105*] COLLINS, D. J., and J. E. SMITH: Regulated power supplies. Electronic Eng. **31**, 222 (1959).

[*106*] COOKE-YARBOROUGH, E. H.: A new pulse amplitude discriminator circuit. J. Sci. Instr. **26**, 96 (1949).

[*107*] COOKE-YARBOROUGH, E. H.: The counting of random pulses. J. Brit. Inst. Elec. Engrs. **11**, 367 (1951).

[*108*] COOKE-YARBOROUGH, E. H., and E. W. PULSFORD: A counting rate-meter of high accuracy. Proc. Inst. Elec. Engrs. (London) **98** (II), 191, 196 (1951).

[*109*] COTTINI, C., and E. GATTI: Millimicrosecond time analyzer. Nuovo Cimento. **4**, 1550 (1956).

[*110*] CROUCH, M. F.: Multichannel delay discriminator. Rev. Sci. Instr. **25**, 924 (1954).

[*111*] CROWELL, A. D., and P. R. LOW: Improved quenching circuit for Geiger counters. Rev. Sci. Instr. **29**, 245 (1958).

[*112*] CUBASCH, F.: Die dekadische Zählröhre E 1 T usw. Elektronik **3**, 79, 85 (1954); **4**, 33, 61 (1955).

[*113*] DAUM, C.: A current integrator with digital output. Nuclear Instr. **5**, 75 (1959).

[*114*] DAVIS, F. J., and P. W. REINHARDT: Mixing preamplifiers. Rev. Sci. Instr. **25**, 1024 (1954).

[*115*] DEBENEDETTI, S., u. R. W. FINDLEY: The coincidence method. Handb. d. Phys. XLV, 222. Berlin-Göttingen-Heidelberg: Springer 1958.

[*116*] DEBENEDETTI, S., and H. J. RICHINGS: On the resolution of short time intervals with scintillation counters. Rev. Sci. Instr. **23** 37 (1952).

[*117*] DEGALLIER, M.: Zero inefficiency anticoincidence circuit. Rev. Sci. Instr. **21**, 1025 (1950).

[*118*] DEHAAN, E. F., P. HUIJER and C. C. JONKER: The resolving time of the Rossi circuit. Physica **21**, 565 (1955).

[*119*] DEWAARD, H.: Stabilizing scintillation spectrometers with counting rate difference feedback. Nucleonics **13**/7, 36 (1955).

[*119*a] DEWAARD, H.: Some limitations and principles of nanosecond time measurement in nuclear physics. Nuclear Instr. **2**, 73 (1958).

[*120*] DICKE, R. H.: Highspeed coincidence circuit. Rev. Sci. Instr. **18**, 907 (1947).

[*121*] DONALDSON, P. E. K.: Multiple channel oscilloscope for electrophysiology. Electronic Eng. **29**, 78 (1957).

[*122*] DORN, C. G.: Fast rise pulse generator with high pulse repetition frequency. Rev. Sci. Instr. **27**, 283 (1956).

[*123*] EARNSHAW, J. B.: A square wave converter with feedback control of mark to space ratio. Electronic Eng. **29**, 170 (1957).

[*124*] EDWARDS, C.: Influence of the output time constant of a cathode follower. Electronic Eng. **30**, 712 (1958).

[*125*] EHMERT, A.: Über gegengekoppelte Gleichstromverstärker. Z. angew. Phys. **5**, 24 (1953).

[*126*] EICHHOLZ, J. J., C. F. NELSON and G. T. WEISS: Extended range distributed amplifier design. Rev. Sci. Instr. **30**, 1 (1959).

[*127*] EKLUND, K.: Use of operational amplifiers in precision current regulators. Rev. Sci. Instr. **30**, 328 (1959).

[*128*] ELMORE, W. C.: Electronics for the nuclear physicist. Nucleonics 2/2, 4; 2/3, 16; 2/4, 43; 2/5, 50 (1948).

[*129*] ELMORE, W. C.: Fast pulse amplifiers for nuclear research. Nucleonics 5/9, 48 (1949).

[*130*] ELMORE, W. C.: Decade scaling circuits. Rev. Sci. Instr. **22**, 835 (1951).

[*131*] ELMORE, W. C.: Attenuation and pulse shaping in pulse amplifiers. Rev. Sci. Instr. **26**, 787 (1955).

[*132*] ENSLEIN, K.: Distributed amplifier for nuclear research. Electronics 27/7, 138 (1954).

[*133*] ENSLEIN, K.: 6218 beam deflection tube as a complex pulse generator. Rev. Sci. Instr. **25**, 355 (1954).

[*134*] FAIRSTEIN, E.: Improving linearity of pulse amplifiers. Rev. Sci. Instr. **25**, 1134 (1954).

[*135*] FAIRSTEIN, E.: Nonblocking double line linear pulse amplifier. Rev. Sci. Instr. **27**, 475 (1956).

[*136*] FAIRSTEIN, E.: Effect of driving pulse shape on a Schmitt trigger circuit. Rev. Sci. Instr. **27**, 483 (1956).

[*137*] FAIRSTEIN, E.: Grid current in electron tubes. Rev. Sci. Instr. **29**, 524 (1958).

[*138*] FAIRSTEIN, E., and F. M. PORTER: Fast differential pulse height selector/improved circuit. Rev. Sci. Instr. **23**, 650 (1952); **27**, 549 (1956).

[*139*] FARINELLI, U., and R. MALVANO: Pulsing of photomultiplier tubes. Rev. Sci. Instr. **29**, 699 (1958).

[*140*] FARLEY, F. J. M.: A flexible pulse amplitude analyzer. J. Sci. Instr. **31**, 241 (1954).

[*141*] FARLEY, F. J. M.: Highspeed pulse amplitude discriminator. Rev. Sci. Instr. **29**, 595 (1958).

[*142*] FAVRE, R.: Dispositif de réduction de temps de résolution des démultiplicateurs électroniques d'impulsions. Helv. Phys. Acta **27**, 683 (1954).

[*143*] FAVRE, R.: La tube à émission secondaire générateur d'impulsions cathodiques. Helv. Phys. Acta **28**, 167 (1955).

[*144*] FAVRE, R.: Démultiplicateurs électroniques d'impulsions. Nuclear Instr. **1**, 113, 201 (1957).

[*145*] FERGUSSON, G. J., and G. H. FRASER: The design of four tube decade scales. Rev. Sci. Instr. **22**, 937 (1951).

[*146*] FIDECARO, G., and A. M. WETHERELL: Notes on the design of distributed amplifiers. Nuovo Cimento **3**, 359 (1956).

[*147*] FINCH, G. I.: Pulse generator. Proc. Inst. Radio Engrs. **38**, 657 (1950).

[*148*] FISCHMANN, A. F.: Difference counters. Electronic Eng. **29**, 546 (1957).

[*149*] FISCHMANN-ARBEL, A.: Precision Schmitt trigger. Nuclear Instr. **5**, 56 (1959).

[*150*] FISHER, J., and J. MARSHALL: 6 BN 6 gated beam tube as a fast coincidence circuit. Rev. Sci. Instr. **23**, 417 (1952).

[*151*] FLORIDA, C. D., and R. WILLIAMSON: A cold cathode scaling unit. Electronic Eng. **26**, 111 (1954).

[*152*] FLYNN, J. T., and F. A. JOHNSON: Fast gray wedge analyzer for high input rates. Rev. Sci. Instr. **28**, 867 (1957).

[*153*] FOOTE, R. S., and H. W. KOCH: Scintillation spectrometers for measuring the total energy of x-ray photons. Rev. Sci. Instr. **25**, 746 (1954).

[*154*] FRANCIS, J. E., P. R. BELL and J. C. GUNDLACH: Single channel analyzer. Rev. Sci. Instr. **22**, 133 (1951); ORNL Report 1470 (1953).

[*155*] FRANCIS, J. E., P. R. BELL and G. G. KELLEY: Double line linear amplifier. Nucleonics **12**/3, 55 (1954).

[*156*] FULLER, H. W.: Numeroscope for cathode ray printing. Electronics **21**/2, 98 (1948).

[*157*] GARWIN, R. L.: A pulse generator for the millimicrosecond range. Rev. Sci. Instr. **21**, 903 (1950).

[*158*] GARWIN, R. L.: A useful fast coincidence circuit. Rev. Sci. Instr. **21**, 569 (1950); **24**, 618 (1953).

[*159*] GARWIN, E. L.: Linear gate of 20 mμsec duration. Rev. Sci. Instr. **30**, 373 (1959).

[*160*] GARWIN, E. L., and A. S. PENFOLD: Linear gate of 200 nsec duration. Rev. Sci. Instr. **28**, 116 (1957).

[*161*] GASS, E.: Verwendung und Schaltungstechnik von Differenzverstärkern. Elektronik **8**, 349 (1959).

[*162*] GASSTRÖM, R. V.: A new type of pulse height analyzer utilizing c. r. tube with phototransistor sorting element. Physica **22**, 619 (1956).

[*163*] GATTI, E.: A stable highspeed multichannel pulse analyzer. Nuovo Cimento **11**, 153 (1954). — vgl. Nuclear Instr. **4**, 133 (1959).

[*164*] GENIN, R.: Un appareil à échelle logarithmique pour la mesure de l'intensité des rayonnements γ. J. phys. radium **18**, Suppl. 3, 36 A (1957).

[*165*] GETTNER, M., and W. SELOVE: 50 mc discriminator-scaler. Rev. Sci. Instr. **30**, 942 (1959).

[*166*] GILLAND, J. R.: Transistor circuitry for radiation counting. Rev. Sci. Instr. **30**, 479 (1959).

[*167*] GINZTON, E. L., W. R. HEWLETT, J. H. JASBERG and J. D. NOE: Distributed amplification. Proc. Inst. Radio Engrs. **36**, 956 (1948).

[*168*] GLASS, F. M., and G. S. HURST: A method of pulse integration using the binary scaling unit. Rev. Sci. Instr. **23**, 67 (1952).

[*169*] GLENN, W. E.: A pulse height distribution analyzer. Nucleonics **9**/6, 24 (1951).

[*170*] GOLAY, M. J. E.: (Delay lines) Proc. Inst. Radio Engrs. **34**, 138 (1946).

[*171*] GOLDMUNTZ, L. A., and H. L. KRAUSS: The cathode coupled clipper circuit. Proc. Inst. Radio Engrs. **36**, 1172 (1948).

[*172*] GOSSLAU, K., u. H. J. HARLOFF: Untersuchung über das DC- und AC-Verhalten von bistabilen Kippschaltungen. Nachr. tech. Z. **8**, 521 (1955).

[*173*] GRABE, K.: Wirkungsweise und Dimensionierung des Schmitt-Diskriminators. Radio mentor **24**, 382 (1958).

[*174*] GRAHAM, M., W. A. HIGINBOTHAM and S. RANKOWITZ: Dekatron drive circuit and application. Rev. Sci. Instr. **27**, 1059 (1956).

[*175*] GRAY, T. S., and H. B. FREY: Acorn diode has logarithmic range of 10^9. Rev. Sci. Instr. **22**, 117 (1951).

[*176*] GREEN, J. R.: Large scintillator for observation of cosmic rays. Rev. Sci. Instr. **29**, 10 (1958).

[*177*] GREEN, L. C., and J. B. H. KUPER: Constant current sources. Rev. Sci. Instr. **11**, 250 (1940).

[*178*] GREENOUGH, M. L., W. E. WILLIAMS and J. K. TAYLOR: Regulated low voltage supply. Rev. Sci. Instr. **22**, 484 (1951).

[*179*] GRIM, W. M., and A. B. VAN RENNES: Compensation against effects of C_{gk} in pulse height selectors. Rev. Sci. Instr. **23**, 563 (1952).

[*180*] GRODZINS, L.: Coincidence sorter for scintillation spectrometers. Rev. Sci. Instr. **26**, 1208 (1955). — The application of the XYZ-recorder to radiation studies. 2. U. N. Int. Conf. Atom. Energy, A/Conf 15/P/647 (1958).

[*181*] GRUHLE, W.: Multivibratorschaltung für Millimikrosekunden-Impulse. Elektronik **6**, 261 (1957).

[*182*] GRUHLE, W.: Schneller Ringzähler als elektronischer Schalter. Nuclear Instr. **3**, 204 (1958).

[*183*] GRUHLE, W.: Impuls-Zeitformer für schnelle Koinzidenzstufen. Nuclear Instr. **4**, 112 (1959).

[*184*] GÜNTHER, H.: Stabilisierung von Gleichspannungen. Funk u. Ton **5**, 124 (1951).

[*185*] HAAS, G.: Untersuchungen über die Zeitverzögerung der Impuls-Auslösung beim monostabilen Multivibrator. Arch. el. Übtr. **9**, 272 (1955).

[*186*] HAAS, G.: Grundlagen und Bauelemente elektronischer Ziffern-Rechenmaschinen I—III. Valvo Ber. **4**, 37, 123, 157 (1958).

[*187*] HAIDEKKER, A.: Transistorbestückte Zählschaltungen mit Sichtanzeige. Elektronik **7**, 211, 372 (1958).

[*188*] HAMBURGER, G. L.: Production model of the automatic a. f. response curve tracer. J. Brit. Inst. Elec. Engrs. **11**, 165 (1951).

[*189*] HEBB, M. H., C. W. HORTON, and F. B. JONES: On the design of networks for constant time delay. J. Appl. Phys. **20**, 616 (1949).

[*190*] HEHNER, R. J., and A. HEMMENDINGER: Precision integrator for beam current. Rev. Sci. Instr. **28**, 649 (1957).

[*191*] HENDRICK, R. W.: Precision photomultiplier gain stabilisation. Rev. Sci. Instr. **27**, 240 (1956).

[*192*] HIEBERT, R. D., and R. J. WATTS: (Fast coincidence circuit for H^3 and C^{14} measurements) A-1 amplifier. Nucleonics 11/12, 38 (1953).

[*193*] HIGINBOTHAM, W. A.: Todays pulse height analyzers. Nucleonics **14**/4, 61 (1956).

[*194*] HIGINBOTHAM, W. A., and S. RANKOWITZ: Combined current indicator and integrator. Rev. Sci. Instr. **22**, 688 (1951).

[*195*] HOFSTADTER, R., and J. A. MCINTYRE: γ-ray spectroscopy with crystals of NaJ. Nucleonics 7/3, 32 (1950).

[*196*] HOFSTADTER, R., and J. A. MCINTYRE: Note on the detection of coincidences and short time intervals. Rev. Sci. Instr. **21**, 52 (1950).

[*197*] HOOGENBOOM, A. M.: A new method in γ-ray spectroscopy. Nuclear Instr. **3**, 57 (1958).

[*198*] HORTON, W. H., J. H. JASBERG and J. D. NOE: distributed amplification: practical considerations and experimental results. Proc. Inst. Radio Engrs. **38**, 748 (1950).

[*199*] HOWARD, R. C., C. J. SAVANT and R. S. NEISWANDER: Linear to logarithmic voltage converter. Electronics **26**/7, 156 (1953).

[*200*] HOWLAND, B.: Capacitor counting circuit. Electronics **21**/6, 182 (1948).

[*201*] HUNT, F. V., and J. F. HERSH: Wide range logarithmic voltmeter. Rev. Sci. Instr. **26**, 829 (1955).

[*202*] HUNT, F. V., and R. W. HICKMAN: On electronic voltage stabilizers. Rev. Sci. Instr. **10**, 6 (1939).

[203] HUNT, W. A., W. RHINEHART, J. WEBER and D. J. ZAFFARANO: A multichannel pulse height analysis system utilizing 35 mm film record. Rev. Sci. Instr. **25**, 268 (1954).

[204] HUTCHINSON, G. W.: Nonlinear amplifier design for pulse height analyzers. Rev. Sci. Instr. **27**, 592 (1956).

[205] HUTCHINSON, G. W.: A soft valve scaler for intermittend fast counting. J. Sci. Instr. **34**, 109 (1957).

[206] HUTCHINSON, G. W., and G. G. SCARROTT: A high precision pulse height analyzer of moderately high speed. Phil. Mag. **42**, 792 (1951).

[207] JACKET, A. E.: Multivibrator circuits using junction transistors. Electronic Eng. **28**, 184 (1956).

[208] JOHANSSON, B.: Coincidence arrangement with high time resolution. Nuclear Instr. **1**, 274 (1957).

[209] JOHNSTONE, C. W.: A new pulse analyzer design. Nucleonics **11/1**, 36 (1953).

[210] JONES, G., and J. B. WARREN: A fast coincidence system for the measurement of short life times. J. Sci. Instr. **33**, 429 (1956).

[211] JONKER, J. L. H., A. J. W. M. VAN OVERBEEK and P. H. DE BEURS: A decade counter valve for high counting rates. Philips Research Reprt. **7**, 81 (1952).

[212] JORDAN, W. H., and P. R. BELL: A general purpose linear amplifier. Rev. Sci. Instr. **18**, 703 (1947).

[213] KANDIAH, K.: A scaling unit employing multielectrode cold cathode tubes. AERE-Report EL/R 1112 (1953); Proc. Inst. Elec. Engrs. (London) **101** (II), 227 (1954). — Decimal counting tubes. Electronic Eng. **26**, 56 (1954).

[214] KANDIAH, K., and D. E. BROWN: DC amplifiers. Proc. Inst. Elec. Engrs. (London) **99** (II), 314 (1952).

[215] KANE, V.: High voltage impedance divider for regulating photomultiplier dynodes. Rev. Sci. Instr. **28**, 582 (1957).

[216] KANE, J. V.: Time to pulse height converter. Rev. Sci. Instr. **30**, 374 (1959).

[217] KAPOSI, A. A.: Transistor blocking oscillator for use in digital systems. Electronic Eng. **31**, 480 (1959).

[218] KELLER, I. W.: Regulated transistor power supply design. Electronics **29/11**, 168 (1956).

[219] KELLEY, G. G.: A high speed synchronoscope. Rev. Sci. Instr. **21**, 71 (1950).

[220] KELLEY, G. G.: Pulse amplitude analyzers for spectrometry. Nucleonics **10/4**, 34 (1952).

[221] KEMP, E. L.: Gated decade counter requires no feedback. Electronics **26/2**, 145 (1953).

[222] KENDALL, B. R. F.: DC-amplifier for the measurement of small currents. Nuclear Instr. **3**, 73 (1958).

[222a] KENDALL, H. W.: Advances in electronics associated with nuclear research. Ann. Rev. Nuclear Sci. **9**, 343 (1959).

[223] KENNEDY, P. J., and P. J. DEAN: Photographic method for pulse amplitude analysis. J. Sci. Instr. **36**, 126 (1959).

[224] KERNS, Q. A.: Improved time response in scintillation counting. Inst. Radio Engrs. Trans. Nucl. Sci. NS-3 (Nr. 4), 114 (1956).

[225] KEUFFEL, J. W.: A simplified chronotron-type timing circuit. Rev. Sci. Instr. **20**, 197 (1949); vgl. Phys. Rev. **87**, 942 (1952).

[226] KOCH, H. W., and R. W. JOHNSTON: Multichannel pulse height analyzers. Nucl. Sci. Series Repts. 20, Nat. Acad. Sci. Washington (1957).

[227] KONIGSBERG, R. L.: Operational amplifiers. Advances in Electronics and Electron Phys. 11, 225 (1959).

[228] KOONTZ, P. G., C. W. JOHNSTONE, G. R. KEEPIN and J. D. GALLAGHER: New multichannel recording time delay analyzer. Rev. Sci. Instr. 26, 546 (1955).

[229] KRAKAUER, S.: Electrometer triode follower. Rev. Sci. Instr. 24, 496 (1953).

[230] KRAMER, A. S.: Cathode ray storage tubes for direct viewing. Electronics 30/1, 40 (1957).

[231] KRAUSS, H. L.: Graphical solutions for cathode followers. Electronics 20/1, 116 (1947).

[232] KROEBEL, W.: Eine Methode zur Eliminierung der schädlichen Kapazitäten bei der Erzeugung und Verstärkung von Spannungssprüngen. Z. angew. Phys. 6, 293 (1954).

[233] KRÖNER, K.: Dimensionierung und Berechnung von elektronisch stabilisierten Gleichspannungsquellen. Elektronik 6, 43, 107, 139, 168 (1957).

[234] KUBITSCHEK, H. E.: Lossless anticoincidence circuit. Rev. Sci. Instr. 23, 567 (1952).

[235] KURSHAN, J., and R. D. LOHMAN: On the design of current regulated power supplies. Rev. Sci. Instr. 24, 334 (1953).

[236] LEFEVRE, H. W., and J. T. RUSSEL: Vernier chronotron. Rev. Sci. Instr. 30, 159 (1959).

[237] LEPRI, F., L. MEZZETTI and G. STOPPINI: A new circuit for the measurements of very short delays. Rev. Sci. Instr. 26, 936 (1955).

[238] LIEBENDÖRFER, H.: Ein neuer Kaltkathodenzählring mit direkter Ziffernanzeige. Elektronik 8, 361 (1959).

[239] LORD, A. V., and S. J. LENT: High frequency electronic counter. Wir. Eng. 33, 220 (1956).

[240] LOVERING, W. F.: Three phase three valve multivibrator. Electronic Eng. 30, 94 (1958).

[241] MACDONALD, J. R.: An AC cathode follower circuit of very high input impedance. Rev. Sci. Instr. 25, 144 (1954).

[242] MACDONALD SMITH, J.: Millimicrosecond blocking oscillators. Electronic Eng. 29, 180 (1957).

[243] MACFADIEN, K. A., and T. A. HOLBECHE: Improved technique for the measurements of contact potential differences. J. Sci. Instr. 34, 101 (1957).

[244] MACNICHOL, E. F., and J. A. JAKOBS: Electronic device for measuring reciprocal time intervals. Rev. Sci. Instr. 26, 1176 (1955).

[245] MACQ, P. C., and J. F. VERVIER: Fast delay coincidence circuit. Rev. Sci. Instr. 28, 843 (1957).

[246] MADEY, R., and G. FARLY: An electronic voltage integrator. Rev. Sci. Instr. 25, 275 (1954). Vgl. MILLER, S. E.: Electronics 14/11, 27 (1941).

[247] MAEDER, D.: γ-ray scintillation spectrometer with logarithmic pulse height response. Rev. Sci. Instr. 26, 805 (1955).

[248] MAEDER, D.: Information handling systems for nuclear measurements. Nuclear Instr. 2, 130 (1958).

[249] MAEDER, D.: Ein dekadisches Impulszählsystem mit Umlaufspeicherung in einer Verzögerungsleitung. Helv. Phys. Acta 29, 459 (1956). — Decimal memory systems. Nuclear Instr. 2, 121 (1958).

[250] MAEDER, D., u. H. MEDICUS: Helv. Phys. Acta 23, Suppl. III, 175 (1950).

[*251*] MAEDER, D., u. P. STAEHELIN: Die komplexe β-Umwandlung von Na²⁵ und Al²⁵. Helv. Phys. Acta **28**, 193 (1955).

[*252*] MAGEE, F. I., P. R. BELL and W. H. JORDAN: Improved overload response of the A-1 amplifier. Rev. Sci. Instr. **23**, 30 (1952).

[*253*] MAINSTONE, J. S.: Linear sawtooth time base. J. Sci. Instr. **36**, 478 (1959).

[*254*] MALMFORS, K. G., J. KJELLMAN and A. NILSSON: Time of flight technique applied to fast neutrons. Nuclear Instr. **1**, 186 (1957).

[*255*] MANGOLD, H.: Automatische Amplitudenregelung in Tonstudios. Elektron. Rundschau **9**, 26 (1955).

[*256*] MANSFORD, H. L., and K. M. I. KHAN: An amplitude/frequency response display using a ratio method. Electronic Eng. **30**, 541 (1958).

[*257*] McAUSLAN, J. H. L., and K. J. BRIMLEY: Polycathode counter tube applications. Electronic Eng. **24**, 408 (1952). — Electronics **26**/11, 138 (1953).

[*258*] McCOLLOM, K. A., D. R. DE BOISBLANC and J. B. THOMPSON: Sensitive measurement of pulse amplifier gain. Nucleonics **16**/1, 74 (1958).

[*259*] MEUNIER, R., and G. DAVIDSON: Fast read-out chronotron system. Rev. Sci. Instr. **28**, 1010 (1957).

[*260*] MEUNIER, R., et J. TEIGER: Circuit de coincidence rapide a 3 diodes. Nuclear Instr. **5**, 148 (1959).

[*261*] MEY, J.: 10 mc pulse amplitude discriminator. Rev. Sci. Instr. **30**, 282 (1959).

[*262*] MEYER, M. A.: Pulse lengthener circuits. Nuclear Instr. **1**, 62 (1957).

[*263*] MEYER-BRÖTZ, G.: Modulatoren zur Umsetzung sehr kleiner Gleichspannungen in Wechselspannungen. Telefunken Ztg. **32**, 189 (1959).

[*264*] MEZGER, R.: Feedback amplifier for cathode ray oscilloscope. Electronics **17**/4, 126 (1944).

[*265*] MILLER, R. H.: Simplified coincidence circuits using transistors and diodes. Rev. Sci. Instr. **30**, 395 (1959).

[*266*] MILLMAN, J., and T. H. PUCKETT: Accurate linear bidirectional diode gates. Proc. Inst. Radio Engrs. **43**, 29 (1955).

[*267*] MOODY, N. F., W. J. BATTELL, W. D. HOWELL and R. H. TAPLIN: Comprehensive counting system. Rev. Sci. Instr. **22**, 551 (1951); ferner S. 439, 442, 455, 555.

[*268*] MOODY, N. F., G. J. R. MACLUSKY and M. O. DEIGHTON: Millimicrosecond pulse techniques. Electronic Eng. **24**, 214, 287, 330 (1952).

[*269*] MULLER, F. A.: A fast scaling stage. Nuclear Instr. **4**, 115 (1959).

[*270*] NAKAMURA, M.: 40 mc scaler. Rev. Sci. Instr. **28**, 1015 (1957).

[*271*] NEDDERMEYER, S. H., E. J. ALTHAUS, W. ALLISON and E. R. SCHATZ: The measurement of ultra short time intervals. Rev. Sci. Instr. **18**, 488 (1947).

[*272*] NEHER, L. K.: Notes on the design of glow discharge voltage stabilizers for photomultiplier power supplies. Nuclear Instr. **5**, 95 (1959).

[*273*] NEILSON, G. C., and D. B. JAMES: Time of flight spectrometer for fast neutrons. Rev. Sci. Instr. **26**, 1018 (1955).

[*274*] NETTEL, S. J.: Periodic sampling logarithmic amplifier. Rev. Sci. Instr. **28**, 37 (1957).

[*275*] NORTHROP, J. A. and R. H. STOKES: Continuous energy monitor for the extracted beam of a cyclotron. Rev. Sci. Instr. **29**, 287 (1958).

[*276*] NOVEY, T. B., and D. W. ENGELKEMEIR: Double delay line pulse shaping. Rev. Sci. Instr. **22**, 841 (1951).

[*277*] OFFNER, F. F.: Stable wide range DC amplifier. Rev. Sci. Instr. **25**, 579 (1954).
[*278*] OGILVIE, K. W., and D. PAIX: A pulse height storage circuit of high stability. Nuclear Instr. **4**, 164 (1959).
[*279*] O'NEILL, G. K.: Direct reading analyzer for short time intervals. Rev. Sci. Instr. **26**, 285 (1955).
[*280*] ORMAN, P.R.: A printed distributed amplifier. Nuclear Instr. **1**,354(1957).
[*281*] ORMAN, P. R., and F. H. WELLS: Millimicrosecond pulse shaping circuit. Nuclear Instr. **1**, 183 (1957).
[*282*] ORR, L. W.: Wideband amplitude distribution analysis of voltage sources. Rev. Sci. Instr. **25**, 894 (1954).

[*283*] PALIC, P.: Aperiodische Kipp-Flipflopstufe für die E 1 T. Elektronik **4**, 36 (1955).
[*284*] PARSHAD, R., and A. SAGAR: Coincidence technique for decade scaling from binary flipflop counters. Rev. Sci. Instr. **24**, 542 (1953).
[*285*] PATZELT, R.: Schneller, sehr konstanter Impulsverstärker. Sitzber. Österr. Akad. Wiss. **165**, 179 (1956).
[*286*] PATZELT, R.: Eine Schaltung zur Verlängerung elektrischer Impulse samt Impulstor. Sitzber. Österr. Akad. Wiss. **165**, 229 (1956).
[*287*] PENFOLD, A. S.: Linear amplifier for negative pulses. Rev. Sci. Instr. **29**, 765 (1958).
[*288*] PIETRI, G.: Stabilisation du gain des photomultiplicateurs par des circuits extérieurs. J. phys. radium **19**, 111 A (1958).
[*289*] PILOTY, R.: Die Dimensionierung der Eccles-Jordan-Schaltung. Arch. Elektr. Übertr. **7**, 537 (1953).
[*290*] PORAT, D. I.: Highspeed scaling with a decade counter tube. Rev. Sci. Instr. **27**, 150 (1956).
[*291*] PORTER, W. C.: Extending the efficient range of GM-counters. Nucleonics **11/3**, 32 (1953).
[*292*] POST, R. F.: Performance of pulsed photomultipliers. Nucleonics **10/5**, 46 (1952).
[*293*] PRESCOTT, J. R.: The use of multigrid tubes as electrometers. Rev. Sci. Instr. **20**, 553 (1949).
[*294*] PRESSMANN, R.: How to design bistable multivibrators. Electronics **26/4**, 158 (1953).
[*295*] PRICE, R. L.: Cascode audio amplifier has low noise level. Electronics **27/3**, 156 (1954).
[*296*] PUTMAN, J. L.: Analysis of spurious counts in Geiger counters. Proc. Phys. Soc. (London) **61**, 312 (1948).

[*297*] QUIRK, C. J.: Low frequency multivibrators. Electronics **18/12**, 350 (1945).

[*298*] REIFFEL, L.: Passive pulse shaping circuits. Rev. Sci. Instr. **22**, 214, 704 (1951).
[*299*] RITCHIE, C. C., and R. W. YOUNG: The design of biased function generators. Electronic. Eng. **31**, 347 (1959).
[*300*] ROBERTS, B. W., K. E. PERRY and R. G. FLUHARTY: An improved resolving time measuring device. Rev. Sci. Instr. **21**, 790 (1950).
[*301*] ROSE, G.: Fundamente der Elektronik. Berlin: Verlag f. Radio-Foto-Kino-Technik 1958.

[302] RYAN, R. D.: A modified Miller time base circuit. J. Sci. Instr. **31**, 73 (1954).

[303] SAMUELI, J., and A. SARAZIN: Convertisseur temps-amplitude à temps de résolution 10^{-10} sec. J. phys. radium **19**, 109 A (1958).

[304] SARAZIN, A., J. SAMUELI et G. DUCROS: Mésure de temps de montée d'impulsions électriques inférieurs à la millimicroseconde. Nuclear Instr. **5**, 44 (1959).

[305] SARMA, G. D.: On distributed amplification. Proc. Inst. Elec. Engrs. (London) **102** (B), 689 (1955).

[306] SCHLEGEL, H.: Elemente der Impulstechnik: Impulsverstärker. Radio mentor **17**, 554 (1951).

[307] SCHLESINGER, K.: Low frequency compensation for amplifiers. Electronics **21**/2, 103 (1948).

[308] SCHOENWETTER, H. K.: Improved fast scaler. Rev. Sci. Instr. **24**, 515 (1953).

[309] SCHULTZ, M. A.: Linear amplifiers. Proc. Inst. Radio Engrs. **38**, 475 (1950).

[310] SCHULTZ, H. L., G. F. PIEPER and L. ROSLER: Multichannel systems for pulse height and time of flight analysis. Rev. Sci. Instr. **27**, 437 (1956).

[311] SCHUMANN, R. W., and J. P. MCMAHON: Argonne 256 channel pulse height analyzer. Rev. Sci. Instr. **27**, 675 (1956).

[312] SEEFELDNER, W.: Ein NF-Impulsgenerator mit Unabhängigkeit von Impulsform und Impulsfrequenz. Z. angew. Phys. **6**, 282 (1954).

[313] SHEN, D. W. C.: Approximating nonlinear functions. Electronic Eng. **29**, 434 (1957).

[314] SHENK, E. R.: Multivibrator, applied theory and design. Electronics **17**/1, 136; **17**/2, 140; **17**/3, 138 (1944).

[315] SHRADER, E. F.: Highspeed short resolving time coincidence circuit for use with scintillation counters. Rev. Sci. Instr. **21**, 883 (1950).

[316] SIMHI, M., and M. BIRK: Sensitive single channel pulse height analyzer. Rev. Sci. Instr. **29**, 768 (1958).

[317] SINGER, S., L. K. NEHER and R. A. RUEHLE: Pulsed photomultiplier for fast scintillation counting. Rev. Sci. Instr. **27**, 40 (1956).

[318] SOKAL, N. O.: Cathode follower design charts. Electronics **26**/9, 192 (1953).

[319] SOLMS, S. J., W. L. NASTUK and J. T. ALEXANDER: Development of a high fidelity preamplifier for use in the recording of bioelectric potentials with intracellular electrodes. Rev. Sci. Instr. **24**, 960 (1953).

[320] SPIGHEL, M., et L. PENÈGE: Sélecteur d'amplitude pour impulsions, à durée d'analyse constante. J. phys. radium **18**/3, 19 A (1957).

[321] SPINRAD, R.: Core saturation blocking oscillator control. Rev. Sci. Instr. **30**, 647 (1959).

[322] STEARMAN, G. H.: The use of dekatrons for pulse distribution. Electronic Eng. **31**, 69 (1959).

[323] STERZER, F.: Pulse amplifier with sub-millimicrosecond rise time. Rev. Sci. Instr. **29**, 1133 (1958).

[324] STRAUCH, K.: Detection of high energy particles with a fast coincidence system. Rev. Sci. Instr. **24**, 283 (1953).

[325] SUGARMAN, R.: Sampling oscilloscope for statistically varying pulses. Rev. Sci. Instr. **28**, 933 (1957).

[326] SUNSTEIN, D.: Photoelectric waveform generator. Electronics **22**/2, 100 (1949).

[327] TAEGER, W.: Magnetische Spannungsgleichhalter. Elektronik **6**, 265 (1957).

[*328*] THRESHER, J. J., C. P. VAN ZYL, R. G. P. VOSS and R. WILSON: Large scintillators as threshold detectors for high energy processes. Rev. Sci. Instr. **26**, 1186 (1955).

[*329*] TICHO, H. K.: A pulse timing circuit for cosmic ray research. Rev. Sci. Instr. **18**, 271 (1947).

[*330*] TICHO, H. K., and J. GAUGER: Fast timing of scintillation pulses. Rev. Sci. Instr. **27**, 354 (1956).

[*331*] TITTERTON, E. W.: A microsecond interval timer. Rev. Sci. Instr. **23**, 96 (1952).

[*332*] TOBIN, M. W., H. GRUNDFEST and R. L. SCHOENFELD: Instantaneous peak voltmeter. Rev. Sci. Instr. **22**, 189 (1951).

[*333*] TOLLESTRUP, A. V., u. J. B. LINDSAY: Fast gate. CERN-Report SC. Div. 58—20 (1958).

[*334*] TURK, S.: Response of a RC-divider. Electronic Eng. **30**, 608 (1958).

[*335*] Valvo-Techn. Inform. f. d. Industr.: Zählschaltungen mit der dekadischen Ziffernröhre E 1 T. Heft 2 S, 4 S (1953); 15 S, 21 S (1954). — Transistor-Zählgeräte. Heft 11 H (1956), 21 H (1959).

[*336*] VAN RENNES, A. B.: Pulse amplitude analysis in nuclear research. Nucleonics 10/7, 20; 10/8, 22; 10/9, 32; 10/10, 50 (1952).

[*337*] VAUGHN, W. W., V. C. RHODEN, E. E. WILSON and R. H. BARNETT: Developments in radiation detection equipment for geology. 2. UN. Intern. Conf. Atom. Energy A/Conf/15/P/1909 (1958).

[*338*] VERHAGEN, C. M.: A survey of the limits of DC amplification. Proc. Inst. Radio Engrs. **41**, 615 (1953).

[*339*] WALLMAN, H., A. B. MACNEE and C. P. GADSDEN: A low noise amplifier. Proc. Inst. Radio Engrs. **36**, 700 (1948).

[*340*] WARHANEK, H.: Einkanalregistriergerät für kernphysikalische Präzisionsmessungen. Sitzber. Österr. Akad. Wiss. **165**, 237 (1956).

[*341*] WARMAN, J. B., and D. M. BIBB: Transistor circuits for use with gas filled cathode counter valves. Electronic Eng. **30**, 136 (1958).

[*342*] WATKINS, D. A.: The 10 channel electrostatic pulse analyzer. Rev. Sci. Instr. **20**, 495 (1949).

[*343*] WEBER, W., C. W. JOHNSTONE and L. CRANBERG: Time to pulse height converter for measurements of millimicrosecond time intervals. Rev. Sci. Instr. **27**, 166 (1956).

[*344*] WEINZIERL, P.: New timing method for scintillation events in fast coincidence experiments. Rev. Sci. Instr. **27**, 226 (1956). — Eine neue Koinzidenzanordnung kleiner Auflösungsbreite. Sitzber. Österr. Akad. Wiss. **165**, 195 (1956).

[*345*] WEITBRECHT, R. H.: Current integrator for astronomic photoelectric photometry. Rev. Sci. Instr. **28**, 883 (1957).

[*346*] WELLS, F. H.: Pulse circuits for the millimicrosecond range. J. Brit. Inst. Radio Engrs. **11**, 491 (1951).

[*347*] WELLS, F. H.: Fast pulse circuit techniques for scintillation counters. Nucleonics 10/4, 28 (1952).

[*348*] WELLS, F. H.: A fast amplitude discriminator and scale of ten counting unit for nuclear work. J. Sci. Instr. **29**, 111 (1952).

[*349*] WESTCOTT, C. H., J. S. GREENBERG and J. S. KIRKALDY: An experimental study of counter losses due to dead-time effects. Can. J. Phys. **31**, 859 (1953).

[*350*] WHEELER, H. A.: Wideband amplifiers for TV. Proc. Inst. Radio Engrs. **27**, 429 (1939).

[*351*] WHETSTONE, A., B. ALLISON, E. G. MUIRHEAD and J. HALPERN: Photoproton scintillation spectrometer. Rev. Sci. Instr. **29**, 415 (1958).

[*352*] WHITE, D. H., and G. W. HUTCHINSON: A fast coincidence circuit. Nuclear Instr. **1**, 331 (1957).

[*353*] WIEGAND, C.: Distributed coincidence circuit. Rev. Sci. Instr. **21**, 975 (1950).

[*354*] WILKINSON, D. H.: A stable 99 line channel pulse amplitude analyzer for slow counting. Proc. Cambrigde Phys. Soc. **46**, 508 (1950). — J. Sci. Instr. **27**, 36 (1950).

[*355*] WOLFE, B., A. SILVERMAN and J. W. DE WIRE: Identification of charged particles with a crystal telescope. Rev. Sci. Instr. **26**, 504 (1955).

[*356*] WOUK, W.: High voltage supply uses electronic filter. Electronics **28**/8, 154 (1955).

[*357*] WRIGHT, G. T.: A single channel pulse height discriminator of high speed and stability. J. Sci. Instr. **29**, 157 (1952).

[*358*] YARWOOD, J., and D. H. LECROISETTE: DC amplifiers. Electronic Eng. **26**, 14, 64, 114 (1954).

13*